天下文化
BELIEVE IN READING

財｜經｜企｜管｜498A

好策略壞策略

魯梅特Richard P. Rumelt——著
陳盈如——譯

Good Strategy Bad Strategy:

The Difference and Why It Matters by Richard P. Rumelt

各方推薦

這是第一本讓我一讀就停不下來的策略書籍。魯梅特教授主張，策略就是對企業處境清楚而明智的思考。這本書教讀者如何辦到這點。

——歐洲首席經濟學家、倫敦商學院（London Business School）教授
凱（John Kay）

《好策略壞策略》發人深省，書中披露出令人不安的事實：多數公司的策略都是不切實際的空想，糊塗、平庸且毫無特殊之處。這倒不令人意外，畢竟近年來在天真建議與簡化結構充斥下，「策略」這個概念早就被濫用。魯梅特提綱挈領地提醒經理人，策略的本質正是清楚的差異化觀點，並據此做出有力且連貫的行動。書中博引例證，點出好壞策略的關鍵特徵，並提供豐富建議，教導讀者如何擬定名實相符的策略。如果你很確定貴公司已經能擊敗對手、超越未來，那你不用買這本書；但你心中若有那麼一絲懷疑，請立刻拿起它。

——《競爭大未來》（*Competing for the Future*）共同作者
哈默爾（Gary Hamel）

魯梅特教授的新書《好策略壞策略》值得拜讀。書中清楚闡述了策略的基本要素，同時在舉證與解釋上，極具深度與廣度。唯有經過多年研究，以及對策略實務有透徹思考後，才能淬鍊出這麼高水準的書。我強烈推薦給對策略領域感興趣的人。

——歐洲工商管理學院（INSEAD）教授、
《藍海策略》（*Blue Ocean Strategy*）合著者
金偉燦

談企業策略的書甚少，更罕見的是能透過清楚說明組織哪裡做對或出錯，來解釋好壞策略的著作。對於工作成敗跟做對與否極其攸關的執行長或規劃者來說，這是必讀之作。

——前通用汽車（General Motors）董事長
克雷沙（Kent Kresa）

很少有書能像《好策略壞策略》，讓人不僅重新檢討自己的思考方式，並且改善績效表現。魯梅特教授的大作堪稱策略理論與實務上的重要里程碑。他切中核心，點出成功與平庸之間的差異，引用當代商業界和歷史上的鮮明範例，清楚秀出如何辨別好策略、排除壞策略，並讓好策略成爲組織的強大力量來源。

——TLP國際（TLP International）董事長、
倫敦商學院名譽教授
史達佛（John Stopford）

《好策略壞策略》指出構成好策略的判斷與行動，以及導致壞策略的無用空想和失敗。身兼研究者、老師和顧問多重身份的魯梅特，運用豐富的說明和有力的論證，替必須明智思考與行動的領導者寫下這本教戰手冊。

——華頓商學院（The Wharton School）管理學教授
尤辛（Michael Useem）

魯梅特教授的新書顯然提升了策略討論的層次。《好策略壞策略》透過有力的例證和敏銳的洞見，提供領導者因應眼前障礙的強大做法。「好策略的核心」與「制定近似目標」都是很震撼人心的概念。對政府機構、商業組織或其他單位的領導者而言，這本書都是必讀的經典。

——美泰兒公司（Mattel）董事長暨執行長
艾克哈特（Robert A. Eckert）

任何讀過本書的高階主管都會想拿來檢視自家公司的策略，評判後據此擬定或改善。書中的「好策略」範例提供了獨到的見解，那些「壞策略」範例更是鮮活的前車之鑑。魯梅特教授筆力萬鈞，毫不客氣地指出，這樣的策略原罪來自空洞、不切實際的目標，以及未能面對問題。

——前美國空軍部長
羅奇（James Roche）

魯梅特教授眞的「抓得住策略」！有太多策略書籍都故作深奧，忘了策略跟行動密切相關。魯梅特教授強調，策略是組織或團隊應該實行的一連串行動，也是組織在市場上衝刺時應該避免的作爲。一如巴頓將軍（General George S. Patton）最常被引用的名言：「現在就雷厲風行的好計畫，強過下週再做的完美方案。」《好策略壞策略》教讀者聚焦在問題或挑戰的一連串行動方案上，並熱切執行。魯梅特教授引用眾多案例來說明論點，強調策略不是目標，而是根據獨特情況設計出的行動計畫，能讓組織從競爭中脫穎而出，帶來優異且持續的獲利。

——派森斯公司（Parsons Corporation）執行長

哈林頓（Chuck Harrington）

序

千里之行，始於足下

司徒達賢

在企業管理相關議題中，大家公認「策略」是最核心的一環。策略不僅引領企業經營方向，而且有了策略共識，各部門的行動才能協調一致，不會互相矛盾或互相掣肘。

然而策略決策所需要的思維極爲精緻，創新與風險的成分又高，使策略決策不僅挑戰領導人的雄心格局與經營智慧，也考驗了他的政治手腕。正因爲難度高以及時間迫切性不明顯，使許多高階領導人對策略決策長期陷入猶豫不決，甚至以拖待變。加上策略決策具有若干機密性，更使他們漸漸習於用空泛的理念、願景、文化等來回應組織內外對其策略方向的詢問，同時也可藉此掩蓋他們策略決策能力的不足，以及對策略抉擇的逃避與失職。久而久之，社會上有些人會誤以爲策略只是一些對組織行動與資源分配毫無指導作用的空話。

另一方面，以產業經濟學爲基礎的策略學者，固然爲策略管理注入大量新的思考方式與分析角度，但產業結構、市場供需、獨占力、規模經濟，甚至交易成本等學理，遠不足以詮釋企業內部產銷、研發、人力資源，以及所有其他的各種經營流程互相配合的細節。然而這些「主流理論」又使近期的策略管理研究逐漸與這些實務上的內部商業活動或產銷流程脫勾，甚至造成「策略指導功能政策取向」、「策略指導組織整體行動」等傳統上極爲重要的原則在學術研究上不再受到重視。這些對正統策略管理而言，未免有些遺憾。

本書作者魯梅特（Richard Rumelt）是策略管理界的資深學者，我在西北大學讀企業政策博士班時，他成名作《策略、結構與經濟績效》（*Strategy, Structure and Economic Performance*）就是我們必讀的專書。四十年來，他從個案教學與顧問工作中所累積的經驗，使其對策略決策的看法比其他學者的論述似乎更貼近實務上對策略的期望。

本書的主張有幾項重點：

第一，策略思維不宜從「願景」甚至「目標」出發，而應從「問題」出發。簡言之，策略決策應從當前（或未來）經營中所遭遇的問題開始診斷，找出核心問題以後，再提出一套完整的解決方案。而在此一過程中，所謂策略思考的角色是找出眾多表面現象背後的關鍵問題、設計出解決方案的指導方針，以及確保組織上下各部門的行動因爲有了此一指導方針而達到協調一致的效果。

其次，問題診斷時也應觀察未來環境變動中，可能產生哪些新的生存空間與整合機會，並利用這些空間或機會進行有效的創新以改變內外形勢。改變形勢非一蹴可幾，但策略的運作就像下棋，每一步都在爲未來建立潛在的優勢，或增加我方的選項、縮減對手的選項。當時機成熟，自然可以因勢利導，水到渠成。

第三，從問題中找出瓶頸及突破的方法後，必須集中力量採取行動，因爲資源有限，必須選擇重點。而市場區隔、產品定位、垂直整合、地理擴張等，都是策略層面的重點。

第四，在可能的設計藍圖中，找出必須突破的限制因素，確認哪些優勢應深入強化或擴大發揮、哪些必須及早補強，然後付諸行動。由於策略構想建立在許多假設前提下，這些前提既不明朗亦未必全然正確，因此大部分策略做法不可能一出手就展現理想的成果，因此需要在行動過程中，不斷回饋與修正。易言之，要利用具體的策略行動來持續檢討其假設前提（包括各種因果關係、消費行爲、競爭者反應、本身能力等）的正確程度，再依據這些行動的實驗結果，產生關鍵決策資訊，看到競爭者看不到的角度，然後使策略逐漸走向成功。

此一策略思維程序，先決條件是決策者或決策團隊必須對自己的策略思維具有高度的自省能力，因此可以清楚明白本身做決策時的推理過程，以及自己當初是根據什麼資料與假設來進行判斷並達到目前的結論。開始執行新策略以後，還必須以開放與正面的心態來持續檢討修正自己過去的策略決策。事實上，這種思考模式正是個案教學能夠啓發高階學員最有價值的部分。

本書作者一再強調，策略不是空談理想與方向，而必須與組織內的具體行動相結合。換句話說，「成長」、「獲利」、「市占率」、「業界地位」等，其實都是採取某些具體創新行動後的結果。如果不明確決定這些行動的方向與內容，只是一味強調對這些「結果」的熱切期盼，其實並無任何策略上的意義。

「千里之行，始於足下」，就是希望我們一方面必須看得遠，一方面也要從具體的行動開始。

（本文作者為國立政治大學講座教授）

目次

[第 2 篇] 策略力量的來源 121

前言

阻礙前進的最大障礙

1805年，英國面臨了一個難題。當時拿破崙已征服了大半個歐洲，並計畫進軍英國；不過，想橫渡英吉利海峽，勢必要與英國決戰，才能控制周邊海域。

擁有三十三艘戰艦的法西聯合艦隊，在西班牙西南海面上與僅有二十七艘戰艦的英國皇家海軍艦隊交戰。傳統海戰的完備戰略爲：兩方艦隊各自排成一線，朝對方猛烈砲擊。不過，英國海軍上將納爾遜勛爵（Lord Nelson）卻有獨到的戰略：將英國海軍艦隊分成兩大縱隊，全力朝法西聯合艦隊前進，切入並打亂敵艦隊形。

這種戰略顯然讓英國海軍旗艦隊冒著極大的風險，但是納爾遜勛爵判斷，訓練不足的法西聯合艦隊炮擊手無法在滾滾大浪中有優異表現。這場著名的特拉法加海戰（Battle of Trafalgar）結束時，法西聯合艦隊共損失二十二艘軍艦，占艦隊數量的三分之二，英國海軍戰艦卻毫無折損。雖然納爾遜勛爵在這場戰役中陣亡，卻成爲英國皇家海軍史上最偉大的英雄，英國海上霸主地位因此維持長達一個半世紀之久。

面對敵眾我寡的挑戰，納爾遜勛爵的因應策略是：先由他的先導旗艦冒險衝向敵方、打破敵軍艦隊的連貫性；一旦敵軍艦隊秩序大亂，經驗豐富且訓練有素的英軍將領一定能在後續混戰中取得優勢。

好策略幾乎都是簡單明瞭，無需一堆簡報圖表和幻燈片解說，更不是從「策略管理學」的工具、矩陣、圖表、三角模型或是計畫表中憑空冒出。相反的，有才能的領導者會從紛亂的情況中診斷出一兩個關鍵議題，做為支點，將環環相扣的行動和資源集中在此，使所有努力發揮事半功倍的效果。

儘管多數人認為策略等同於企圖心、領導力、願景、規劃或競爭的經濟邏輯，不過這些都不是策略。策略的核心內容應該是：**在某種情況下，找出關鍵問題，設計協調一致且集中的應對方法**。

領導者最重要的責任，就是找出阻礙前進的最大挑戰，並且制定連貫的方法加以克服。從企業發展方向到國家安全都需要策略，不過人們已經習慣把策略和精神號召混為一談：當領導人大呼口號，發表冠冕堂皇的目標，宣稱這是「策略」時，人們往往全盤接受。以下是具這種症候群的四個例子。

- 「策略倒退」的活動。某企業執行長仿照幾年前他參加過的英國航空（British Airways）活動，在飯店宴會廳聚集了大約兩百位來自世界各地的高階主管，並由最高階管理者發表公司未來的願景：成為這個領域最受敬重且最成功的公司。現場特別製播了一部展示該公司產品和服務在世界各地使用的影片。執行長的演說搭配富有戲劇效果的音樂，大力宣揚該公司的「策略性」目標：成為全球領導者、成長型公司及高股東報酬率。活動還進行分組討論，凝聚大家對公司目標的認同，最後施放五彩氣球。整場活動各種花樣都有，獨缺策略，我身爲受邀賓客，雖然感到失望，卻一點也不意外。

• 債券專家雷曼兄弟（Lehman Brothers）公司於2002到2006年，成爲華爾街掀起「住宅抵押貸款證券」新浪潮的先鋒。在2006年之前，一些緊迫的跡象早已浮現：美國成屋銷售量在2005年中期達到高峰，房價漲勢就此打住。接著，美國聯準會小幅升息，引發大量的房貸抵押人取消贖回權[1]。

對此，雷曼兄弟執行長傅德（Richard Fuld）的回應是，在2006年正式發表要比同業更快速成長以獲得市場占有率的「策略」。用華爾街的語言來說，就是雷曼兄弟以提高「風險胃納」[2]來執行這個策略；換言之，他們接受被競爭對手拒絕的高風險貸款申請人。但由於雷曼兄弟僅以3%的自有資產與龐大的短期負債來營運，應該要搭配數種可以降低風險的辦法。好策略能協助認清挑戰的本質，並提出一套克服挑戰的辦法。只具備萬丈雄心並非策略。

雷曼兄弟這家具有一百五十八年歷史的投資銀行在2008年徹底垮台，同時引發全球金融體系陷入混亂。壞策略的後果對雷曼兄弟、美國和全世界而言，都是一大災難。

• 前美國總統小布希於2003年授權美軍占領伊拉克，入侵行動進展十分迅速，政府領導者原本預期，只要兩軍戰鬥停歇，即

1　取消贖回權（foreclosure）指的是當貸款者無法履行對抵押承擔的義務時，貸款者贖回抵押物的權利將會被取消的法律規定。

2　風險胃納（risk appetite）指組織為追求營運目標所願意承受的風險程度。

可監督伊拉克快速轉型爲民主社會；然而，事與願違。隨著暴動四起，美軍只能退守安全基地，展開搜尋與消滅伊拉克武裝叛亂分子的行動；美國在越戰時期也曾面臨同樣的失敗。只聽到「自由、民主、重建、安全」等高調的目標，卻不見具連貫性的策略來處理伊拉克暴動。

情況終於在2007年有所改變。當時剛完成《美國陸軍及海軍陸戰隊戰地手冊》（*Army/Marine Corps Counterinsurgency Field Manual*）的裴卓斯將軍（General David Petraeus），帶領五個旅駐守伊拉克。擔任美軍指揮官的裴卓斯，除了增派兵力之外，更具備實際可行的策略。他的想法是，當絕大多數平民都支持合法政府時，就容易打擊叛亂暴動。於是，他將美軍的工作重點從巡邏轉移到保護平民百姓。不再懼怕叛亂分子報復的民眾，便會勇於提供必要的訊息，孤立並打擊暴亂分子。以眞正能解決問題的策略取代模糊的目標，便會得到天壤之別的結果。

• 2006年11月，我參加一場Web 2.0商務研討會。「Web 2.0」是新型的網路服務，但是牽涉的科技沒有一項是全新的。其實這正是Google、MySpace、YouTube、Facebook等價值迅速飆漲的網路公司代名詞。午餐時，我跟七位與會者同坐一張圓桌，有人問我從事哪一行，我簡短表示在加州大學洛杉磯分校任教並從事策略研究，也擔任幾家機構的顧問。

坐在正對面的某網路服務公司執行長放下叉子說：「在你獲勝之後，策略就不具意義。」我不表贊同，但我不是來爭辯或授課的，只說：「贏總比輸好。」便轉移了話題。

貫穿本書的理念，來自我畢生從事策略工作的經驗和教訓，包括擔任企業與私人顧問、教師和研究人員所得到的。好策略不僅督促我們朝目標或願景前進，更讓我們誠實認清眼前的挑戰，並提出方法加以克服。挑戰愈大，好策略就愈要專注與協調所有努力，才能發揮強大有效的一擊，或解決問題。

不幸的是，好策略並不常見，而問題就像雪球般愈滾愈大。許多組織的領導者聲稱他們有策略，其實不然，他們有的只是我所謂的**壞策略**。壞策略往往略過令人厭煩的細節與難題，忽視選擇和聚焦的力量，試圖兼顧許多相互衝突的需求及利益。就像美式足球中，擔任全隊指揮調度的四分衛只告訴隊友「讓我們贏得勝利」般，壞策略用華麗空洞的詞彙高呼空泛的目標、企圖心、願景和價值觀，以掩飾無法有效指導的事實。當然，以上提及的每個元素在生活中都很重要，卻無法替代艱鉅的策略工作。

◎

近年來，好策略與被貼上「策略」標籤的混合物，兩者之間的差距愈來愈大。1996年我剛開始研讀商業策略時，這個主題的相關書籍只有三本，沒有任何期刊文章。現在，不僅我的書架上充斥著有關策略的書籍、市場上出現專業的策略顧問公司、學校授予策略博士學位，更有無數探討這個主題的文章。不過，這並沒有讓人們對策略的思考和理解力變得更清晰，反而因為策略專家把策略加諸在每件事物上，使得策略的概念變得模糊。更糟糕的是，無論在商業界、教育界或政府機關，「策略」一詞已成爲大眾的口頭禪。例如，硬把行銷變成「行銷策略」、資料處理變成「資訊科技策略」、企業併購變成「成長策略」、商品降價說成是「低價策略」。

甚至有人把策略等同於成功或企圖心，概念更加混淆。這也是我不同意先前那位網路公司執行長所說的「在你獲勝之後，策略就不具意義」的原因。不幸的是，結合流行文化、激勵口號和商業術語的大雜燴日益盛行；不僅阻礙眞正的創造力，更難辨識高階主管的任務與績效。

策略若是成功的同義詞，就無法發揮任何作用；策略若與企圖心、決心、激勵的領導及創新混爲一談，也無法成爲有用的工具。企圖心是卓越成就的驅動力和熱忱；決心是承諾與勇氣；創新是發現與設計做事的新方法；具備啓發意義的領導，是鼓勵人們爲自我利益和大眾利益而犧牲；策略則是響應創新與企圖心、選擇途徑，進而定義如何、爲何及從何應用領導和決心。

一個詞彙若能囊括一切意義，這個詞彙也就不具任何意義。爲了解概念，得將足以代表與不能代表這個概念的內容劃分清楚。「策略」（strategy）與「策略性」（strategic）常被草率地用來表示領導者所做的決定，如果能辨識兩者的差異，即可釐清策略的意義。例如，在商業界，大多數企業併購、投資昂貴的新設備，與重要供應商或顧客談判協商，以及整體組織架構的設計，通常被認爲是「策略性」。然而，當你提到「策略」一詞，不能僅依決策者的薪資水準做爲參考依據。「策略」應該是連貫一致地回應重大挑戰。與單一決策或目標不同的是，策略是針對高風險的挑戰，所採取協調一致的分析、概念、政策、論證及行動。

許多人認爲策略是總體方向的遠景，與具體行動無關。然而，將策略定義爲廣泛的概念而忽略行動，將造成「策略」與「執行」之間的鴻溝。一旦出現這道鴻溝，絕大部分的策略工作便會徒勞無功，這正是針對策略最常見的抱怨。

有位高階管理者告訴我：「我們有成熟的策略流程，執行時卻出現嚴重問題。我們總是達不到設定的目標。」看到這裡，如果你了解我的論點，就會明白造成抱怨的原因。好策略包含一套協調一致的行動；這些行動並非「執行」的細節，而是策略的力量所在。如果策略無法界定各種看似可行與實際可行的行動方案，便會遺漏關鍵要素。

那些抱怨策略有「執行」困難的高階主管，通常是將策略與目標設定混淆了。基本上，當「策略」流程變成只是設定績效目標——諸如公司的市場占有率和利潤要有多高、高中應有多少學生畢業，以及博物館參觀人數要有多少，就表示企圖心和行動之間存在巨大落差。策略引導組織如何前進，制定策略便是找出提高組織利益的方法。領導者當然可以設定目標、指派他人制定實現目標的方法，但這都不是策略。如果組織是以這種方式運作，我們必須坦誠地說——不過是在進行目標設定。

◎

本書的目的是要喚醒讀者認清好策略與壞策略的巨大差異、學習制定好策略。

好策略有一個我稱爲**核心**的基本邏輯架構，包含三個要素：**診斷**、**指導方針**，以及**協調一致的行動**。指導方針乃針對診斷出的障礙提出處理的方法，設計出協調一致的行動，以實現指導方針的可行對策、資源承諾和行動。

一旦擁有制定好策略的架構和基礎的能力，就會同時發展出辨識壞策略的能力。就像你不需成爲電影導演，也能分辨好電影和爛電影；不需學習經濟學、財務或其他深奧的專門知識，也可以分辨好策略與壞策略。例如，從美國政府處理2008年金融危機的「策略」做法，即可看出遺漏了哪些策略要素，尤其是該策略根本沒有診斷潛在的弊病，因而無法集中資源和行動來補救，只是把資源從一般大眾轉移到銀行手中。無需擁有總體經濟學的博士學位，我們也能夠做出判斷——只要明瞭好策略的本質就足夠了。

壞策略不只是欠缺好策略，壞策略有其獨特的生命和邏輯，建立在錯誤判斷的龐大體系上。壞策略迴避分析障礙和難題，因爲領導者相信負面思考會阻礙組織前進，誤把策略工作當成設定目標的練習，而不是問題解決的方式，因此制定出壞策略。或是出於不希望傷害任何人，領導者不願做出艱難的選擇，才會產生試圖做到面面俱到的壞策略。

壞策略悄悄蔓延並影響每個人。國家政府淨提出大量的口號，解決問題的能力卻愈來愈薄弱；公司董事會抱著癡心妄想和不切實際的心態批准策略性計畫；教育體系充斥著各種標準，卻不善於理解和處理辦學績效不彰的原因。唯一補救的方法是，對領導人提出更多要求：除了要求領導人有領袖魅力和願景之外，還必須提出好策略。

第 1 篇

好策略與壞策略

策略最基本概念是運用強項抵禦弱點，或是把強項運用在最大有可爲的機會上。現代處理策略的標準方式是把這個概念延伸到眾多潛能的討論，即所謂的「優勢」（advantages）。先進者優勢包括：規模經濟、範疇經濟、網絡效應、聲譽、專利及品牌等；每項都合乎邏輯也很重要，但整體架構卻缺乏兩個重要的力量來源：

- **連貫的策略——即指導方針和行動協調一致的策略**。好策略不僅利用既有強項，並藉由設計上的連貫性創造強項。大多數的組織，無論規模大小，都沒有連貫的策略，反而一味追求許多互無關聯，甚至相互牴觸的目標。
- **透過微妙的觀點轉變來創造新的強項**。以具洞察力的眼光重新建構競爭形式，便可讓你對優勢與劣勢有全新的認識。最強大的策略往往來自對賽局的全新解讀。

我們將在第一章「好策略總是出乎意料」和第二章「找出隱而未現的力量」深入探究好策略的必要面向。

欠缺好策略的組織領導者，可能會相信策略是不必要的，這往往是壞策略存在的緣故。一如草坪中叢生的雜草，壞策略也會排擠好策略。採取壞策略的領導者不僅選錯目標或執行錯誤，更誤解策略的意義及運作方式。第三章「什麼是壞策略？」將提出壞策略存在的證據，並說明其特徵。

說明好策略與壞策略的本質後，第四章將回應「爲何會有這麼多壞策略？」第五章「好策略的核心」將分析好策略的邏輯架構，做爲推論的指引，並防止壞策略的產生。

01

好策略總是出乎意料

好策略的首要優勢來自於其他組織往往沒有策略；同時，也不期待你有策略。好策略具備一套連貫與協調的方針、行動和資源，以達成重要的目標。許多組織沒有好策略，卻有很多象徵進步的目標和企圖心，也沒有協調一致的方法來達成預設的進展，以致耗費更多資源且徒勞無功。

蘋果公司的奇招

微軟（Microsoft）於1995年推出Windows 95多媒體作業系統之後，蘋果公司（Apple）頓時跌入死亡的漩渦。1996年2月5日，美國《商業週刊》（*BusinessWeek*）把蘋果的著名商標放在封面，標題爲「美國象徵的殞落」。

搭載英特爾處理器的Windows作業系統個人電腦迅速主導整個電腦市場。蘋果當時的執行長亞美利歐（Gil Amelio）爲了讓蘋果在這種劣勢下生存，開始裁員，並將公司的眾多產品重整爲麥金塔、資訊設備、印表機及其周邊設備，以及「替代平台」四類。同時，嶄新的網路服務小組也加入作業系統小組和先進技術研究小組中。

當蘋果持續走下坡，《連線》雜誌（*Wired*）發表〈拯救蘋果的101個方法〉一文，建議蘋果「賣給IBM或摩托羅拉（Motorola）」、「大量投資牛頓（Newton）技術」，以及「把優勢運用在美國中小學的教育市場」。華爾街分析師則期望並極力主張蘋果與索尼（Sony）或惠普（Hewlett-Packard）達成合作協議。

1997年9月，距離蘋果破產僅剩兩個月，此時，於1976年共同創辦蘋果的賈伯斯（Steve Jobs）同意返回蘋果，成爲重組後董事會的一員，並擔任臨時執行長。麥金塔電腦的忠實擁護者聽聞後都欣喜若狂，但業界並不抱太大期望。

不到一年，蘋果的情況便徹底改變。儘管觀察家都期待賈伯斯會加速開發進階產品，或精心策劃與昇陽電腦（Sun Microsystems）的結盟，他卻反其道而行，大幅縮減蘋果的規模和業務範圍，讓蘋果成爲競爭激烈的個人電腦市場中一個利基供應商。他把蘋果的核心業務精簡，因而化解了危機。

此外，賈伯斯利用比爾・蓋茲（Bill Gates）憂慮蘋果公司一旦破產，微軟就必須與美國司法部纏鬥，繼續面對壟斷的質疑。他說服微軟投資蘋果1.5億美元，紓解蘋果的財務困境。賈伯斯把蘋果當時十五款桌上型電腦縮減至一款，將所有攜帶型與掌上型電腦縮減至一款筆記型電腦，並結束印表機及其他周邊設備等產品。他裁撤研發工程師與軟體開發、刪減經銷商，並關閉全國五家零售商，只留下一家。他把產品製造幾乎全轉移到台灣，因爲僅保留亞洲這條生產線，可以讓賈伯斯將庫存縮減八成以上、刪減經銷通路，並建立新的網路直營店。

最值得關注的是，在賈伯斯讓蘋果起死回生的策略中，有多少是根據「商業基本法則」？有多少是出乎意料的奇招？沒錯，蘋果公司必須把營運項目精簡至核心業務，才能脫離財務困境；蘋果電腦上也需搭載更新版的微軟Office軟體；戴爾電腦（Dell）在亞洲的供應鏈管理與生產、週期短和負營運資本的運作模式，是產業中最先進、最值得效法的；賈伯斯當然應該中止新作業系統的開發，並把產業中最佳的作業系統從NeXT公司帶過來。

賈伯斯的策略力量，來自直接以一套聚焦而協調一致的行動，處理根本的問題。他並沒有宣布宏大的營運或獲利目標，也沒有像救世主般提出願景。他並非盲目地縮編，而是保留少數幾個銷貨點來販售精簡的產品線，重新設計整個商業邏輯。

1998年5月，當我協助蘋果與義大利電信（Telecom Italia）達成協議之際，恰巧有機會與賈伯斯聊起他讓蘋果起死回生的方法。他簡單說明了他對事情本質與協調一致的見解：

> 公司的產品陣容太過龐雜，而且持續虧損。一位家族世交問我該買哪一款蘋果電腦，她搞不清楚不同型號的差異，我也無法給她明確的指引。蘋果沒有一台消費性電腦的價格低於2,000美元，這讓我十分震驚。我們以Power Mac G3取代所有的蘋果桌上型電腦。全國六家蘋果零售商終止了五家，因爲若要滿足他們的所有需求，就會出現太多價位和標價過高的電腦。

這種聚焦行動與產業的標準做法截然不同。十八個月前，我參與一個由安達信顧問公司（Andersen Consulting）所贊助全球電子產業的大規模研究。在歐洲工作期間，我訪問了二十六位電子和電信業的高階主管或執行長。問題很簡單，我請每位經理人說出各自領域中的主要競爭者，及其成爲業界領導者的方式；我的目的是引導他們說出自己對於有效方案的看法。接著，再請他們談談自己公司目前的策略。

大致上，這些經理人都能對業界領導者的策略侃侃而談，不過內容卻千篇一律，不外乎市場需求改變，或出現新技術，開啓了「機會之窗」，而產業領導者正是首位穿越這扇窗並善用機會的人。他們未必是先進者，卻是第一個做對的。

當我問及他們自己公司的策略時，這些人的反應就大不相同了。他們既沒有指出下一個機會之窗在哪裡，甚至沒有提到任何可能性，只有許多裝忙的說詞，像是正在洽談聯盟、正在進行全方位回饋、尋找外國市場、正在設定具挑戰性的策略目標、把重心從軟體移轉到韌體、正在更新網路韌體等。儘管每位都提及1990年代電子業的成功法則就是，當新的機會之窗開啓時，迅速搶占有利位置；但沒人提到，這正是他們策略的重點或是策略的一部分。

因此，我對賈伯斯會如何描繪蘋果的未來很感興趣。他爲拯救蘋果所採用的策略，從所有技巧和戲劇性的處理手法來看，很難讓蘋果開創未來。當時，蘋果個人電腦的市占率不到4%；微特爾（Windows-Intel）幾乎等同於業界的標準，除了繼續留在微小的利基市場，蘋果似乎無路可走。

1998年夏天，我再度有機會與賈伯斯對談。我說：「你拯救蘋果的做法令人印象深刻。但就我們對個人電腦市場的認識，蘋果恐怕很難突破目前微利的形勢，『微特爾』（Wintel）的標準實在難以撼動。那麼長期來說，你打算怎麼做？你的策略是什麼？」

他既沒有反駁我的論點，也沒有表示認同，只是微笑答道：「我在等待下一件大事。」

賈伯斯並沒有大談業績成長或市占率目標，也沒有佯裝只要推幾下桿就能神奇地將蘋果推上個人電腦市場的領導地位。他專注於達到成功的資源和障礙，也就是**辨識下一個機會之窗**，等待下一波能由他支配、成為優勢的力量，然後再以一個完美掠奪者之姿，迅速巧妙地捕獲它。他並未虛偽地表示機會之窗每年都會開啓，可以因何種激勵或管理計謀而被開啓。他清楚知道如何掌握機會之窗，也有過幾次經驗——先是Apple II電腦和麥金塔電腦，然後是皮克斯（Pixar）動畫工作室。他曾試圖在NeXT電腦公司強力開啓機會之窗，但進行得並不順利。之後他又一躍掌握到機會之窗，創造出iPod和線上音樂，以及最近的iPhone。

賈伯斯所說「等待下一件大事」並非成功的通則，但就蘋果當時的情勢和產業隨時可能出現新科技而言，確是明智之舉。

沙漠風暴行動

另一個證實好策略總是出乎意料的例子，發生在1991年第一次波斯灣戰爭結束時，世人實在很訝異，美軍指揮官竟有一套擊敗伊拉克軍隊的聚焦策略。

1990年8月2日，伊拉克入侵科威特。主導的精銳部隊從海陸空登陸，外加四個共和國衛隊步兵師，總計十五萬人，全面挺進並占領科威特。海珊入侵科威特可能跟財務問題有關。他從1980年開始入侵伊朗，八年的兩伊戰爭造成伊拉克積欠科威特和其他阿拉伯國家巨額債務，若能併吞科威特，納入伊拉克第十九個省份，海珊對科威特的欠債就能一筆勾銷，還能利用科威特的龐大原油收入償還其他國家。

五個月後，美國老布希總統組織了三十三國反伊拉克聯軍，對伊拉克軍隊展開空襲，並迅速建立地面部隊。相對地，伊拉克增員超過五十萬名軍力侵略科威特。盟軍希望發動空襲即可解決這場衝突，不然就得用地面部隊讓伊拉克放棄對科威特的侵略和占領。

無疑的，盟軍勢必有能力擊退伊拉克軍隊，但要付出多少代價？1990年10月，法國報紙《快報》（*L'Express*）預估，奪回科威特約需一星期的時間和兩萬名美軍的傷亡做為代價。當伊拉克部隊迅速壯大並建立牢固的防禦工事，美國的報紙、電視和國會在討論這件事時，喚起大家對第一次世界大戰的印象。

佛羅里達州的民主黨參議員葛拉罕（Bob Graham）在國會表示：「五個月來，伊拉克一直在挖戰壕和加強防禦設施。科威特的防禦工事讓人聯想到第一次世界大戰的場景。」《紐約時報》（*New York Times*）也以悲傷的口吻描述第十六步兵團：「他們期望在科威特的戰壕裡拿著M-16步槍和M-60機槍進行猛烈攻擊。」

《時代雜誌》（*Time*）則這樣評論伊拉克的防禦工事：

伊拉克派遣百萬大軍中的五十四萬名士兵、六千輛坦克中的四千輛，以及數千輛裝甲車和大炮，湧入面積與西維吉尼亞州大小相當的地方……，伊拉克部隊隱藏在傳統的三角沙堡中，每個角落都有配備重機槍的步兵連站哨。伊拉克士兵隱藏在移動式混凝土遮敝物後方，或是金屬板與砂石搭建的防空洞裡。坦克以沙包掩護，隱蔽在地底下。每個三角沙壘的頂點都部署大炮，瞄準由戰火熊熊的壕溝和地雷區圍成的「殺戮地帶」。

就在發動地面攻擊的前夕，《洛杉磯時報》（*Los Angeles Times*）提醒讀者說：「最前線的伊拉克部隊已站穩陣腳，攻擊如此嚴密的防守陣地通常風險極大。冷港（Cold Harbor）戰役、索姆河（Somme）戰役和加里波底（Gallipoli）戰役的潰敗，提醒世人失敗的代價，即便在塔拉瓦（Tarawa）、沖繩和漢堡高地（Hamburger Hill）打了勝仗，代價依然慘痛。」

然而，當時那些評論者都沒料到，美軍統帥史瓦茲柯夫（Norman Schwarzkopf）將軍不僅有地面作戰策略，而且早在10月初便已制定完成。

史瓦茲柯夫將軍的部屬最初計畫直接攻打科威特，此舉估計會造成兩千人死亡、八千人受傷，被史瓦茲柯夫將軍駁回，改採雙管齊下的計畫。空襲可削弱伊拉克軍隊五成的戰力；接著他又密謀一個大規模的「左鉤拳」計畫。當全球的焦點集中在CNN全天候報導的科威特南方情勢，盟軍悄然把二十五萬名軍力轉移到科威特西方，再往北挺進伊拉克南方的沙漠就戰備位置。當地面作戰開打，這支部隊仍持續北上再轉向東方，完成「左鉤拳」攻勢，從側翼重擊伊拉克共和國衛隊。

美國海軍陸戰隊地面攻擊部隊則奉命慢慢往北進入科威特，轉移伊軍的注意力，引誘伊軍離開堅固的防禦工事，向南移動。當伊軍一南移，就會遭到「左鉤拳」從側面重大一擊。美國海軍陸戰隊地面攻擊部隊並不打算登陸，而是做爲轉移伊軍注意力的誘餌，掩護主力部隊。

史瓦茲柯夫將軍雙管齊下的左鉤拳策略非常成功，讓激烈的地面作戰僅持續一百小時就贏得勝利。一個月的空襲造成伊拉克軍隊潰散，被迫藏匿坦克和大炮；再加上盟軍地面部隊結合坦克、步兵、攻擊直升機和轟炸機，展開迅速、猛烈的攻擊行動等，都是決定性的成功要素。共和國衛隊雖然英勇奮戰，卻無法迅速調派人員與武器回應這波又快又猛的攻擊。必須一提的是，海珊曾下令不准動用化學武器；否則，這些曾在兩伊戰爭用來中止伊朗攻勢的炮彈，必定造成盟軍的重大傷亡。海軍陸戰隊指揮官曾估計，若伊拉克使用化學武器，盟軍將損失二到三成的兵力。戰後從俄羅斯蒐集到的情報顯示，海珊擔心使用化學武器會遭到美國的核彈報復。

伊拉克大部分的軍隊都被殲滅，殘餘兵力則逃離科威特。盟軍僅在第一天有八人死亡、二十七人受傷。顯然，盟軍採取雙管齊下與左鉤拳策略十分成功，二月時擔憂壕溝戰的學者專家，不到三月便反過來認爲盟軍的軍力遠超過所需，勝負早成定局。

史瓦茲柯夫將軍在一場記者會上展示他的地面戰略。大家對簡報和左鉤拳策略地圖驚嘆不已。新聞評論家更形容此計畫精采絕妙。但爲何最初幾乎無人預料會有「包圍」戰術？在1986年美國軍方出版的戰地手冊100-5《作戰綱要》（*Operations*）中，即詳述其基本方針和方法，這就是美軍此次的作戰守則。手冊中第二部分講的就是「攻勢行動」，第101頁中描述「包圍」是最重要的攻擊性戰術部署，堪稱**美軍作戰A計畫**。手冊上說：

包圍是爲了避免和敵方正面衝突，因爲敵方的第一線戰力往往掩護得最好，火力也最容易集中。相反的，攻擊者應採取支援性或聲東擊西的攻勢，轉移敵軍的注意力，然後將主力迂迴前進，乘其不備地從敵軍的側翼和後方襲擊。

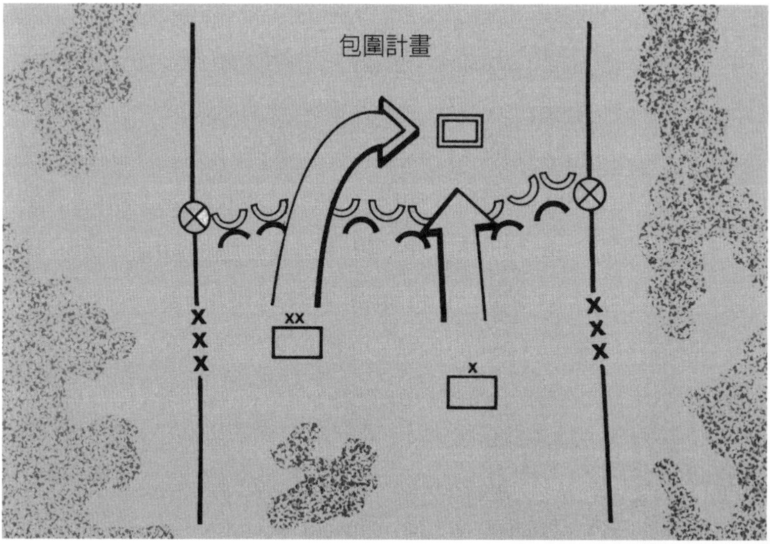

《作戰綱要》用圖解清楚說明從中間佯攻搭配從側翼襲擊的強大左鉤拳。人們不禁要問：「史瓦茲柯夫將軍不過是採用美軍教戰守則的主要攻擊理論，爲何會成爲大家眼中出乎意料的奇招？」

部分原因是騙術成功。史瓦茲柯夫將軍刻意讓對方認爲盟軍的主力攻擊部隊會從海上登陸科威特，由陸地直接進入伊拉克的防禦區；爲了做到這點，戰爭開始時盟軍便從科威特海岸進行突襲，企圖消滅伊拉克海軍，更讓伊拉克相信美軍會這麼做。當時媒體皆報導兩棲部隊的訓練，並在科威特南邊建立軍隊，加上擔憂第一次世界大戰壕溝戰重演，無意間促成了聲東擊西的誤導計畫奏效。

然而，美軍的「包圍計畫」是以直接進攻爲**假象**，迂迴前進的大軍才是實際攻擊主力。令人不解的是，只要花25美元就能買到美國政府印製的「美軍作戰A計畫」，不僅讓伊拉克軍隊大感驚駭，也讓電視上那些軍事評論家和多數美國國會議員嘖嘖稱奇。

眞正令人意外的是，聚焦策略竟然有效執行了。大多數複雜的組織只會分散資源和行動，像蘋果公司或美軍這類龐大的組織竟能聚焦行動，當然令人驚訝。這並不是因爲保密工夫到家，而是好策略本身往往出乎意料。

在沙漠風暴的例子中，史瓦茲柯夫將軍需要聚焦的不只是謀略，還必須設法壓制空軍、海軍陸戰隊、陸軍各單位、盟軍夥伴的企圖心和欲望，甚至包括華府的政治領導階層。

例如，空降第八十二師的師長便提出抗議，美軍最佳的輕步兵團竟然被指派去支援法國裝甲部隊和步兵團；八千名美國海軍陸戰隊隊員在船上準備登陸科威特海灘，卻始終沒有接到登陸的命令，因為這個布局不過是轉移伊拉克注意力的煙霧彈。

空軍指揮官亟欲證明戰略轟炸的價值——他們相信只要猛烈空襲巴格達就能贏得戰爭——儘管萬分不情願，仍被迫轉移其資源，全力支援地面攻擊行動。當時的國防部長錢尼（Dick Cheney）則希望這次行動能以較少的軍力和詳盡的攻擊計畫來達成。

盟軍沙烏地阿拉伯部隊的指揮官哈立德王子（Prince Khalid）則堅持法德國王（King Fahd）應參與策劃，不過史瓦茲柯夫將軍說服了老布希總統，務必確保美國中央司令部保有策略和規劃的控制權。

◎

意圖兼顧相互衝突的目標，將資源全數投入彼此無關的目標，以及考慮難以兼得的利益，都只是用來滿足有錢有權者的窮奢極欲，這些都是壞策略的構成要素。此外，大多數組織都不願創造聚焦策略，只是條列理想結果，也佯裝不知眞正的競爭力來自集中資源與行動。好策略必須具備有意願、有能力明鑑情勢、獨排眾議，像各種利誘說「不」的領導者。組織決定做或不做都是一種策略。

02
找出隱而未現的力量

好策略的第二個優勢來自能洞察出優勢與劣勢從何而來。從全新或與眾不同的觀點看事情，即可發覺新的優勢、機會、劣勢與威脅。

牧童蘊藏的力量

約在西元前1030年，牧童大衛擊敗高大的戰士歌利亞。當巨人歌利亞從非利士人的軍隊出列，叫陣挑釁，掃羅王的軍隊全都嚇壞了。歌利亞的身高超過九英尺，他的矛粗如織布機軸、盔甲在陽光下閃閃發亮。

當時的大衛年紀尚輕，無法像哥哥們一樣從軍，但他仍想迎戰巨人。掃羅王告誡大衛，說他還太年輕，巨人歌利亞卻已身經百戰，但最後掃羅王仍同意讓大衛出戰，並讓大衛披上自己的盔甲。無奈由於盔甲太重，大衛僅以牧羊人的裝束迎戰。他一步步接近巨人歌利亞，用彈弓射出一塊石頭擊中歌利亞的額頭，歌利亞便當場倒下。大衛上前取下歌利亞的首級，非利士人則趕緊四散逃逸。

有人說，策略會帶來相對優勢以抵禦相對劣勢。根據無數教科書和文章的建議，我列出大衛與歌利亞明顯的優勢與劣勢：

	優勢	劣勢
大衛	非常勇敢	身材矮小、缺乏經驗
歌利亞	高大強壯、身經百戰、勇猛	?

掃羅王起初憂慮兩人無法匹敵的情勢，不想讓大衛迎戰，最後才把盔甲交給大衛。在這個故事中，眾人在彈弓射出石頭、擊倒巨人後才轉變觀點，並了解牧童大衛使用彈弓的經驗和年輕敏捷都是優勢。因盔甲會削弱敏捷度，所以大衛棄之不用，若巨人近距離一擊，沉重的盔甲也救不了他。最後，當飛石擊中歌利亞的額頭，大家才赫然發現一個關鍵性弱點——歌利亞的盔甲無法掩蔽額頭這處要害。大衛的武器精準地從遠距離發揮力量，讓歌利亞的龐大身型和力量優勢完全派不上用場。這個故事告訴我們，對於優勢與劣勢先入爲主的想法可能有謬誤。

顯然因爲以小搏大而獲勝，使得這個故事具有說服力。我們不僅了解到要靈巧地掌握力量，還要在不對稱情勢的決定性時刻**創造**或**找出隱而未見的力量**。如何才能看出他人缺乏或忽略的，爲自己創造優勢？這種能力往往出現在跳脫慣性思考，或靈光乍現的想法中。並非每個好策略都來自這種洞察力，但凡是由這種洞察力孕育而生的好策略確實能產生額外的優勢，「非凡」與「尚可」立見高下。

沃爾瑪的智慧

我的工作主要是協助MBA學生和企業找出情勢中隱而未現的

力量。我通常會舉沃爾瑪（Wal-Mart）的創建、崛起，到沃爾頓（Sam Walton）在1986年成爲全美首富的故事爲例。接著，探討現今的沃爾瑪，從鄉下進駐城市、擴展到歐洲，並成爲全球年營收最高的企業。沃爾瑪早期的結構比較單純而精簡，就像年輕的挑戰者，而非今日的零售業巨獸。很難想像沃爾瑪昔日也曾是大衛，而非巨人歌利亞。

開始討論前，我在白板上寫下一句話，並畫個方框把文字圈起來：

> **傳統的智慧：**
>
> **一家全面折扣的商店必須開在至少有十萬人口的小城。**

我給討論小組的問題很簡單：爲什麼沃爾瑪會如此成功？我請比爾先回答，因爲他曾有銷售方面的工作經驗。他開始很老套地談論沃爾頓的領導力。我不置可否，只在白板上寫下「沃爾頓」，再請他回答下一個問題：「沃爾頓有什麼與眾不同的作爲嗎？」

看著我在白板上標示的方框，比爾說：「他打破傳統的智慧，把大型商店開在小鎮上。沃爾瑪有每日低價商品，採用電腦化的倉儲貨運系統來管理商店間的庫存移動，它沒有工會，而且行政管理費用低廉。」

其他六人花了半小時繼續補充。他們拚命對這個主題拋出想法，我試圖引導他們說出細節和相關內容。我問：「商店有多大？小鎮有多小？電腦化物流系統如何發揮效用？爲何沃爾瑪的行政管理費用能維持這麼低？」

大家的反應很熱烈，白板上的三個圖形也逐漸成型。圓圈代表有一萬人口的小城鎮。在圓圈中畫一個長方形，代表占地四萬五千平方英尺的沃爾瑪賣場。第二個圖代表物流系統，正方形代表區域配送中心。由此正方形拉出一條卡車運送路線，去程經過一百五十家中某幾家由此配送中心負責的沃爾瑪賣場，回程則經過供應商，可運回大量貨物。這條路線最後回到正方形，此處的「X」記號則代表接駁式轉運。圖中以各種顏色的線條表示不同的資料流程，從這家店到電腦中心，再往外到供應商和配送中心。

最後討論管理系統時，我畫了幾條區域經理每週的巡店路線：週一從阿肯色州的本頓維爾（Bentonville）起飛，視察各家沃爾瑪賣場、取得並發送資訊，週四返回本頓維爾，週五和週六召開小組會議。後兩個圖形非常相似，都顯示出高效率配送的樞紐結構。

在我們得出大部分事實之後，討論慢了下來。我看著每個人說：「如果你們列出的這些政策是沃爾瑪成功的原因，且早在1986年便公諸於世，爲何在往後十年它還能打敗凱瑪（Kmart）？難道這個成功模式不夠明顯？沃爾瑪的競爭力何在？」

全場一片靜默。這些問題終止了列舉個案事實的歡樂時光。我們沒有提到競爭力，只是廣泛地討論零售產業，也未聚焦在競爭上，這些高階主管和MBA學生顯然在準備討論前都沒注意到。我早料到一定會這樣，也屢試不爽。但是，即便事先無人提醒，警覺性高的參與者在策略練習中要學習的就是要**考慮到競爭力**。

若光看一家成功企業採取了哪些行動，就只能看到局部而非全貌。每當有組織大獲全勝，便意謂有競爭者遭受阻擋或失敗。競爭者會被阻擋，有時是因爲創新者握有專利或其他合法的暫時壟斷，也可能純粹是難以模仿或仿效成本過高。沃爾瑪的優勢是具有某種難以複製的方法，或是競爭對手基於組織慣性或無能力複製。就沃爾瑪的個案而言，最大的輸家是凱瑪。

原名爲克瑞斯吉公司（S. S. Kresge Corporation）的凱瑪曾是低價百貨零售業中的龍頭，1970和1980年代間，凱碼持續在全球擴展，卻忽略了沃爾瑪在物流上的創新和逐漸在小城鎮折扣零售店主導的現象。最後，凱瑪在2002年宣告破產。

片刻之後，我提出較尖銳的問題：「沃爾瑪和凱瑪都在1980年代早期安裝商品條碼掃描器，但爲何沃爾瑪的獲益會比凱瑪多？」

條碼掃描器是超市業者最先採用的，現今已普遍用在零售業。大多數零售業者從1980年代早期便開始採用條碼掃描器，以削減經常得更換商品價格標籤的成本。但沃爾瑪更進一步發展出自己特有的衛星資訊系統，運用這項資料來管理進貨物流系統，藉此與供應商交易，換取更多折扣。

擔任人力資源高階主管的蘇珊突然變得健談。針對一個小政策來討論，果然能激發一些想法。先前我談到「輔助」政策，蘇珊似乎看到兩者的關聯，「如果只有條碼掃描器本身，助益不大。凱瑪還必須將資料發送給配送中心和供應商，以整合的進貨物流系統來運作。」

「很好」，我接著指出，無論是條碼、整合物流、快速、及時配合，以及低庫存的大型商店等等，沃爾瑪每個政策都互爲輔助，形成一種整合的設計——結構、政策和行動是一致的，每一部分都是爲輔助其他部分特別設計的，不能隨意替換。許多競爭者沒有這樣的設計，僅繞著想像中的「最佳做法」形式來塑造組織要素；有些競爭者的做法即使較爲一致，卻是針對不同目的而設計的。上述這兩種競爭者很難和沃爾瑪競爭，只採用沃爾瑪策略中的幾個要素助益不大，競爭者必須全盤複製其策略。

還有很多問題需要討論：先進者優勢、量化其成本優勢、持續學習和發展能力的議題、領導的功能，以及這樣的設計是否適用於都市地區。於是，我們繼續討論。

最後十五分鐘，我讓熱烈的討論緩和下來，並嘉勉他們對沃爾瑪的分析做得很好，不過還有一個我不是很明白、但似乎很重要的「傳統的智慧」——也就是一開始寫在白板上那句「一家全面折扣的商店必須開在至少有十萬人口的小城」。

我問比爾：「剛開始討論時，你說沃爾頓打破了傳統的智慧。但傳統的智慧是建立在固定成本與變動成本的簡單邏輯上，需要有大量的顧客來消化庫存，才能維持低成本和低價格。沃爾頓究竟是如何打破這鋼鐵般牢固的成本邏輯？」

我試著引導比爾：「想像你是1985年時的沃爾瑪商店經理。你對整家公司都不滿意，覺得公司都不了解商店所在的小鎮。你向父親訴苦，結果他說：『我們何不把這家店買下來自己經營？』假設你父親眞的有這個財力，你覺得這個提議如何？」

比爾思索了一會兒說：「這個提議不好，我們不能讓這家店獨立出來，每家沃爾瑪商店都必須是其網絡的一部分。」

我走向白板，站在寫著「一家全面折扣的商店必須開在至少有十萬人口的小城」的方框前面，複述比爾所說的「每家沃爾瑪商店都必須是其網絡的一部分」，同時畫一個圓，把「商店」兩字圈起來。然後，我靜靜等候。

很幸運地，有人開竅了，當某個學生試圖說出他的發現時，其他人也相繼意會，學生們發出一陣恍然大悟的「啊哈」聲音，就像爆米花般瞬間爆開。重點不是一家店，而是一個有一百五十家店的**網絡**，其資訊、管理流程及配送樞紐，可以為數百萬人口提供服務！網絡取代了單一商店。**沃爾頓並沒有打破傳統的智慧；他打破的是商店的傳統定義**。如果沒有人能立即理解，我會繼續提示。

當你了解沃爾頓重新定義「商店」的概念之後，便能看出沃爾瑪的政策如何在細微的思考轉變下緊密結合。你開始看得出展店決策的相互依存；展店位置反映了沃爾瑪的網絡經濟，不只是需求的牽引。你也可以看見沃爾瑪的力量平衡，單一商店沒有太多議價能力，產品選擇有限。最關鍵的是，沃爾瑪的基本營運單位是網絡，而非單一商店。

沃爾頓並非以單一商店，而是以整合網絡做爲企業的營運單位，打破了另一個更根深柢固的**分權**經營原則——亦即每家店各自管好自己的事。凱瑪便長期遵循此原則，授權每家店經理選擇產品線、挑選廠商及定價。畢竟，我們的觀念認為，分權是一件好事，卻常常忘記分權的代價就是跨單位間缺乏協調。選擇不同供應商或用不同條件進行議價的商店，無法從整合的資訊和運輸網絡中獲益。分店若不分享可行和不可行的做法，也無法互相學習。

如果競爭者也採用分權系統，或許不會有太大差異。一旦沃爾頓的洞見使得分權系統變成弱勢，凱瑪就將面臨嚴峻考驗。大型組織可能會猶豫是否要採用新技術，不過這種變革是可以管理的；但是要打破管理的基本教義——尤其是組織的基本理念，往往迫使組織面對生死存亡的挑戰。

沃爾瑪策略蘊藏的力量來自**觀點的轉變**。凱瑪因為欠缺這樣的觀點，因此把當時的沃爾瑪當成大衛看待，直接認定對方個子矮小、又缺乏實務作戰經驗，不足為懼。然而，沃爾瑪的優勢與其歷史或規模無關；其成長來自對折扣商店思維模式的微妙改變。傳統的觀點認為，折扣商店必須開設在人口密度高的都市才能獲利，沃爾頓卻看到一個建立效率的不同辦法：把每一家商店納入電腦化和物流系統的網絡中——現今我們稱之為「供應鏈管理」，這在1984年卻是出乎意料的觀點轉變，與大衛投石擊敗巨人的影響如出一轍。

馬歇爾的新定義

我在1990年中期和馬歇爾（Andy Marshall）初次碰面。他是美國國防部效益評估辦公室（Office of Net Assessment）主任，他的辦公室就在五角大廈國防部長辦公室的走廊彼端。效益評估辦公室於1973年創立，迄今僅有馬歇爾這位主管，他極具挑戰性的工作是全方位思考美國的安全局勢。

馬歇爾和我對於戰略的規劃流程都極感興趣。他向我解釋冷戰時期軍方傳統的預算循環過程，以及國會見招拆招的心態。

他說：「我們的國防規劃受制於年度預算編列。」他解釋，每年參謀長聯席會制定一份對蘇聯威脅的評估，實際上就是對蘇聯現今和計畫中的武器庫存評估，然後五角大廈會列出一份如購物清單的需求申請，由國會提撥適當比例的預算，如此年復一年。

「這種使支出合法化的程序，是我們抵制蘇聯軍武支出的籌碼，藉此顯示美國有能力抵制蘇聯的強項，而不是針對蘇聯的弱點和限制去做規劃。我們有足以癱瘓對方的作戰策略，卻沒有長期與蘇聯競爭的計畫。」

馬歇爾注視著我，確定我了解這番話的含意。接著取出一疊文件解釋：「這份文件反應了如何確切運用美國的優勢來攻擊蘇聯的弱點，這是截然不同的做法。」

馬歇爾本人和當時的副主任羅斯（James Roche）合寫了〈美國對抗蘇聯的長期政治軍事策略〉（Strategy for Competing with Soviets in the Military Sector of the Continuing Political-Military Competition），這份文件完成於1976年，接近福特執政結束時期，上面還有卡特時期國防部長布朗（Harold Brown）的註解，顯

然這份文件在當時備受關注。

這份精采的情勢分析，以巧妙的觀點轉換，重新界定「防禦」的概念。文中論及：「爲有效與對方打交道，國家應尋求機會發揮自己一個或多個獨特的能力，在特定領域或整體上發展**競爭優勢**。」接著說明美蘇關鍵的競爭領域在**科技**，因爲美國在此領域有較多資源，能力也較爲優異。

最重要的是，這份文件談到，擁有眞正競爭策略的意義是，所採取的行動會爲對方帶來極大的因應成本。尤其建議投資在昂貴無比的科技，因爲這是蘇聯無法在短期內追上的地方，以做爲抵制蘇聯的籌碼。

例如，提高導彈的準確度或研發無聲潛水艇，迫使蘇聯把稀少的資源投注在這方面，對美國的威脅也不會提高。加大對某些科技系統的投資，會使蘇聯的系統顯得老舊落伍，迫使他們耗盡財力。選擇性地用誇張的廣告手法宣傳新科技產品，也會得到類似的效果。

馬歇爾與羅斯的構想，突破了1976年時以預算爲導向、平衡軍力的思維模式。這個新構想很簡單，美國確實應該與蘇聯競爭，發揮美國的強項，並利用蘇聯的弱點。構想中既沒有複雜的圖表，也沒有深奧的公式，只有一個想法和落實想法的提示；想法的來源也很單純，就是**找出情勢中隱而未現的力量**。

1990年，當我和馬歇爾談到這份有十四年歷史的文件時，蘇聯已岌岌可危，柏林圍牆也在一年前倒塌，距離蘇聯解體還差十六個月。當時蘇聯已因過度擴張，而在經濟、政治與軍事上都搖搖欲墜。美國的精準導彈、積體電路和其他先進科技產生、在歐洲布局的導彈、雷根總統的星球大戰計畫[1]，以及水中監視系統等，都對蘇聯造成難以承受的壓力，一再迫使蘇聯以非常有限的資源進行昂貴的投資。當時，英國和沙烏地阿拉伯也聯手抑制國際油價下跌，使蘇聯喪失獲取額外外匯的管道，並敦促歐洲國家不急於購買俄羅斯的天然氣。

蘇聯的封閉體系和狀態使他們不易取得西方科技，在阿富汗的戰爭更消耗了蘇聯的資金和內部的政治支持。種種力量和事件的背後，其實就是馬歇爾與羅斯在1976年提出的間接競爭邏輯：**運用你的相對優勢，迫使對方必須付出極大成本，使得競爭過程中遭遇到的問題變得複雜**。

在我的人生經歷中，蘇聯向來主導有關政治、戰爭與和平的議題。小學三年級時，我曾因為軍事演習躲在書桌下，直到警報解除才敢出來，而且一直擔憂著蘇聯的人造衛星。大學時期，加州大學柏克萊分校的教授要我閱讀馬克斯（Karl Marx）、列寧（Lenin）、里德（John Reed）對俄國十月革命的生動描述——即《震撼世界的十天》（*Ten Days That Shook the World*），並論述俄國革命期間工農自治的文章。

如今我們知道，約當我在柏克萊就讀的五年間（1960到1965年），蘇聯集中營約有一百五十萬人慘遭殺害。在第二次世界大

1 反彈道飛彈防禦系統的戰略防禦計畫（Strategic Defense Initiative），簡稱星球大戰，是美國在1980年代研議的軍事戰略計畫。其核心內容是：以各種手段攻擊敵方外太空的洲際戰略飛彈和太空飛行器，以防止敵國對美國及其盟國發動核子攻擊。許多盟國也在美國的要求下，不同程度地參與了該項計畫。

戰戰後，蘇聯更殘殺了近兩千萬人，並且高壓統治蘇俄和其他國家的人民。1917到1948年期間，有四千多萬人死於集中營、遭到蘇聯強制流放、因飢荒或過度勞動致死。

當帝國瓦解，不禁令人思忖有多少是因其內部的矛盾引爆，又有多少是源於美國政策對蘇聯的施壓？複雜的事件都有諸多成因。馬歇爾與羅斯的見解若以商業策略的說法來看，就是找出你的強項和弱點，評估機會和風險（對手的強項與弱點），再加強你的強項。這個策略的力量源於發現競爭優勢的思維模式轉變：從單純思考軍事能力，轉變爲尋找能迫使對手增加巨額支出的方法。

◎

馬歇爾與羅斯的分析足以列出一長串美國和蘇聯的強項和弱點。這並不是什麼新做法，傳統的回應多半是砸下更多投資達成勢均力敵的情勢。但是，馬歇爾、羅斯與沃爾頓都有獨特的見解，因此在付諸行動時能提出更有效率的競爭方法。這樣的見解正是來自**找出情勢中隱而未現的力量**。

03

什麼是壞策略？

壞策略不僅缺乏好策略的特質，也是錯誤觀念和領導障礙的產物。一旦發展出辨識壞策略的能力，便能徹底改善判斷力、影響力和制定策略的效力。以下是壞策略的四大特徵：

• **華麗空洞的口號**：喜歡以誇張深奧的字眼和概念，偽裝成策略性概念或論點，製造思考層次很高的錯覺。

• **無法直接面對問題與挑戰**：壞策略無法辨識或找出挑戰，以致於無法評估或改善策略。

• **誤把目標當策略**：很多壞策略只說明了欲望，並不是克服挑戰的計畫。

• **採取壞策略性目標**：策略性目標是由領導人制定，用來達成目標的工具；若無法傳達關鍵議題或不切實際，便是壞的策略性目標。

區分策略和策略性目標

我在2007年參加華府一場小型的國家安全策略研討會時，提出「壞策略」一詞。想了解「壞策略」的概念，得先了解它混亂的本質。

這場研討會由戰略暨預算評估中心（CSBA）主辦，與會者包括曾擔任國防部長、能源部長和中情局長的史勒辛格（James R. Schlesinger）、外交關係協會委員伊克萊（Fred C. Iklé）、國防政策前副國務卿、美國軍備控制和裁軍署主任，以及整合長期策略兩黨委員會主席等九人。由於大家認爲美國的國家策略工作品質下滑，這次聚會便是要找出原因。

與會者都同意，第二次世界大戰期間與戰後，特別是當核子武器出現後，美國國家領導人愈來愈重視國家安全策略。1989年後，隨著共產強權的攻擊威脅式微，美國國家安全策略顯然需要全盤檢討，針對後冷戰時期制定新策略，包括：處理核武擴散、基礎設施保護、太空的使用、能源的供應、全球金融市場、資訊革命、生物技術的進步、北大西洋公約組織的未來、種族衝突與政局不穩的國家，以及美國與中國、俄羅斯之間的種種難題。

2001年911恐怖攻擊事件之後，徹底重新制定美國國安體制的架構與流程，顯得格外有必要。某位國家安全分析家表示：「小布希政府在2002年的國家安全策略中，的確公布了一套國家長程和短期目標，卻都不是策略規劃……，僅描述911事件後的國家願景，並未提出實現目標的綜合方針。」

儘管對策略的需求明確，實際行動卻不見進展。問題究竟出在領導人、體制結構，還是時間不夠充裕？我們發現，最根本的問題在於，分不清策略和策略性目標的差異。近期的國家安全策略也提及：「若仔細閱讀2002或2006年的文件，只會發現一堆目標和子目標，而不是策略。」在讀過一些參考文獻後，我不得不同意，這些文件提出廣泛的目標、一再保證民主和經濟福祉的價值，卻沒有提及如何處理國家安全局勢。

這些文件包括小布希總統的公開宣示：必要時將發動先發制人的戰爭，以因應大規模毀滅性武器的威脅。然而，沒有任何跡象顯示，這個原則已被轉化爲連貫的策略。文件中並未提及實際上該如何勸阻、制止和預防，也沒有考慮到這個原則可能引發的問題，和對手會如何因應。例如，爲了避免2003年美軍在伊拉克境內大規模地搜索毀滅性武器的烏龍事件，先發制人的政策必須有更準確的情報支持。

然而，發動先發制人的戰爭不能單憑二手情報，更需要確切的證據，培養精良的搜證能力，才是關鍵性目標。但美國國家安全策略卻沒有考慮到這點。從美國對波士尼亞和伊拉克的干預看來，美國取得的是謬誤誇大的情報，只爲了引發軍事行動，獲取民意的支持，可見決策者沒有認眞思考情報錯誤或誇大帶來的問題。先發制人的政策反而助長對手採取極保密的措施、戰壕工事、封鎖消息及使用武器對抗。先發制人的策略中明顯缺少了因應敵方這些手段的規劃。

國家安全策略的另一部分是美國「將與他國合作，化解區域衝突」。這也是極膚淺的政治口號，難道還有其他方法可以處理區域衝突嗎？美國不可能獨自解決全世界每個區域的衝突，也不可能完全忽視。這樣的口號完全沒有實際的引導作用，更糟糕的是，只會凸顯一個惱人的事實，就是這種喊口號的做法愈來愈沒有效果了。事實上，北大西洋公約組織無法達成支持阿富汗軍事和發展的承諾；聯合國也沒有能力解決蘇丹、烏干達和尼泊爾的問題，反倒使以色列與巴勒斯坦的衝突愈演愈烈。

有人猜想這個口號暗示，「我們已放棄聯合國，願意與任何能化解區域衝突的國家合作。」然而，與其他利害關係人合作的「意願」不可能提升爲「策略」。策略必須說明這種區域衝突（已持續幾千年的人類活動）爲何頓時成爲重大安全問題，以及美國將採取何種手段和影響力，說服其他國家一起參與這幾場聖戰。策略還必須提出標準，說明美國在什麼情況下可以與違反「人性尊嚴、自由貿易、民主，及自由」等目標的國家合作。

另一個以口號替代策略的例子是：「阻止敵人對我們、盟國及朋友使用大規模毀滅性武器的威脅。」這份2006年的文件中還如此解釋：「我們的首要目標在說服對手，他們無法使用大規模毀滅性武器來達成目標，以嚇阻並說服他們放棄使用武力的意圖。」

這份文件作者的想法令人難以理解。大規模毀滅性武器的威脅，正是美國在冷戰時期採取的手法，且成效顯著，如何讓對手相信這種**威脅**無法達成目標？舉例來說，海珊若眞的擁有核武，並且以核武威脅1991年在沙烏地阿拉伯或2003年在科威特的盟軍，伊拉克就不至於遭到入侵。海珊威脅將殺死美國士兵的說法是可信的，但意圖大規模屠殺伊拉克平民的說法便不足採信。不過，俄羅斯的情報顯示，海珊在1991年就已明白這個邏輯，並對未能持續進行祕密核武計畫深感失落。由於2006年的這份國家安全策略文件，並未說明美國打算如何平息致命的核武威脅，看來要實現這個「目標」似乎是癡人說夢。

有人認爲因爲這是公開文件，才有這麼多缺失——眞正的策略是不會被公開的。我駁斥這種說法，即便是其他看過機密資料的分析家，也認爲美國國家安全策略缺乏具體內容與連貫性。再者，這次戰略暨預算評估中心會議的與會者都曾是制定國家政策的高階內部人士，他們也一致認爲，國家安全策略近期的企圖和努力方向，僅產生許多模糊的宏願和各式募款活動，欠缺有新意的政策和計畫。

在這次的研討會，我負責從商業和企業策略的觀點來思考國家安全策略。我想與會者都指望我會說，目前的商業和企業策略不僅制定嚴謹，而且策略制定的能力也日益成長。我以文字和幻燈片說明，企業確實擁有強大而有效的策略，但根據我身爲顧問和田野研究者的經驗，我發現「壞策略」正持續蔓延。

我解釋，壞策略和「沒有策略」或「失敗的策略」不一樣。相對的，壞策略有明顯的錯誤陳述和思考方式。不幸的是，壞策略愈來愈占上風。壞策略偏好談論目標，絕少提及政策或行動；壞策略假設目標是唯一需要的，並提出不連貫、有時完全不切實際的策略性目標，慣用華而不實的言語掩飾缺陷。

幾年後，我有機會與一些高階主管討論壞策略的概念，並將壞策略的四大特徵濃縮爲四項：華麗空洞的口號、無法直接面對問題與挑戰、誤把目標當策略，以及採取壞的策略性目標。

華麗空洞的口號

華麗空洞的口號指的是，結合大量重複的膚淺詞語，僞裝成有價值的專業知識、思維和分析。例如，某大型零售銀行的內部策略備忘錄是這麼寫的：「我們的基本策略是做為一個以客戶為中心的中間媒介。」「中間媒介」意指公司接受存款，然後把錢借貸給他人；換言之，便是銀行業務。「以客戶為中心」意謂銀行提供存款人和貸款人更好的條件或服務。但檢視這家銀行的政策與產品，卻發現與其他銀行沒有差別。如果去除「以客戶為中心的中間媒介」這些空洞的字眼，這段膚淺的聲明便是：「我們的基本策略是做為一家銀行。」

華麗空洞的字眼源自學術界，最近也出現在資訊科技業中。例如，歐盟有份報告把「雲端運算」定義為「資源的彈性執行環境，牽涉到多個利害關係人且提供多層次的計量服務，以達到特定程度的服務品質」。較不華麗空洞的解釋便是，當你使用Google搜尋，或把資料傳送到某網路備份服務，你不必知道、也不需在乎使用哪部實體電腦、資料伺服器或軟體系統，只要知道有「雲端」運算的機器和網路可以整合大量資源，由外部的服務供應商計算如何執行這項工作，以及向你收取多少費用。

我所見過最華麗空洞的經典範例，當屬2000年夏天一場由安達信會計師事務所（Arthur Andersen，不久後便遭吊銷執照關閉）舉辦的簡報會議。當時安隆（Enron）是華爾街的寵兒，安達信擔任該公司的會計稽核，同時也忙著運用其對安隆商業策略的了解，吸引更多新客戶[1]。會議名爲「大人物的策略」（Strategies of the Movers and Shakers）。

「大人物」當然是指安隆公司，讓投資人興奮的是，安隆剛宣布了寬頻金融交易計畫。某位演講者表示：「九個月前，當安隆首度宣布寬頻交易策略，市值瞬間增加90億美元，現今寬頻交易的市場評價已暴增至300億美元。」

安隆在天然氣與電力事業的策略一向是擁有部分實體資產，並從事「基差交易」（basis trading）；也就是安隆以固定價格銷售天然氣或電力期貨合約，然後以自身擁有的供給量和期貨合約混合操作，以兌現合約。安隆同時與投機者、其他證券操盤者簽訂許多合約，對沖氣候、價格和其他風險。由於安隆是天然氣和電力交易的主要玩家，因此能夠掌握供給與需求的資訊，在交易中享有優勢。

大眾揣測，安隆是否會將該策略如法炮製在寬頻交易上。寬頻問題在於沒有現貨價格可供基差交易、沒有品質標準可協助界定遞送交付，更不可能有實體運送的行爲，達到地理上的供需平衡。安隆要與每位交易者直接進行交易，不想只扮演中間人的角色；然而，它在紐約市擁有的網路節點與其他人所使用的節點都存在一些距離。

寬頻與天然氣、電力的不同之處在於，寬頻無增量成本，也就是只要容量大於需求，現貨價格就接近零。而且2000年夏季

1 這場簡報是由安達信會計師事務所，並非安盛顧問（Andersen Consulting）所舉辦。

之前，已安裝好的光纖處理容量遠大於需求。以天然氣和電力來說，安隆買賣的是可遞送交付的實體產品，而不是容量。但寬頻業務是在處理容量，不是可遞送的實體產品，安隆在這方面沒有優勢，線上電影和其他頻寬密集的內容不能算是實體商品。

這場簡報會議的爭論點在於，商品市場的「演變」方式相同，因此同樣的商業策略也適用於寬頻。這個理論的重點以下列簡報圖表呈現，發送給與會者。圖表說明了這些商品市場的某種「演變」，從實體遞送演變至「知識空間」到「新奇金融商品」，暗指衍生性證券（在價格上賭注）是一種「複雜的價值萃取」工具。

現今的寬頻市場，連通性才是關鍵

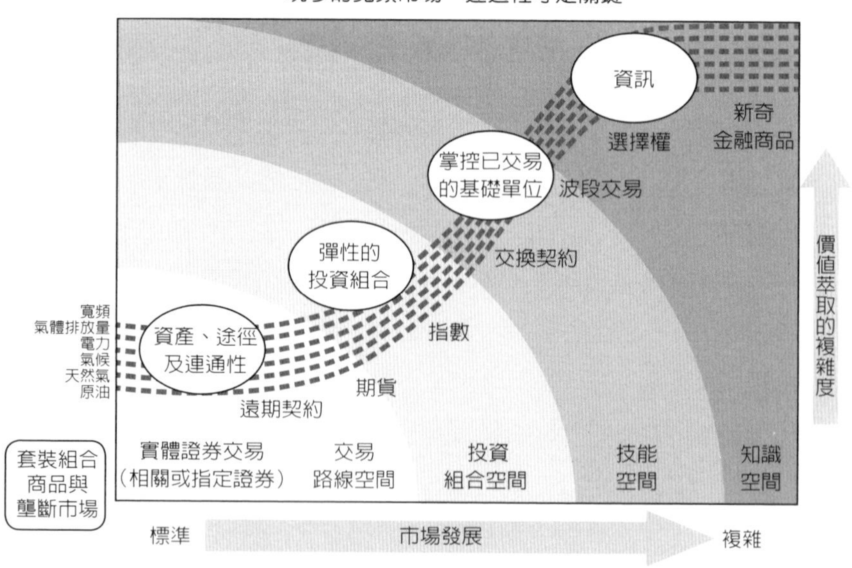

不論是圖表本身或主講者都未說明建立寬頻交易市場的挑戰，淨說些華麗空洞的場面話。仔細聆聽其內容，更是融合了部分事實、複雜圖表和專業術語的大雜燴。然而，市場未必會從「單純」演變到「複雜」，往往會以另一種方式產生變化。創造期貨和選擇權需要基差，但是基差並不一定是一種商品或價格。例如，交易者依芝加哥選擇權交易所的波動率指數（Volatility Index, VIX，產生價格波動的方法）簽訂期貨合約。安隆的天然氣和電力交易是以實體資產的所有權爲基礎發展出來的，但這可能只是短暫現象，像原油和農產品的期貨合約和選擇權一直都在生產者沒有深入參與的情況下交易。

這場簡報的內容僅有空虛的圖表和一堆「市場開拓者的新策略」，令我感到失望。簡報中的「策略」包括建立電子交易平台、成爲店頭市場經紀商與資訊提供者，這些都不是策略。就如同肉販、烘焙師傅和燭台生產商一般，只是個名稱。若你認同「資訊提供者」是一種商業策略，那麼你便是這種華麗空洞的策略要推銷的對象。

十四個月過後，安隆很顯然要失敗了。公司債台高築，利潤空間直落，在英國與巴西的重要專案都告吹，寬頻交易也損失慘重，外界紛紛懷疑安隆是否有能力履行合約。沒人願意和一家隨時會瓦解的公司簽訂期貨合約，更注定它倒閉的命運。安隆在2001年12月宣告破產，加上有充分證據顯示安隆在會計上做假帳，這樁醜聞連帶拖垮負責稽核安隆會計帳目的安達信會計事務所。交易寬頻的系統性市場也未能建立起來。

眞正的專業和洞察力能化繁爲簡。平庸的策略和壞策略的特徵則是充滿不必要的複雜度，也就是慣用華麗空洞的口號掩飾實質內容的貧乏。

無法直接面對問題與挑戰

策略是突破困難的途徑、克服障礙的方案，以及對挑戰的回應。若沒有界定難題與挑戰，便難以評估策略品質的好壞，進而無法否決壞策略、改善好策略。

國際收割機（International Harvester）公司曾是全美第四大企業。由麥考密克（Cyrus McCormick）發明的收割機，與鐵路系統對開發美國平原有很大貢獻。1977年，董事會決定聘請原任全錄（Xerox）總裁的麥卡德爾（Archie McCardell）擔任執行長，拯救這家業績陷入困乏的老公司。

在麥卡德爾接手管理之前，國際收割機公司已進行了長達十年的現代化改革。博思艾倫顧問公司（Booz Allen）重新設計組織架構；乾草協會（Hay Associates）提供現代化的管理和獎勵辦法。麥卡德爾本人則帶來一批全新的財務與策略規劃幹部，並於1979年7月制定一大疊「企業策略性計畫」，堪稱壞策略的經典之作。

國際收割機公司這份企業策略性計畫是由五個營運部門各自制定的策略規劃組合的，包括農業設備（30億美元）、卡車製造（40億美元）、工業設備（10億美元）、天然氣渦輪機（3億美元）及零件（10億美元）等部門。整體「策略」是爲了提升公司在各市場的市占率、削減各事業的成本，以提高營業額和利潤。這份機密計畫的重點摘要如附圖，顯示過去和預測的利潤形成一條近乎完美的「成長曲線」，由衰退立即轉爲復甦，接著穩定成長。

國際收割機公司營收、資產與稅前獲利（1977-1984）

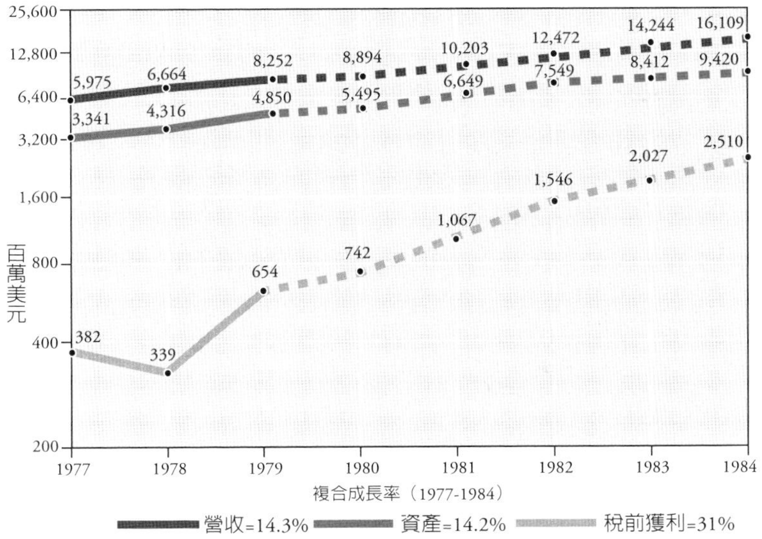

這份策略性計畫不乏實質內容和細節。例如，農業設備部門的策略規劃確實包含每個區隔市場的資料和討論；整體意圖在於加強經銷與配銷商的網絡，以及降低製造成本。儘管有強鹿（John Deere）、福特（Ford）、麥西福格森（Massey Ferguson）、凱斯（J. I. Case）等競爭對手，農業設備的市占率預估會從16%提升至20%。

這份企業策略性計畫卻忽略了顯而易見、眞正攸關的問題。文件中完全沒有提及一個重大問題：國際收割機公司的效率極差，這絕非投資新設備或對經理人施壓，要求提高市占率便能解決的。例如，公司允許資深員工任意調動工作，但每次調動都會引起一連串的內部調動；長期以來獲利率只有競爭對手的一半。同時，該公司的勞資關係是美國產業界最糟的。1886年發生在芝加哥的「乾草市場暴亂」（Haymarket riot）即與該公司有關。當時，一名武裝分子用炸彈炸死一些正在集會的警察和勞工。

如果無法辨識並分析障礙，便無法產生策略；只是徒增目標、預算和過多的期望。

麥卡德爾削減行政費用的做法，確實改善公司一兩年的帳面利潤，但之後卻引發長達六個月的罷工，員工想藉此爭取更好的勞動合約，結果不但一無所獲，更使公司在罷工結束後迅速瓦解。在1979到1985年期間，公司虧損超過30億美元，原有四十二間工廠關閉了三十五間，裁員八萬五千人，僅留下一萬五千名員工。公司出售各項事業，把農業設備出售給天納克（Tenneco），與該公司旗下的凱斯部門（J. I. Case）合併。卡車生產部門更名爲航星（Navistar）存活下來，如今成爲重型卡車和引擎的最大生產者。

如今，國際收割機公司1979年規劃的策略已過時，現在改用「範本式策略規劃」來取代數字和圖表，策略規劃者只需在範本中填寫「願景、使命陳述或核心價值、策略性目標」，然後在每個目標填寫許多「策略」，最後加上「新措施」即可完成（第四章將更深入探究何爲範本式策略）。

儘管這些策略計畫都以現代的詞彙和口號粉飾，大部分的策略計畫其實和國際收割機公司一樣糟糕，既無法辨識、也未能掌握妨礙組織前進的障礙和問題。觀察大多數的策略計畫，便會發現大部分策略缺乏策略思考，只是花費更多錢在「變得更好」的唱高調計畫。

美國國防部先進研究計畫局（DARPA）致力於突破性科技創新，以維護國家安全。和國際收割機公司相反的是，其策略奠基於清楚辨識挑戰的本質。以下是該局在策略中對基本問題的聲明：

> 軍事研究機構的基本挑戰，就是搭配各種科技機會與軍事問題，包括因採用這些科技產生的新運作概念。這項挑戰極爲困難的部分原因在於，有些軍事問題沒有顯而易見的技術解決方案；以及有些新興科技目前仍不確定是否會對軍事造成深遠的影響。美國國防部先進研究計畫局聚焦在這個「非常難以達成」的利基點——即使科技的失敗風險極高，這一系列科技難題若能解決，對美國國家安全會有極大助益。

先進研究計畫局聚焦在軍方視爲太冒險或太偏離使命的計畫上，以因應這個挑戰。他們想像指揮官未來可能的需求，而不是當下的需求，而且只將工作指派給擁有絕佳構想的能人賢士來主導。先進研究計畫局的成功案例包括：彈道式導彈防禦、隱形技術、全球定位系統、語音辨識、網際網路、無人載具，及奈米科技等。

先進研究計畫局的策略不僅說明大方向，也提出日常行動的具體政策。例如，每位計畫經理人任期為四到六年，可避免形成派系，同時引進新人才，每位新任的計畫經理人也願意挑戰前人的構想和做法。此外，限制管理費和硬體設備的開銷，避免既得利益妨礙新方向的發展。這些政策是根據各種障礙的實際評估來訂定，與大呼「留住最佳人才」或「保留創新文化」的空洞口號截然不同。

先進研究計畫局的策略具備好策略的共同點：謹慎定義挑戰、期望克服現實的難題、避免使用華麗空洞的口號；制定把資源和行動集中在克服困難上的具體政策。

誤把目標當策略

圖像藝術公司執行長羅根（Chad Logan）在聽完我的演說後，邀請我與他的管理團隊一起研究「策略性思考」。

羅根的公司位於市中心的商業大樓，主要業務是替雜誌、出版社、廣告公司和企業提供客製圖像服務。他在大學時期曾是明星運動員，之後跨界成為圖像藝術工作者，再轉向銷售領域。他是公司創辦人的侄子，兩年前創辦人過世後便繼承這家公司。

這家公司的辦公室與工作空間設計得相當實用，執行長的會議室採用柚木壁板，明亮的燈光使懸掛在牆上的公司得意作品，與光滑的會議桌面相互輝映。

公司有一個龐大的設計團隊和三個業務部門：媒體部負責雜誌與報紙客戶；企業部門負責企業目錄和手冊；數位部門則負責網路客戶。

羅根的總體目標很簡單，他稱之為「20/20」計畫：營業額每年成長20%，獲利率也成長20%以上。他表示：「整體策略已定，公司和利潤都會持續成長。問題在於如何集眾人之力『奮力一擊』，我需要訓練頂尖人員，加強他們的策略性思考，以具備明天與客戶開會就能派上用場的技能。」

我問羅根，除了成長和利潤目標，是否想過策略要素？他遞上四年前所制定的「2005年策略計畫」，內容不外乎對營業額、成本和毛利的預估。公司四、五年來維持市占率，稅後獲利率也維持在12%左右，整體表現維持在產業的平均水準。文件首頁列出「我們的關鍵策略」：

- 成為客戶首選的圖像藝術服務公司。
- 以獨特而富有創意的解決方案解決客戶的問題。
- 年營業額至少成長20%。
- 維持至少20%的獲利率。
- 秉持承諾的企業文化。企業的目標便是努力實現承諾。
- 打造誠實與開放的工作環境。
- 努力經營廣大社群。

羅根表示：「我們花費三週的時間詢問每個人，好不容易才制定出這些關鍵策略。我對這些關鍵策略有信心，相信我們可以擁有一家讓每個人都引以爲傲的公司，員工們都願意盡心努力並認同這些關鍵策略。」

我說：「這份20/20計畫是雄心勃勃的財務目標。想實現這個目標，哪些是一定要做的事？」羅根用食指敲彈著這份計畫說：「我曾經是美式足球員，知道獲勝需要實力和技巧，但更重要的是求勝的意志力，這股力量才能驅動成功。我們公司的管理者和員工都非常努力，就連轉型至數位科技的過渡時期都處理得當。但是，工作努力和立志要獲勝是有差別的。『20/20』當然是很難實現的目標，但成功的祕訣便是眼光放遠，有遠大的目標，我們會繼續努力，直到達成目標。」

我再問羅根：「哪些是一定要做的事？」其實是在尋找某些**槓桿支點**，也就是讓我相信該公司具有爆發性成長的理由。策略就像可以擴大力量的工具。你當然可以用全身的蠻力、繩子或幹勁來移動一塊大石頭；但使用槓桿和輪子，則是更明智的做法。我又試著問羅根：「如果公司如你計畫般績效爆增，通常是因爲具備你所建立的關鍵優勢，或產業發生變化開啓了新機會。你能清楚指出公司的關鍵優勢（槓桿支點）嗎？」

羅根皺起眉頭、緊閉雙唇，表現出我並不了解他的挫折。接著又抽出一張文件指出：「這是威爾許（Jack Welch）說的，」上頭寫：「我們發現，努力爭取看似不可能的目標，通常便能完成不可能的事。」

羅根說：「這就是我們需要的。」

我不認爲羅根的20/20目標有助公司進步。策略性目標應該有具體的流程或想達成的任務，例如，把回應顧客所需的時間減半，或獲得好幾個《財星》（*Fortune*）五百大企業的合作案。然而，此時與他爭辯無益。客戶必須先同意進行對話，如此一來，激烈的討論才可能有結果。「好吧」，我說：「我懂你的意思。請給我一點時間仔細研究這些數字。」

其實我根本不用研究數字，只需要一些時間思考如何運用我的方法來協助羅根。儘管他有良好的企圖，但對我來說，他的計畫只有結果，卻缺乏行動。他堅信，足球員所需的勇氣、膽識、動機和臨門一腳，能讓他在商場中獲勝；加上他所說的「繼續努力，直到達成目標」，讓我不禁聯想起第一次世界大戰期間的帕斯尙爾（Passchendaele）戰役。

◎

1914年第一次世界大戰爆發時，鬥志高昂的群眾齊聚街頭，歐洲的年輕男子紛紛踏上戰場，亟欲證明自我。他們堅信，意志力、精神、勇氣、鬥志、活力和攻擊心便是這場戰爭的致勝關鍵，其中尤以法國人爲最。自1915到1917年三年期間，將領們將這些慷慨激昂的年輕人草率地扔進重機槍陣地，儘管攻克了一席無用之地，卻導致整個世代的年輕人大量傷亡。

1917年英軍統帥海格（Douglas Haig）計畫在比利時法蘭德斯

（Flanders）的帕斯尚爾村發動攻擊，試圖突破德軍的堅固防線，以分隔德軍。有人告訴海格，炮轟德軍的陣地勢必會摧毀堤壩，引發洪水淹沒低於海平面的田野，但海格仍一意孤行。結果不僅摧毀了堤壩，肥沃的土壤瞬間化為泥沼，同時也淹沒了坦克、馬匹和傷兵。

鑑於前一年有十萬名英軍在索姆河（Somme）戰役喪生，海格曾允諾，如果進展受挫就會取消進攻。但是，儘管傷亡慘重，在「最後一擊」的想法作祟之下，戰爭仍持續了三個月。最後十天的攻擊中，加拿大士兵直接以肉身阻擋機關槍、在泥濘和袍澤的殘肢斷臂中掙扎前進，終於以一萬六千名士兵的傷亡為代價，攻占一座小山丘。歷時三個月的戰役，總計取得五英里平地，逾七萬名盟軍喪生，以及二十五萬人受傷。邱吉爾（Winston Churchill）形容帕斯尚爾戰役是「勇氣與生命的悲淒耗費，卻徒勞無益」。

在索姆河與帕斯尚爾戰役，海格帶領整個世代的英國及其屬地的年輕人步向死亡。同樣的情況也發生在法軍統帥霞飛（Joseph Joffre）指揮的索姆河戰役，以及德軍統帥馮法肯漢（Erich von Falkenhayn）指揮的凡爾登（Verdun）會戰。

在歐洲，激勵式演講者並非管理講座的主流，然而「激勵式領導」迄今在美國仍十分盛行。德州富豪、美國總統候選人裴洛（H. Ross Perot）表示：「大多數人在即將成功時放棄了；他們在球門前一碼放棄；在比賽的最後一分鐘、即將觸地得分獲勝的一呎處放棄了。」

聽到這句話的美國人多表同意；相對的，許多歐洲人則彷彿聽見帕斯尚爾戰役中高喊的「最後一擊」。在這些戰役中遭到屠殺的軍隊並不乏作戰的動機，卻因領導人的戰略不夠完備而平白送死。動機是生命和成功的要素，但領導人的工作不只是要求大家奮力「最後一擊」，還要創造一擊奏效的情境與條件，並且提出值得眾人努力的策略。

◎

幾天後，我向羅根說明我的觀點，由他自行決定是否繼續跟我合作。我說：

我認為你很有企圖心，卻沒有策略。就現在的情況，達成「20/20」目標的策略，並沒有多大用處。

我建議當務之急是設法找出對事業最有前景的機會。這些機會也許出現在內部，比如突破員工工作上的瓶頸或限制；若是外部機會，你該組織一個小團隊，用一個月的時間檢視誰是你的客户、競爭者，以及現存的機會。仔細查看公司業務範疇中的改變，或許能讓你躍居優勢。儘量讓有用的資訊在公司內部流通。如果你願意，我能協助你建構這個流程或提出適當的問題。最後的成果便是產生一兩個最吸引人的策略，這樣你便可獲得進展或突破。

然而，我無法預先告訴你機會有多大、機會在哪裡，或公司營業額成長的速度。你未來可能想增加新服務，或裁撤不賺錢的業務。也許你會發現，專注在公司目前內製的圖像業務，比外包給競爭者更有可為。最後，你會產生一份公司最重要的任務清單，做為前進的基礎。這就是站在你的立場，我會做的事。

順著這條路前進，你就可以仰賴動機來推動公司發展。老實說，我無法保證這個做法一定可行，因為商業競爭不單是實力和意志力的戰役，更是洞察力與能力的競爭。我的判斷是，動機本身不足以讓公司達成目標。

羅根向我道謝，一週後他另請高明來協助他達成夢想中的目標和願景。新顧問帶領羅根和各部門經理進行他所謂的「實現願景」練習，重點擺在「你認為這個公司可能擴展到多大」。那天上午，他們已經把願望從「更大」延展到「非常大」；到了下午，那位顧問要求他們許下更宏偉的願景：「試著想像公司比現在大上一倍。」羅根很滿意那位幫他建構偉大夢想的專家，我則很慶幸自己正忙著其他工作。

羅根的「關鍵策略」只是績效目標，不是策略，同樣的問題也出現在許多企業的「策略規劃」中。

企業領導人了解組織應該要有策略，但他們總對策略規劃的流程感到無奈。因為大多數企業的策略規劃，不過是三、五年的滾動式預算和市占率規劃的組合。宣稱這類滾動式預算爲「策略性規劃」，讓人們誤以爲這就是一個連貫性的策略。

規劃是管理的要素之一，本意是良好的。例如，一家快速成長的零售連鎖店，需要計畫來引導房地產的取得、建造工程和人員訓練等，這就是資源規劃，以確保所需資源能及時到位，並協助管理階層察覺意外狀況。同樣的，跨國工程公司也需要計畫來指引和協調不同地區的人力資源活動、開設與擴展不同區域的辦公室及其財務政策。

你也可以把這些年度活動稱做「策略性規劃」，但這不是策略，無法提供高階主管獲得更高績效的途徑。想得到卓越的績效，領導人必須認清阻礙公司成長的關鍵障礙，設計具連貫性的解決方案，以克服難題。解決方案可能需要產品創新、改變配銷方式或組織架構，也可能必須洞悉環境中各種變化的意涵，包括科技、顧客喜好、法律、原物料價格或競爭行爲。

領導人的責任便在於決定最有成效的路徑，進而設計出最能發揮公司知識、資源和能量的方法，以達成目標。最重要的是，機會、挑戰和改變不會從年度活動的漂亮成果中蹦出來。策略的工作需求沒有規則可循，也未必是定期的活動。

採取壞的策略性目標

如果你是中階管理者，上司通常會設定你的目標；某些開明的公司或許會讓你和上司協議決定你的目標。不論是哪一種情況，都會很自然地把策略設想成達成特定目標的行動。如果領導階層也用這種思維模式，便會鑄成大錯。

身爲總經理、執行長、總裁或最高領導人，意謂擁有較多的權力和較少的限制。有效率的領導人不會任意追逐目標，而是**決定**應追求的總體目標，然後制定組織各部門的工作子目標。的確，策略的布局都有一套策略性目標（子目標）。領導人的挑戰之一在於駕馭轉變，成爲組織宗旨和目標的締造者，而非由他人界定你的目標。

爲了清楚區分，我們用「目標」（goal）表達整體價值觀和企圖心，用「目的」（objective）表示具體的行動目標。因此，追求自由、正義、和平、安全和幸福快樂等是美國的「目標」；**策略**就是把模糊的總體目標轉變爲一套連貫、可行的「行動目標」，例如，打倒塔利班或重建朽壞的基礎設施。領導人最重要的工作，在於創造和持續調整總體目標與行動目標之間的銜接。

舉例來說，陳氏兄弟（Chen Brothers）是成長迅速的食品經銷商，其總體策略包括利潤持續成長、良好的工作環境，以及成爲最受喜愛的有機食品經銷商。這些都是值得追求的目標，但裡面都少了具體的策略或行動，反而成爲限制。（這類廣泛的目標就像是足球規則，僅排除諸多不可行的動作，卻未具體提出足球員究竟該怎麼做！）

陳氏兄弟的策略是，鎖定願意支付溢價進貨的食品零售商，販售大型連鎖店沒有賣的獨特商品。管理階層將顧客和潛力顧客分爲三層，針對每一層設定策略性目標：對於頂層顧客，最重要的策略性目標是主導商品的陳列空間；針對中層顧客的是平價促銷商品；針對最底層顧客則是持續進行市場滲透。

全食超市（Whole Foods）近來快速成長，持續對特色食品店造成壓力，這些業者一向是陳氏兄弟的目標市場。陳氏兄弟管理階層的因應之道，便是聯合當地小型食品製造商，以共同品牌進駐全食超市銷售。這樣的變革對公司的總體目標並無影響，但需要徹底重建策略性目標。爲此，陳氏兄弟組成一個結合生產、行銷、廣告、配銷和財務專家的「全食」團隊，取代針對不同客群的市場滲透目標。這個團隊的任務，是竭盡所能地讓陳氏兄弟獨特的新產品，成爲全食超市中的暢銷商品。一旦達成這個目標，連帶其他產品、貨架空間和市占率的目標也都能達成。

陳氏兄弟並未落入認定策略是宏大願景或一連串財務目標的陷阱。相反的，管理階層巧妙地設計「前進方向」，專注在一兩個重要的行動目標上。一旦達成這些目標，便能爲企業開啓新的機會之窗，也能接續設定更多雄心勃勃的行動目標。

一團亂的目標

好策略的優勢在於，能集中精力與資源在一個或少數能引導優良成果的關鍵性目標上。壞策略正好相反，我稱之爲「一團亂」的策略目標。

冗長的「工作清單」常被誤稱爲「策略」或「行動目標」，其實這算不上是策略，只是工作列表。這種清單通常是規劃會議的產物，詳列股東樂見其成的各種建議事項。與會者不把焦點放在重要議題上，反而耗費一整天蒐集可放進「策略性規劃」的項目，然後貼上「長期」標籤，表示這些不是今天該完成的事情。

最明顯的例子是，我最近與美國西北部某位市長談論的策略。他的策略規劃委員會制定的策略性計畫，包含四十七個「策略」和一百七十八個行動方案，第一百二十二項行動方案是「制定一個策略性計畫」。

另一個例子則是洛杉磯聯合學區爲「最優先學校」（多項成績未達標準的學校）制定的策略性計畫，包含七個「策略」、二十六個「戰術」及二百三十四個「行動步驟」，果眞是一團亂。這種策略性目標的規劃模式普遍存在於市政府、學校、非營利組織及某些企業中。

不切實際的目標

另一種常見的壞策略性目標，問題出在不切實際。好策略會定義關鍵性挑戰，甚至建立起挑戰與行動間、意圖與立即可行目標間的橋梁，盡量讓一切都在掌握之中。因此，假使已握有資源和能力，好策略設定目標達成的機會很大（詳見第七章）。相反的，不切實際的目標通常是期望的狀態或挑戰的簡化重述，迴避「沒人知道如何實現目標」的惱人事實。

領導人或許能成功辨識關鍵性挑戰，提出應對的整體解決方案，但如果接下來的策略性目標是不切實際的，成效便極爲有限。好策略的作用在於，提出有效可行的辦法來克服關鍵性挑戰。若領導人的策略性目標和挑戰一樣困難，那麼該策略便沒有價值可言。

◎

2006年，美國前海軍上將布魯爾（David Brewer）被任命爲洛杉磯聯合學區督學。布魯爾面臨的嚴峻任務就是提高這個美國最大學區的成績。

加州教育體系用來衡量學校學術績效的標準，是根據全州的整體測驗分數，即學業表現指標（API）。在洛杉磯九百九十一所學校中，很多學校的測驗成績都相當不錯，但仍有三百零九所學校未達美國教育部「不讓任何一個孩子落後」的目標。布魯爾評估了學區內的情勢後，隨即確定首要之務是大幅改善學區內表現最弱的三十四所學校，再努力提升其他學校的成績。

布魯爾制定的這個策略焦點很清楚，值得讚許，因爲這三十四所學校在學業表現指標測驗的結果一向都是最差的；先專注處理這些學校，可以順帶解決許多積習已久的弊端，包括，監管體系的層級過多、工會干預和管理上過於集權等。其實，決定把這個難題做爲策略焦點是很合理的，畢竟，集中力量處理好關鍵問題，就會有一定的成效。

值得注意的是，目前對成績「表現」的定義其實是有爭議的。單用學業表現指標的測驗成績來評估學校績效優劣，根本忽略了學區中輟學率極高的問題，非洲裔和西班牙裔的學生尤其嚴重。洛杉磯的學生以這兩個族群人數最多，分別占13%和17%。在這個學區就讀的非洲裔高中生有33%輟學，西班牙裔高中生則有28%輟學。事實上，眞要提高學校在學業表現指標測驗的成績，最簡單的辦法就是鼓勵那些成績最差的學生輟學，因爲學業表現指標僅衡量在學生的成績。

倘若領導人認定這個挑戰是表現不佳，那麼就為壞策略奠定了基礎。表現不佳只是結果，真正的挑戰在於找出並解決導致表現不佳的因素。除非領導人能解釋清楚爲什麼情況一直不盡如人意，或說明這個挑戰的棘手之處，否則很難制定出好策略。

例如，布魯爾的七個關鍵策略之一，是「建立一個不僅有共同信念、價值觀，對成人和學生也抱持高度期望的學校和學區領導團隊，並支持持續改善、確保高品質的教學」。要實現這一點，需要建立「學校領導人的行政管理能力……改革型領導人需要在日常工作中制定高度聚焦的計畫，來培養、提高並運用關鍵能力」。

從幾個方面來看，這個策略（或者說目標）都是「壞」的。首先，沒有診斷出領導管理不力，和對學生期望不高的原因。認眞審視這個問題就不難發現，需要優先改善的學校，其幾十年來的表現卻低於標準。現行教育體系每年花費2萬5千美元在每位學生身上，卻無法保證八年級學生具讀寫和算術的能力，顯見這個體系根本是拙劣無用。雖然大多數的教師和校長都很盡責，但能力不足的也大有人在。更要緊的是，顯見這個高度官僚的體系有長達數十年的時間可以補救，卻從未著手進行。

其次，追求「改革型領導」的目標很不切實際：第一，很多管理者和領導人的能力有限，連日常工作中的問題都窮於應付；第二，即便在最好的環境下，也無人知道該如何打造「改革型領導人」；第三，官僚體系和工會體制過於龐大，而且事事插手。這些空有頭銜的「改革型領導人」如果沒有上級的批准，甚至無權更換公文用紙的顏色；即使某些校長不具改革能力，也幾乎不可能撤換他們。此外，關鍵策略中提出的解決辦法，包括上下各層級的協調、休假、內部培訓等，也都令人遺憾地不合宜，更反映出這個體系普遍存在的偏私與浪費。

有個官方說法十分有趣，那就是「領導團隊必須要有共同的信念和價值觀」，這個提議在當前美國教育界很常見。若能借鏡北韓的經驗，這些人便能醒悟，強迫人人抱持相同的信念和價值觀，是無法造就高績效的。雖然這種想法不切實際，但因符合政治正確的教育界語言，一直被視爲尋求轉型的康莊大道。

布魯爾的另外一個「策略」，是在每所學校建立一個由家長、教師、學校職員、社區合作夥伴所組成的團體，共同爲實現高品質的教學與學習提供支持。這個「策略」還特別建議設立一個社團聯絡處，負責組織每月一次的例會、一年兩次的家長會，以及志工家長服務專案。

如果這個團體能夠高度參與學校的管理，或許會改變一些事。但實際上這只是不切實際的目標，幾乎算不上是策略。這三十四所學校中，表現不佳的學生早在幼稚園階段就出現學習問題了，隨著年齡增長而日趨嚴重，主要原因是這些學校所在社區既貧窮又混亂。在洛杉磯聯合學區，很多學生都是非法移民或是非法移民的子女，他們的名字和住址常都是虛構的，學生家長也不願參加學校的活動。另外，有很多學生的媽媽未成年，本身就沒有完成學業，平時也不讀書，每天忙於應付低薪的工作，在工作地點和住處之間來回奔波，幾乎沒有空閒和精力管教孩子。這才是真正的挑戰所在，好策略應該意識到這一點。

◎

從美國國家安全策略、安達信會計師事務所的簡報、國際收割機公司、羅根與圖像藝術公司等例子，可以看到壞策略的貧乏膚淺、內部矛盾，以及沒有界定或解決問題，讓人感到厭煩和沉悶。下一章將檢視壞策略存在的原因。

04

爲何會有這麼多壞策略？

如果大家都已了解策略的重要性，不免心生疑問：「爲何壞策略還是如此普遍？」首先要強調的是，壞策略絕非評估錯誤所致。我非常了解，企業在評估競爭環境、自身擁有的資源、過往經驗，以及變革和創新帶來的機會與問題時，經常會發生無數的錯誤。

然而，從多年來與企業合作、教授企業主管和MBA學生的經驗中，我發現深耕策略基本功的訓練，很少會帶來壞策略。壞策略之所以產生，在於人們認爲學習處理這些基本的分析、邏輯和選擇太過麻煩，因此選擇逃避，不去面對。

壞策略不是錯誤評估造成，而是制定好策略很艱難，一般人往往極力避免。當領導人不願意或無力在相互矛盾的競爭價值和利益之間做抉擇時，就會產生壞策略。第二種產生壞策略的原因是採用範本式策略，也就是在空白處填入願景、使命、價值觀和策略，以「萬用格式」代替艱難的分析工作與協調行動。第三種導致壞策略的方式是，相信只要抱持著積極心態和正面思考便能成功。儘管還有其他方式也會導致壞策略，本章只討論最普遍的三種。了解一般人如何與爲何採取壞策略，有助避免重蹈覆轍。

不願意或無力抉擇

策略牽涉到聚焦與選擇，但是選擇就代表要對目標做出取捨；若是不能做出取捨，便會產生無力又雜亂的壞策略。

我曾在1992年早期與迪吉多公司（Digital Equipment Corporation, DEC）的高階主管討論過攸關公司未來方向的策略。迪吉多是1960和1970年代小型電腦革命的領導者，也是率先主張「使用者友善」的創新者，卻由於32位元個人電腦的興起而逐漸失去市場。因此，令人懷疑這家公司如果不進行重大變革，是否能繼續生存。

幾位關鍵人物出席了這場會議。我把情況簡化爲三位同樣位階的高階主管A、B、C，來說明他們對公司未來走向的不同主張。

A認爲迪吉多是一家電腦公司，主張將硬體和軟體整合成容易使用的系統。

B戲稱A的主張是保守策略，迪吉多公司在軟硬體方面已占有優勢，眞正應該強化的是顧客關係。她認爲迪吉多應致力於解決顧客的問題，也就是「解決方案」策略。

C不贊同A與B的策略，主張電腦產業的核心是半導體科技，公司應集中資源在設計並製造更好的「晶片」。C表示，迪吉多在協助顧客尋求解決方案上並沒有特別卓越的能力，而且「公司本身已有太多問題尙待解決」。A與B都不贊同晶片策略，認爲迪吉多無法超越IBM和英特爾。

何不放棄爭論，同時執行三種策略呢？有兩個理由：第一個理由是，若有人一開始便主張三種策略全部採納，就不會有人想要修正自己的論點。只有能彰顯自身優點並凸顯他人缺點的提案才能脫穎而出。另一個理由則是，晶片和解決方案策略對公司而言都是急劇轉型，無論採取哪一種，都必須發展全新的技能與工作實務。一般而言，除非保守策略失敗，否則不會冒險選擇其他方案，也不會同時採用晶片與解決方案策略，因為兩者的共通點太少，想要同時在兩種各自獨立的公司核心深入轉型並不可行。

◎

以下是A、B及C對於三種策略選擇的排序：

	A	B	C
保守策略	1	2	3
晶片策略	2	3	1
解決方案策略	3	1	2

投票結果產生了「投票矛盾」（Condorcet's paradox）。若以配對比較法對這三種策略進行投票，便會產生這種矛盾。第一輪以保守策略與晶片策略進行投票，A和B都偏好保守策略，因此保守策略勝出。接著，以勝出的保守策略與解決方案策略進行投票，結果B和C都偏好解決方案策略，所以解決方案策略勝出。因此，解決方案策略擊敗保守策略，而保守策略又擊敗了晶片策

略。結果看來，可能認爲這三人偏好兩輪的贏家（解決方案），較不喜歡第一輪輸家（晶片）。但是，在解決方案策略與晶片策略的這輪投票中，A與C都偏好晶片策略，所以晶片策略又擊敗解決方案策略。投票的結果不斷循環，便稱爲投票矛盾。

你可能會想要用更聰明的投票方式來解決這個問題。或許可以採偏好加權，某人或許有辦法結合這些加權，但1972年諾貝爾經濟學獎得主亞羅（Kenneth Arrow）已經證明這是無效的，群體的非理性正是民主投票的特性，這是高中公民課不曾談論的事實。

迪吉多的這次會議沒有舉行正式投票，然而，從這個團體無力形成一個穩定的多數聯盟，不難感受到投票矛盾的效應。由於將情況簡化爲三個人，當任兩人試圖達成意見一致的結果時，其中一人便會設法破壞並拉攏第三方，改採以他們的利益爲優先的策略。舉例來說，假設B和C都贊成解決方案策略，但這個策略並非C的第一選項，他會試圖背叛B，轉而投靠A，支持晶片策略。但是，又因爲晶片策略不是A的最佳選擇，所以他會背叛C，轉而與B結合成同一陣線，改採保守策略，如此一再循環。

會議上爭論得十分激烈，這三位高階主管都想表達對公司有利的理念，而不是出於捍衛自我的爭辯。

當時，迪吉多的執行長奧爾森（Ken Olsen）竟要求這群人達成共識。然而，這三人根本無法達成共識，因爲無論選擇哪一種策略，都會遭到多數人反對。最後，他們折衷做出聲明：「迪吉多致力於提供高品質的產品和服務，並成爲資料處理的領導者。」

這種華麗空洞的陳述絕非策略，這是他們在無法認同彼此的理念、卻被迫達成共識下的結果。他們逃避艱難的策略選擇工作，不取捨也不傷害任何利益團體或任一方的自尊，卻換來全盤皆輸的結果。

半導體工程部門主管帕爾默（Robert Palmer）於1992年接替奧爾森成爲迪吉多的執行長，一上任便決定採取晶片策略。雖然他讓迪吉多停止虧損一段時間，終究不敵強勁來襲的個人電腦浪潮，公司依然回天乏術，於1998年被康柏（Compaq）併購，三年後康柏又被惠普併購。

除非致命的威脅就在門外張牙舞爪，否則成功的組織不會施行重大的策略，因爲制定好策略的過程極爲艱難。迪吉多在1988年面臨存亡危機，然而整合知識與各種人才判斷的要務卻被迴避了。儘管五年後新領導人果決地採取其中一種策略，卻爲時已晚。

◎

探討競爭策略邏輯思維與優勢機制的著作很多，不過創造好策略的最大困難並不在於邏輯思維，而是做出選擇。策略無法消除原有的資源稀少性及變革的結果——這就是做出選擇的必要性。策略是資源稀少下的產物，要產生策略就必須明確選擇一條路徑，避開其他路線，而非擁抱模糊的願望。然而，要向希望、夢想和願望的世界說「不」，在心理上、政治上和組織工作上都是極爲困難的。

當策略奏效時，我們通常只會記得成就，早已忘記當初痛苦捨棄的其他可能選擇。例如，美國總統艾森豪在1952年總統大選時承諾將把蘇聯逐出東歐。他在選戰中大獲全勝，不過在仔細研究並評估美國對蘇聯的國家政策和各種方案後，他做出艱難的選擇——捨棄競選承諾，不挑戰蘇聯武力征服東歐的問題。我們能打消蘇聯武力攻擊西歐的念頭，卻無法迫使蘇聯退出東歐。雖然有自由歐洲電台（Radio Free Europe）和間諜網，但是在第二次世界大戰結束後，原先由蘇聯統治的國家依然無法脫離蘇聯的控制。

具連貫性的策略會將資源推向特定目標，然而，要把資源從原先用途導向其他目標，過程同樣艱辛。前英特爾執行長葛洛夫（Andy Grove）將公司從生產DRAM轉爲專注在微處理器的過程，便深刻體會到這種思考、情感及行政上的艱難。

英特爾是眾所皆知的記憶體公司，也發展出許多設計和生產晶片所需的複雜科技。不過到了1984年，由於日本廠商的競爭，英特爾發現DRAM產業無利可圖。葛洛夫回憶，在連連虧損的情況下，「我們繼續堅持原有的業務，是因爲我們還有能力支撐。」然而，當虧損日益嚴重，高階管理者一逕忙著爭辯應對方案。葛洛夫回想起1985年的轉捩點，當時他憂心忡忡地詢問董事長摩爾（Gordon Moore）：「假如我們被開除，董事會另立新執行長，你認爲這位新執行長會怎麼做？」摩爾立刻回答：「他會退出記憶體市場。」葛洛夫還記得當時他愣住了，然後開口說：「你我何不走出這扇門，再走回來，讓我們自己來做這件事？」

達成這個共識後，他們花了一年多的時間才完成變革。記憶體業務一直是驅動英特爾研究、生產、發跡和引以爲傲的動力，業務人員擔心顧客的反應，研究人員也堅決反對終止記憶體的研究計畫。葛洛夫力排眾議，帶領公司走出記憶體產業，轉而投入微處理器市場。32位元386微處理器的研發成功，促使英特爾在1992年成爲全球最大的半導體公司（有趣的是，這正是迪吉多當年錯失的良機）。

策略使得公司把資源、精力及注意力集中在核心目標。無論在商業界或政治圈，除非有重大危機迫近，改變策略通常會引發劇烈的反彈，在大型組織尤其普遍。或許眾人都會談論組織需要變革，但說是一回事，做又是另一回事。組織一旦維持固定的行動模式已久，便會產生僵化和慣性，也就鮮少有人願意徹底改變自己的工作內容。當組織無力制定新策略，眾人都不想面對艱難的選擇時，就會產生模糊不清、試圖討好眾人的目標。這些目標會出現，正是領導人意志不夠堅定或權力不足，沒有魄力做出艱難選擇的結果。換句話說，每個人都能接受的選擇，通常代表沒有做出選擇。

在組織和政治圈中，固定的行動模式持續愈久，便愈牢固難改，而且輔助資源的配置也會被視爲是應得的權益。例如，以今日美國國家安全機構的慣性與杜魯門總統和艾森豪總統時代相比，在艾森豪總統任內，國防部、獨立的空軍、中央情報局、國家安全委員會和北大西洋公約組織全都是新成立的。因爲新結構更具可塑性，艾森豪總統便有充分的權力來重塑這些機構的使命，並與外交部協調。

然而，在半個世紀後的今天，重塑並協調這些機構所需的權力遠大於艾森豪時期，需要強大的政治意志和中央集權，才能克服抗拒，促成變革。這種力量當然可能產生，但代價是引發一連串如史詩般漫長而劇烈的危機。

範本式策略

奇怪的是，針對領袖魅力的研究竟會引導出壞策略。起初，人們一致認可，包括摩西、邱吉爾、甘地及金恩博士，都是眞正能鼓勵人心的領導人。那些因爲血統或組織位階而獲得權力的領導人，是不能跟他們相提並論的。這種認可也從社會學領域擴展到管理顧問界。

魅力型領導的概念，可追溯到社會學之父韋伯（Max Weber）。韋伯在描述領導人時，發現有必要區分正式領導人與魅力型領導人。針對後者，他寫道：「似乎具有超自然、超乎常人或至少具有一般人所缺乏的獨特力量或特質。」

傳統上，魅力往往是宗教或政治領袖的最大特質，而與企業執行長或學校校長無關。但這種情況從1980年代中期開始轉變，重要的分水嶺跟兩本書的問世有關：1985年班尼斯（Warren Bennis）與耐諾斯（Bert Nanus）合著的《領導新論》（*Leaders: The Strategies for Taking Charge*），以及貝斯（Bernard Bass）的《轉型領導》（*Transformational Leadership: Industrial, Military, and Educational Impact*）。這些作者打破傳統說法，認爲魅力型領導（現今稱爲「轉換型」領導）是可以學習並鍛鍊出來的，而且適用於學校、企業或博物館等環境。他們表示，魅力型領導人會創造有別於現實的願景，並試圖將願景與人們的價值觀和需求連結起來，藉此釋放人們的能量。

抱持同樣主張的書籍還有1987年出版的《模範領導》（*The Leadership Challenge: How to Get Extraordinary Things Done in Organizations*）、1990年出版的《轉換型領導》（*The Transformational Leader: The Key to Global Competitiveness*），以及2003年出版的《領袖魅力》（*Executive Charisma: Six Steps to Mastering the Art of Leadership*）等書。

不過，管理學之父杜拉克（Peter Drucker）並不贊同。他表示：「有效率的領導不需仰賴個人魅力。美國總統艾森豪、馬歇爾和杜魯門都是非凡且能有效領導的領袖，但是他們的魅力還比不上一條死鯖魚……光靠魅力無法保證領導人的效力。」

這當中最關鍵的創新概念就是用簡單的公式，闡述魅力型領導的組成要素 ：1.發展或具有願景；2.鼓舞大家爲組織利益犧牲（改變）；3.賦權給某些人來實現願景。有些專家甚至會著重領導人的道德特質、強調承諾，有些專家則更重視他們對智慧的啓發。

受過高等教育並管理其他大學畢業生的管理者普遍擁戴這個概念架構，因爲這讓他們確信，組織應該以某種方式進行變革和改造，同時也讓他們在告訴部屬該如何做事時，更覺得理直氣壯。

無論如何定義領導，若將領導與策略混淆，便會產生問題。領導人可能兼具領導與制定策略的能力，但這兩種能力不能混爲一談。領導能啓發與激勵自我犧牲，例如，變革必須經歷痛苦的調適過程，卓越的領導能幫助人們以正向思考來面對；策略則是一門特殊技能，用來推斷出值得追求和有能力達成的目標。

◎

著名的兒童十字軍就是徒具領袖魅力、卻缺乏策略的例子。事件發生在1212年，法國牧童史蒂芬看到異象：一大群孩童旅行到耶路撒冷，並且擊退回教徒，收復聖地。在他的異象中，一如摩西劈開紅海般，眼前的海洋也爲他們一分爲二。聽過他描述異象與使命的人，無不受到他熱情和口才的感召。史蒂芬的異象流傳到德國，那裡有一位名爲尼古拉的少年也展開遊說，組成另一支兒童十字軍。這兩位年輕又具魅力的領導人集結了許多追隨者，展開艱困的旅程。

史蒂芬帶領的兒童十字軍，步行數個月後終於抵達位於地中海沿岸的馬賽港。他們分乘七艘船，結果兩艘遭遇海難，船上人員全數喪生，另外五艘則遭到回教士兵突襲，所有生還者都被變賣爲奴隸。

尼古拉帶領兩萬名德國孩童往南行，抵達羅馬時人數已減少許多。大多數孩童都確信能返家，但只有極少數的人眞正平安回去。最後，那些失去孩子的父母以絞刑處死了尼古拉的父親。

無庸置疑地，魅力型領導人的願景或異象確實具有感人的力量，這是一種克服惰性、激發行動力和自我犧牲的有力方法。但無論是1212年的兒童十字軍或是其他例子，多數人都只是平白犧牲。

要達成宏大的目標，魅力和願景的領導方式都必須留心阻礙並謹愼行動，一如甘地在印度的作爲。他精心策劃示威活動、遊行和宣傳活動，入獄期間更奠定了印度獨立的基礎，逐漸摧毀大英帝國統治者公平與道德的自我形象。他的領袖魅力與願景，因爲搭配上好策略，不僅促成印度獨立，更帶給印度人民一個值得驕傲的傳承。

◎

到了2000年代初期，願景領導與策略工作逐漸結合在一起，產生了範本式「策略規劃」系統（上網搜尋「願景使命策略」即可找到上千種範本）。這些範本樣式大致如下：

願景：請填寫對於學校／企業／國家未來的獨特憧憬，目前最受歡迎的願景是成爲「最卓越」、「領先」或「最知名」的。例如，陶氏化學（Dow Chemical）的願景是「成爲世上最賺錢和最受敬重、科學驅策的化學產品公司」；安隆的願景則是「成爲世界領先的能源公司」。

使命：請填寫最高調且政治正確的學校／企業／國家目標聲明。例如，陶氏化學的使命爲「提供顧客永續的解決方案，竭誠推動人類的進步」。

價值觀：描述公司的價值，請務必確定內容不具爭議性。陶氏化學的價值爲「正直、尊重別人，並保護我們的地球」；安隆的價值則是「尊重、正直、溝通、卓越」。

策略：在這裡填寫抱負／目標，卻稱這些爲策略。例如，陶氏化學的企業策略爲「以整合技術的產品組合和市場導向績效的業務爲優先投資選擇，爲我們的股東創造價值，並爲我們的顧客創造成長。加強管理整合性資產組合，爲我們的下游產品組合締造價值」。

目前許多企業、學校董事會、大學校長和政府單位都踴躍採用這種範本式策略規劃。仔細查看便能發現，他們顯然是把這些不可能實現的聲明當成決定性的見解。

許多顧問和作者也積極出版相關著作，說明願景、使命、價值、策略、倡議及優先事項的細微差異，並指導這類範本的填寫方式。從小型精品店到大型科技公司莫不加快腳步展開策略工作。有些顧問發現，採用範本式策略規劃讓工作變得更輕鬆，不必費力分析客戶的眞正難題和機會，而且用這種積極正面的方式來表達策略，絕不會讓任何人難受。

以下實際檢視幾個願景和使命的例子便會更清楚何爲範本式策略：

• 美國國防部的使命是「以威嚇制止衝突——萬一失敗，便爲國家而戰，贏得勝利」。這很難引起爭辯，但也沒說到重點，徒然浪費油墨和紙張。

• 康乃爾大學的使命是「以教育明日領導人和擴展知識領域的方式，來服務社會，成爲學習型大學」。這個使命簡單來說便是，康乃爾大學是一所大學，既不驚人也未提供訊息，而且完全沒有提供制定未來計畫或政策的引導方針。對聰明的成年人如此大放厥詞，實在令人尷尬。

• 加州州立大學沙加緬度分校宣布願景爲「……以卓越和專業的綜合學術課程，使本校成爲沙加緬度地區的知名學府，進而成爲聞名遐邇的優良學府。我們要成爲開發多元化『新加州』的關鍵夥伴」。如同許多官方說法，該校期望達成的卓越目標只符合《時人》（*People*）雜誌衡量成功的標準——高知名度。

加州州立大學沙加緬度分校在計畫中制定幾個「策略性優先事項」：第一是「策略性聚焦，全校共同努力改善招生率、在學率和畢業率」，因爲學生入學人數與該州的撥款來源相關。如果學生輟學或被退學，學校便會失去這些收入。改善在學率的其中一項「策略」，是培育「追求和推行在學率、畢業率和各種學生成就的文化氛圍」。

由這個空洞的陳述很難看出任何可行動的要素，比較具體可行的「策略」應該是用某種方法將學生畢業率從57%提高到62%，然而，優質教育的願景與藉由降低輟學率提高州政府資金的目標之間，兩者明顯衝突，但在這份計畫中並無相關討論。無論如何，最基本的重點在於藉由降低輟學率來提高學校的收入，以支付教職員薪資和興建新圖書館。

• 美國中央情報局的願景是「一機構，一共同體。一個核心能力無與倫比的機構，以一個團隊的方式運作，完全融入情資體系中」。更深入地說，中央情報局公開陳述的優先順序全是關於更良好的團隊合作、投資在更多種能力上，並未提及像是「找出並殺死賓拉登」這類具體的目標。當然，我們不能期望美國中央情報局把策略公布在官網上。但既然如此，又何必刊登這些空洞的文字？

• 我最近到東京參加NEC公司高階主管的策略簡報會議。NEC未來十年的願景是「成爲領先的全球企業，運用創新的力量，實現對人類和地球友好的資訊社會」。接著，我發現該公司的目標是「使用以資訊和通訊技術爲知識基礎的大型作業平台，協助發展持續且普及的網路社群」。NEC是一家電腦和電訊設備製造商，在日本占有相當大的市場，但在海外並未成功立足。設備市場由於競爭日益激烈，利潤愈發微薄，NEC賺得的股東權益報酬率低於2%，而且營業利益竟然低到只占收入的1.5%，當然負擔不起公司追求的研發經費。NEC需要的是策略，不是一堆口號。

這類空洞的話語正是魅力型和轉換型領導概念的突變產物。

在現實生活中，這些個人魅力的魔法更被機構人員變成官僚產物——魅力易開罐。

或許有人會說，如果這類空洞的話語能讓聽眾愉悅，有何不可？但這只會造成嚴重的問題，就是當你亟欲構思與執行有效策略時，卻深陷在華麗空洞的辭彙和不良範例的重重包圍中。大眾可能會被誤導，或將這類宣言當作垃圾電視廣告般看待。

新思維的影響

之前曾提及，羅根引用威爾許所說的，「努力達成看似不可能的目標」，期望模仿威爾許經營他的圖像藝術公司。威爾許是公認史上最成功的管理者之一，他透過寫作、演講、接受專訪談論領導、策略和管理。然而，就像沉浸在聖經中，你會發現不論你想要什麼，都可在他的著作中找到。

威爾許確實認爲正式的策略規劃是浪費時間，但他也說過：「實踐策略的第一步便是找出最大的『啊哈』[1]，獲得持續的競爭優勢；換言之，即是理解明顯、意義重大的致勝關鍵。」威爾許相信擴展事業的效用，但他也表示：「如果你沒有競爭優勢，就不要去競爭。」

威爾許並未要求部屬「擴展」家電、煤礦或半導體事業。他完全放下原本這些事業，讓奇異（General Electric, GE）專注在他認爲可能創新與變革的事業上，也沒有要求那些被縮編的事業部

1 指可以獲得競爭優勢的辦法，讓你覺得大快人心、拍案叫絕，不由得發出「啊哈」的驚歎。

門同意他的決定。如果想要仿效威爾許的經營之道，應該注意並研究他的作爲，而不是斷章取義地相信他或代筆人的言詞。

「努力達成看似不可能的目標」是相當標準的激勵口號，在許多激勵人心的演講、書籍、記事本或網站上都看得到。這種正面思考的魅力，以及它與啓發、心靈思維的淵源，都是源自大約一百五十年前新教徒個人主義的突變產物。

這場宗教改革起源於人們不需要天主教會介入他們和神之間。1800年代，以愛默生（Ralph Wallace Emerson）的先驗論爲開端，美國神學開始發展個人與神的溝通是可能的新想法，因爲每個人內在都有神性的火花，能引領你進入某種心靈狀態。

這個想法接下來的發展是艾迪夫人（Mary Baker Eddy）發起的基督教科學（Christian Science），認爲只要秉持正確的思想和信仰，便能汲取神聖的力量來驅除疾病。到了1890年，這種宗教哲學演變爲一種神祕信仰與思維力量的結合，能影響物質世界，超越自我，即所謂「**新思維運動**」，結合宗教的情感與取得世俗成功的建議。該理論強調，成功的思維會造就成功，而失敗的思維則會招致失敗。

馬福德（Prentice Mulford）原是加州一名幽默作家兼淘金礦工，後來才轉入心靈寫作。他在1889年出版的《思維就是實物》（*Thoughts Are Things*）更促成新思維運動的推展。他的論點如下：

在我們爲任何業務、發明或重大工作形成計畫時，就是在組織一些看不見的元素，也就是我們的想法。儘管看不見，但想法實際上就像一部機器般眞實存在。計畫或想法一旦組成，便開始吸引更多看不見的元素形成力量來實踐想法，使想法能以實體或可見的形態呈現。當我們擔憂不幸、活在對疾病的恐懼中，或預期厄運會降臨時，同樣也有看不見的元素在成形——依照「吸引力法則」，這種思想所吸引的卻是毀滅，帶給你有害的力量或元素。

在二十世紀前二十年，關於這股思維的書相繼出版，影響後人最深遠的當屬華特斯（Wallace Wattles）在1910年出版的《致富法則》（*The Science of Getting Rich*）。依照華特斯的論點，人人具有神聖的力量，但他並非直接引用宗教教義，而是創造一系列類似宗教的語言：

萬物的生成都來自思維，並以其原始的狀態瀰漫、滲透並充斥宇宙空隙。思維會創造出思維本身所想像的事物，人們可在思維中勾勒事物，並用思維影響無形的物質，創造出他們所想像的事物……受疾病困擾時專注冥想健康，或在貧困時專注冥想致富，便可獲得力量；獲得這股力量的人便能成爲「大智者」。他將征服命運，得其所求。

心靈科學哲學家赫爾姆斯（Earnest Holms）是這波宗教科學運動的發起者。由於他受基督教科學的影響，深感新思維太過局限在健康議題。他在1919年出版的《創意思維和成功》（*Creative Mind and Success*），讓新思維的概念更加普及，並開創一個新的派別，至今依然活躍。他強調，成功人士必須驅逐失敗的思維：

思維不僅是力量，更是萬物的根本，我們所處的境遇和我們的精神狀態相互一致。因此，成功人士的思維必須時常保持愉悅，才會產生令人振奮的結果；他應該散發喜悅，充滿信心、希望和良好的預期……將負面思維排除在外。要知道，無論別人怎麼說、怎麼想或怎麼做，如今你已是成功的人，任誰都無法阻擋你達成目標。

新思維是一種社會運動，也是宗教運動。在1920年代初期，新思維再度演變，留下許多地方社團、信仰治療師和教會，達到巔峰。從1920年代起轉變成許多激勵、正面思維的書籍出版和演說家，有許多迄今依然深受歡迎，例如，希爾（Napoleon Hill）於1937年出版的《思考致富》（*Think and Grow Rich*）、皮爾（Norman Vincent Peale）於1952年出版的《積極思考的力量》（*The Power of Positive Thinking*）、史東（Clement Stone）於1960年出版的《積極心態帶來成功》（*Success Through a Positive Mental Attitude*）、龐德（Catherine Ponder）於1962年出版的《財富動力法則》（*The Dynamic Laws of Prosperity: Forces That Bring Riches to You*）、羅賓（Anthony Robbins）於1991年出版的《喚醒心中的巨人》（*Awaken the Giant Within*），以及喬布拉（Deepak Chopra）於1995年出版的《福至心靈——成功致勝的七大法則》（*The Seven Spiritual Laws of Success*）。

這股趨勢在近期最重要的代表，當屬拜恩（Rhonda Byrne）於

2007年出版的《祕密》（*The Secret*），不僅成爲暢銷書、被翻拍成電影，更受到談話節目女王歐普拉的極度推崇。拜恩深受華特斯的影響，而她的「祕密」則與馬福德的概念原則類似，認爲專注冥想就能得到你想要的。今日，這些想法被稱爲「新世紀」觀點，但幾乎都只是重述與擴展一、兩個世紀前便已提出的概念。

新思維的要素在近年來藉由領導和願景類書籍滲透到策略思維，起初大多側重以管理和組織觀點中的合理行爲，與官僚體制相互抗衡。最近，則趨向組織內的個人心智和共同願景，這種概念再度讓人聯想到馬福德的《思維就是實物》，只不過主題替換成組織內的個人思維與共同願景。

其中，最具代表性的作品就是聖吉（Peter Senge）於1990年出版的《第五項修練》（*The Fifth Discipline*）。聖吉最具影響力的是「共同願景」的概念，他表示：「AT&T、福特汽車和蘋果如果沒有共同願景，便不會有今日的成就……最重要的是，這些個人願景能在公司爲所有階層共享——凝聚所有個人的能量，創造組織認同。」

聖吉的陳述十分動人，但有些論述卻未必眞實。蘋果和福特汽車的成功，最重要的不是擁有共同願景，而是卓越的競爭力和幸運使然。蘋果的成功並非發明個人電腦——這項技術是普及的，加上數百位創業者致力設計和建構「大眾通用的電腦」，絕大部分是因爲共同創辦人渥茲尼克（Steve Wozniak）以優惠價買到蘋果二號（Apple II）所需的摩托羅拉微處理器，利用中央處理器直接輸出訊息，使電腦直接播放視訊和驅動磁碟機，不再需要昂貴的控制器。加上世界上第一套電子試算表軟體VisiCalc的出現，讓更多人有購買蘋果二號的理由。

同理，福特的「國民車」願景並不獨特，工資微薄的生產線工人也未必能認同這個願景。底特律堪稱1907年的「矽谷」，有許多工程師、工匠一起製造和販售汽車。福特的特長在於材料、工業工程及促銷。

有趣的是，聖吉呼籲領導人「超越自我」，展開內在心靈的探索之旅。他引用福特的神秘信念，「對我來說，最小的個體是智慧，它一直等待被人類使用，只要我們願意身出手來召喚。」福特信奉神祕宗教，相信投胎轉世，聖吉將福特的成功歸因於閱讀新思維作家川恩（Ralph Waldo Trine）的作品《萬能鑰匙》（*In Tune with the Infinite*）。這本書提出避免負面思維的建議，並在心中形成你想要的圖像。當然，聖吉對福特的哲學沉思並未擴展到要求讀者研讀福特發表的反猶太文章。

正如新思維作家提醒世人絕不要讓負面想法鑽進他們的腦袋，共同願景學派也要世人堅信此願景是正確的。利普頓（Mark Lipton）在《願景的實踐：打造零風險的成長藍圖》（*Guiding Growth: How Vision Keeps Companies on Course*）一書中寫道：

> 在此過程中，另一個令人迷惘的因素是，參與制定成長願景的人必須「停止懷疑」。畢竟，高階主管多年來透過教育與實務經驗，一直在培養求眞務實的理念。但是暫時停止懷疑是必要的，如此一來，高階主管才能在一開始便思考所設想的目標將會

如何實現。儘管這可能與實際情況相反，卻是領導人的必要能力。領導人不僅必須相信願景，更要相信自己有能力實現願景。

在聖吉與夏默（C. Otto Scharmer）、賈沃斯基（Joseph Jaworski）及佛勞爾斯（Betty Sue Flowers）合著的新作《修練的軌跡》（*Presence*）中，他讚賞地引述了《富比士》（*Forbes*）雜誌編輯暨長島大學行銷學教授勞歐（Srikumar S. Rao）的話。勞歐表示：

若你能長久形成並維持一個意念，它便會成眞……你會很清楚你想做的事……這個修練的過程——反覆思索你的意念——在某種程度上就是意念的傳播。在你傳播你的意念時，幾乎什麼都不用做，除了保持警覺、耐心期待，並以開放的心胸接受無限可能。

新思維的驚人之處在於，永遠把觀點和概念說得跟新的一樣！而且無論重複多少次，永遠有眾多聽眾點頭如搗蒜地贊同稱是。

我不清楚冥想和內心探索之旅能否讓人類靈魂臻於完美，但我知道，相信這些從你的頭腦或身體散發出來的神祕光芒，或是「想著成功就能成功」的思維模式，都不應當做爲管理或策略的方法。所有分析都源於考量可能發生的情況，包括任何不幸的事件。我可不想搭乘由夢想家憑著想像打造、卻不曾考慮發生事故時要如何因應的飛機。令人遺憾的是，這種新思維的力量卻深深影響一般大眾，取代了關鍵性思考和好策略，因而產生了這麼多的壞策略。

05

好策略的核心

好策略是一套協調一致的行動，以思維和行動爲基本結構，兩者有效組合做爲堅強的後盾，也就是我所謂的**核心**。好策略不只由核心構成，但如果缺乏核心或核心殘缺不全，就會產生嚴重問題。一旦掌握核心，便容易創造、描繪和評估策略。核心並非以優勢的概念爲基礎，也不必釐清願景、使命、目標、策略、行動目標或戰術的差異，更不用將策略區分爲企業、事業和產品層次。核心是簡單明確的。策略的核心包含三要素：

1. **診斷**：界定或說明挑戰的本質。良好的診斷通常能找出情況的關鍵、簡化過度複雜的現實狀況。

2. **指導方針**：處理挑戰的指南。選定一個整體解決方案，處理或克服診斷所發現的障礙。

3. **協調一致的行動**：設計能執行指導方針的步驟，而且每個步驟都環環相扣、彼此協調，以落實指導方針。

對醫生來說，他的挑戰是出現一系列的疾病症狀，和對病患病歷的考量。醫生要做出臨床診斷、判斷疾病或病理；選擇療程就是醫生的指導方針；制定飲食計畫、治療方法和藥物治療等特定處方，便是採取一套協調一致的行動。

在外交政策上，遇到難題時通常會與過去發生的情況類比，採用的指導方針往往是過去的成功方案。因此，如果診斷伊朗總理艾哈邁迪內賈德（Mahmoud Ahmadinejad）是「下一個希特勒」，指導方針可能是「對伊朗發動戰爭」；然而，如果診斷結果是「下一個利比亞強人格達費（Moammar Gadhafi）」，就可能會選擇以施壓與暗中談判雙管齊下做爲指導方針。在外交政策上，一套協調一致的行動往往是經濟、外交及軍事演習的組合。

以商業來說，挑戰是指處理變革與競爭。制定有效策略的第一步是診斷挑戰的具體架構，而不是只提出績效目標。第二步是選擇總體指導方針，創造應對當前情況的優勢。第三步要制定行動範圍和資源配置，落實選定的指導方針。

許多大型組織診斷出的挑戰常是組織內部的問題，也就是組織存在比競爭更嚴重的內部障礙，例如過時的程序、官僚體制、過多利益團體、缺乏跨部門的合作、老派不佳的管理等。因此，指導方針的重點在於重組和更新，用一套協調一致的行動針對人員、權力和程序進行改革。其他挑戰則可能是擴展組織能力，建立或鞏固競爭優勢。

我稱以上三個要素的組合爲**策略核心**，以強調這是策略的基礎，也是最難處理的。制定策略核心不需考慮願景、各種層級的目標、時間長短和涵蓋範疇，以及如何調適或改變，因爲這些都是輔助的角色，只是表現出策略的思維方式、刺激策略的制定、激勵員工、指出優勢及溝通、概括並分析策略的具體來源。策略的核心內容是針對眼前情勢的**診斷**、設立或辨識可處理關鍵難題的**指導方針**，以及一套**協調一致的行動**。以下逐一介紹策略核心的三要素。

診斷

我的同事馬默（John Mamer）在卸下加州大學洛杉磯分校安德森管理學院院長職務後，嘗試教授策略，爲了熟悉這門學科，他來旁聽我的十堂課。約莫在第七堂課，當我和馬默教授談論教學方法時，他的一句話讓我注意到，學生主要是從作業和在課堂中提問來學習制定策略，而這些問題是從人們累積數十年經驗、探索與思考複雜情況的心得萃取出來。馬默教授露出耐人尋味的神情對我說：「在我看來，每個個案中，你只問了一個問題——『究竟發生了什事？』」

馬默教授的評論直接而坦率，我未曾聽過，卻一針見血。許多策略工作正是試圖找出「究竟發生了什麼事」，不僅要決定如何處理，更重要的是了解情況中最根本的問題。

至少，診斷能確認目前情勢的性質或類別，並將情勢的細節連結到經歷中，協助判別問題的輕重緩急。富有洞察力的診斷能轉變人們對情勢的觀點，因而產生截然不同的看法。當診斷出情勢屬於某種特定型態，就能參考過去類似情形是如何處理的。詳盡清晰的診斷才能讓策略制定者評估策略的其他部分。此外，將診斷當作策略核心時，人們才會依環境與條件的變化調整策略的其他部分。

以星巴克（Starbucks）爲例，它由一家咖啡館躍升爲美國的象徵。星巴克在2008年面臨單店來客人數停滯或下滑、利潤下降，資產報酬率也從14%跌至約5.5%的情況。直接產生的問題是：這個情況到底有多嚴重？任何迅速成長的公司遲早要面臨市場飽和狀態，限制其擴張的速度。成長趨緩對華爾街是一大問題，但對於任何一家公司而言卻是自然的發展階段。美國市場或許已經飽和，是否有機會開拓海外市場？德意志銀行（Deutsche Bank）認爲，星巴克面臨許多海外的競爭對手，特別是在澳洲的二十三家分店要與七百多家銷售McCafé咖啡、拿鐵、卡布奇諾及冰沙的麥當勞競爭。但奧本海默證券研究（Oppenheimer Equity Research）卻抱持不同的看法：「我們期待歐洲仍有未完全開發的市場能維持星巴克的成長。」這兩種觀點的差異甚大，令人不禁想問：海外市場是否眞的飽和了？

難道星巴克還有更嚴重的問題？過度擴張設點是否爲管理不善的徵兆？顧客的口味和喜好改變了嗎？當競爭對手紛紛改進咖啡口味，星巴克的差異化消失了嗎？事實上，星巴克提供的咖啡館陳設是否比咖啡本身重要？星巴克是一家咖啡館，或是一個提供都會人休憩的城市綠洲？星巴克的品牌能否延伸到其他類型的產品或其他型態的餐廳？

星巴克的某位高階主管可能有不同的診斷。因爲主管認爲挑戰是「管理期望的問題」，另一位主管認爲是「尋找新的成長平台」，第三位主管則認爲「競爭優勢持續減弱」。這些觀點本身都不是行動，但都顯示應執行的事項，並擱置較無關的行動。然而，我們無法證明哪一個診斷是正確的，每一個診斷都是針對特定議題的判斷。因此，**診斷**就是**對於事實所代表意涵做出的判斷**。

星巴克面臨的挑戰是**結構模糊**，也就是沒人知道該如何界定問題，因此難以提出良好的解決方案和行動，使大多數的行動與結果都沒有明確關聯，無法推斷出實際的應對策略。更確切的說，診斷必須推測情況究竟是怎麼一回事，特別是針對最重要的關鍵問題。

對情況的診斷能化繁爲簡，使注意力集中在最重要的面向。這種簡化的模式使狀況變得有意義，進而解決問題。

好策略的診斷不僅對情勢做出解釋，還能界定該採取哪些行動。相對於社會科學家希望診斷出最佳預測結果，好策略則傾向**尋求最佳槓桿作用**，爲人們的行爲提供指導方針，對結果產生一定的幫助。舉例來說，研究顯示，從學生的社會階級與文化來解釋美國中小學生的成績表現，比從每位學生的教育經費或班級規模來解釋要好，但這些知識不能引導出有用的政策處方。

我在加州大學洛杉磯分校的同事大內（Bill Ouchi）在他的著作《讓學校成功》（*Making Schools Work*）中提出與眾不同的策略性診斷。他認爲，應該把學校視爲**組織**來診斷辦學績效的問題，而非以社會階級、文化、資金或課程設計來診斷。他主張，將權力歸還給校長的學校能有更好的辦學績效，但分權管理並不是這裡的重點。大內診斷的實質重點與對政策制定者的效用，在於以組織的觀點解釋學校辦學績效的部分問題，是因爲組織與文化或社會階級不同，而組織是一種可以用政策解決問題的系統。大內的診斷未必是最好的，但這對政策制定者是很有用的依據。

診斷常以比喻、類比及參考標準，或是已獲得認同的架構來表現。例如，研究美國國家策略的學生都知道冷戰時期的圍堵政策。這個政策的概念源自肯楠（George Kennan）在1946年發表的「長電報」（long telegram）一文。

肯楠擔任美國駐蘇聯外交官十餘年，在親眼目睹蘇聯的恐怖行動和政治後，謹慎分析蘇聯的意識型態與權力的本質。他觀察到蘇聯並非普通的民族國家，其領導人界定的使命是散播共產主義，並採取一切必要手段對抗資本主義。肯楠強調，共產社會與資本主義社會的對立，就是史達林政權的中心基礎，極力避免兩者和解或簽訂國際協定。然而，他也指出蘇聯的領導人都對權力高度重視，因此他建議訂定一個反制的指導方針：

> 根據上述的分析，運用敏捷且戒慎的反制行動，顯然可以遏止蘇聯對西方世界自由制度的壓迫，並且隨著蘇聯的政策變動，不斷轉換地理與政治角度加以應對，但是不要期待能以誘導勸說的方式讓蘇聯的政策消失。蘇聯準備好面對長期的抗爭，而且也自認已獲得極大的成就。

肯楠對當時情況的診斷，顯示這是一場不可能和解的長期抗爭。他的診斷受到美國政策制定者的重視。他提出的圍堵政策格外引人注意——因爲這個政策涵蓋廣大的行動範圍。如果把蘇聯比擬爲已遭到病毒感染，美國勢必得努力遏止病毒擴散，直到完全消滅病毒。肯楠的政策有時會被稱爲策略，但並非如此，因爲它缺乏「行動」這個要素。後來，從杜魯門到老布希總統，都致力將這個指導方針轉化爲可行的目標，以解決這個難題。於是，這個圍堵政策使美國加入北大西洋公約組織和東南亞公約組織（SEATO）、促成柏林空運（Berlin Airlift）援助計畫、加入韓戰、在歐洲設置導彈、參與越戰，以及其他冷戰行動。

肯楠的診斷具有明顯的力量。試想，若1947年的情況套用另一個架構，歷史可能改寫：或許蘇聯會加入馬歇爾計畫（Marshall Plan），接受美國援助；或許會變成聯合國的議題，而非美國的問題；又或許蘇聯的暴政會與德國納粹不相上下，於是美國勢必得採取行動，積極對抗以解放被蘇聯統治的人民。

在企業中，大多數深層的策略改變是因爲診斷改變——對公司處境的界定有了變化。例如，葛斯納（Lou Gerstner）在1993年接掌IBM，當時公司處境岌岌可危。IBM歷來的成功策略，主要圍繞在提供企業和政府機構完整、整合、點到點的電腦解決方案，直到微處理器出現改變了一切。

電腦產業開始分割，由不同公司提供晶片、記憶體、硬碟、鍵盤、軟體、螢幕和作業系統等（第十三章另有針對電腦產業垂直分工的分析）。當大型電腦式微，桌上型個人電腦逐漸成爲主流，IBM的桌上型電腦產品由於被競爭者仿傚，加上微軟－英特爾標準商品化的衝擊，IBM該如何因應？當時，公司內部和華爾街分析師的主流觀點認爲，IBM的整合程度太高，應該分割組織，配合產業分工的趨勢因應競爭。葛斯納剛上任時，IBM內部正籌劃各部門分割並獨立發行股票。

葛斯納研究情況後，改變了診斷。他相信在日漸區隔分割的產業裡，IBM是唯一在各個領域都專精的公司。IBM的問題不在於整合，而是未能善用自身擁有的整合技能。他認爲IBM必須更整合，但整合的重心不是硬體平台，而是顧客解決方案。葛斯納的新診斷認爲，公司的主要障礙在於內部缺乏協調與靈活性；以此爲前提，指導方針爲利用IBM獨特、與眾不同的事實。IBM運用品牌和淵博的專業知識，提供顧客量身訂做的資訊處理解決方案，必要時也願意使用外部的硬體和軟體。

簡單的說，這個基本附加價值的活動使得IBM的主要業務從系統工程變成資訊科技諮詢，由硬體轉向軟體發展。不論「整合已過時」的觀點或「具有資訊科技各方面的知識是我們的獨特能力」，都不是策略，只是診斷情勢的結果。但這些不同的診斷結果卻能指引領導人和追隨者後續的行動方向。

指導方針

指導方針描繪整體解決方案的概要，用以克服由診斷凸顯出的障礙。它的作用是「指導」，因此只引導路徑方向，不界定行動的確切細節。肯楠的圍堵政策與葛斯納動員IBM整體資源來解決顧客的問題，都是指導方針的範例。如同高速公路上的護欄，指導方針只引導和限制車輛行動的範圍，並不界定內容。

良好的指導方針不是長程目標、願景或理想境界的模樣，而是界定掌握這個情況的**方法**，並與排除一切不相關的可能行動。例如，富國銀行（Wells Fargo）的願景爲「滿足所有客戶的財務需求、協助客戶獲致財務上的成功、每項業務都能成爲一流的金融服務提供者，並成爲公認的美國大企業」。

這個「願景」表達出企圖心，但既非策略也不是指導方針，因爲沒有說明富國銀行**如何**實現這個企圖心。富國銀行名譽董事長暨前執行長科瓦塞維奇（Richard Kovacevich）深知這點，因此把「利用交叉銷售的網絡效應」的指導方針和公司願景區別開來；他認爲，如果富國銀行能銷售更多不同的金融商品給客戶，就愈能了解該客戶和整體顧客網絡。這些資訊進而能協助公司創造和銷售更多金融商品。相對於富國銀行的願景，指導方針指出了一種競爭方法，也就是試圖利用公司規模大的優勢。

你可能已正確地觀察到，許多人口中的「策略」其實是我所謂的「指導方針」。把策略定義成廣泛的指導方針，也是不對的。若事先沒有診斷，便無法評估其他可替代的指導方針；若沒有按診斷結果採取行動，便無法評估指導方針的可行性。好策略不只規範你要做什麼，還要考慮做這件事的理由和方式。

良好的指導方針是藉由創造或利用優勢的來源，克服診斷出來的難題。的確，策略的核心問題通常是優勢。一如槓桿能使力量倍增，策略的優勢能使資源及行動效益加倍。重點在於，並非所有優勢都具競爭性，像是在非營利和公共政策的情況，好策略是藉著擴大資源和行動效果來創造優勢。

現代競爭策略的制定，往往在一開始便詳述具體的競爭優勢來源，例如更低的成本、更優良的品牌、更快速的產品開發週期、擁有更豐富的經驗及更多顧客資訊等，都可能是優勢的來源。這些都是事實，但更重要的是要採取宏觀的視野。良好的指導方針便可能是優勢來源之一。

指導方針從**預期**他人的行動和反應、**減少**情勢的**複雜性**和**模糊性**、運用**槓桿**原理集中力氣在支點或情勢的關鍵點上，並且透過制定政策和**協調一致的行動**來創造優勢；每一環節都相互依存（這些優勢的來源將在第六章詳細論述）。

舉例來說，葛斯納的「提供顧客解決方案」政策需仰賴IBM固有的世界級技術和幾近全方位的資料處理專業等優勢，這項政策也因消除了公司該做什麼、如何競爭、如何安排的不確定性，而創造出優勢。此外，促使IBM展開內部的協調，將大量資源集中在處理特定挑戰上。

接下來，以我朋友史蒂芬妮經營的巷口雜貨店爲例，來說明指導方針的實際運作。史蒂芬妮自己處理帳目、管理人事，有時也身兼收銀員，並且做店裡的所有決定。幾年前，史蒂芬妮告訴我她面臨的一些問題。例如，她在考慮是否將價格壓低，或提供較昂貴的新鮮有機農產品？雜貨店附近住了許多亞洲學生，是否該保留更多亞洲食品的存貨？該不該延長營業時間？聘請一位能眞正幫上忙、親切，又認識常客的員工有多重要？値得設置第二個結帳櫃檯嗎？在附近巷子提供停車位場好嗎？是否該在當地大學校刊登廣告？天花板該漆成綠色或白色？需要推出每週特價商品嗎？又該挑哪些商品呢？

經濟學家應會建議她採取「將利潤最大化」的行動，這個建議從理論上看是正確的，實際上一點用處也沒有。經濟學教科書只簡單指出：選擇能將收入與成本差額最大化的產出率。但是在現實中，「利潤最大化」的處方並不切實際，因爲實現利潤最大化的難題出在結構模糊。即便是一家街角雜貨店，仍然可以有千百種的調整方式；更不用說一家企業，無論規模大小，情勢可能更爲複雜。

史蒂芬妮診斷雜貨店的挑戰，便是要與當地的超市競爭。她必須吸引那家二十四小時營業超市的顧客，並提供更低的價格。爲了尋找出路，她歸納出她的顧客大多是住在附近或是每天步行路過的上班族。細看自己列出的所有問題和可能選項，她發現必須在兩個客層之間做選擇：服務對價格敏感的學生，或對時間敏感的上班族。因爲改由選擇顧客區隔來限定問題的範圍，可以撇開其他上千種選擇，使情況瞬間變得單純許多。

當然，如果相同的指導方針和行動能同時服務這兩種區隔的顧客，那麼這二分法就是無用的，應該捨棄。就史蒂芬妮的例子而言，兩種客層的差異十分明顯。她的顧客大多是學生，但路過的上班族消費金額較高。史蒂芬妮進一步探索「服務忙碌的上班族」這個指導方針，經過再三考慮與琢磨後，更清晰勾勒出指導方針的輪廓，最後決定將客層定位在「忙碌到幾乎沒時間下廚的上班族」。

雖然無從確定這是否爲最佳指導方針，但是缺乏良好的指導方針便沒有可遵循的行動準則，史蒂芬妮的行動與資源分配便無法協調一致，甚至可能相互牴觸。更重要的是，採用這個指導方針有助於辨識和組織各項可能行動間的相互影響。以「忙碌到幾乎沒時間下廚的上班族」的需求爲考量點，設置第二結帳櫃檯，可以妥善服務下午五點左右湧入的人潮，也可以紓解巷內停車的問題。此外，她想充分利用目前販售零食給學生的空間，提供高品質的外帶餐點。上班族與學生不同，不會在深夜外出購物，因此沒有必要延長營業時間到深夜；忙碌的上班族會很高興在午餐時或下班後能獲得店員的協助。這個指導方針讓她得以協調並集中資源和行動。

協調一致的行動

許多人會把指導方針稱爲「策略」，對策略的認識就到此爲止，這是不對的。策略與整體行動息息相關，不是單做某一件事。策略的核心必須包含行動，無須指出事項展開時的所有行動，但必須對行動界定得非常清楚，才能把概念轉化爲實務。爲了獲得良好的結果，各種行動必須彼此協調、環環相扣，才能集中組織的力量。

開始行動

歐洲工商管理學院（INSEAD）是位於法國的商學院，也是哈佛大學教授杜洛特（Georges F. Doriot）將軍的心血結晶。學校圖書館裡有一座杜洛特的銅像，上面題有杜洛特的觀察：「如果不採取行動，世界將仍然只是一個想法。」

在許多情況，採取行動的最大障礙是抱持想避開痛苦的抉擇或行動，又能將清單上眾多「優先事項」全數完成的渺茫希望。

策略制定的難度在於，必須決定哪些是優先考量處理的事項，做好了這個工作才能展開行動。要精進策略構想，只能靠行動，沒有其他更好的辦法了。

歐洲商業集團（European Business Group）的總裁在倫敦聖詹姆斯公園（ST. James' Park）西側有個私人辦公室，我去那裡和他討論他們公司「泛歐」計畫的進展。

這家公司生產消費性商品，是很典型的複雜跨國企業，在各國都有行銷單位、全球性的生產作業，以及四個分別位於北美、日本、德國和英國的產品開發中心。產品經理只負責協調活動，沒有實權，產品會依各國國情或區域差異適度調整，這個現象的部分原因是當地企業併購的結果，部分則是基於地區喜好差異的考量。

資深管理高層認爲，該公司的歐洲業務太過零散，想把大多數在歐洲銷售的產品改爲泛歐化，以在產品和行銷上享有規模經濟。管理階層投入時間和心力溝通泛歐產品線的提案，並且設立新機構來促成此事。

各國分公司的領導人都被編入「泛歐執行委員會」，每季開會一次，德國和英國的開發小組成員會在兩地輪調，新成立的產品小組必須與所有部門商議泛歐商品概念和品牌的機會。每位執行者的升遷考績評估，端看他對泛歐計畫的投入與貢獻而定。

儘管訂出這些績效衡量方式，泛歐計畫卻毫無進展。德國與英國的開發小組都指責對方不支持自己的提案；英德的聯合方案，其他單位也都未採納。

談到這個情況時，我的客戶顯然十分沮喪。我停下筆記，接著我們兩人起身走到窗邊，俯瞰底下成排的房屋。我說：「假設這件事眞的非常重要，必須最優先處理的；假設你絕對必須開發一些泛歐產品，並在十八個月後上市銷售，否則整個公司都將瓦解，你會怎麼做？」

他舉起雙手佯裝投降並說：「首先，我會結束其中一個開發小組，他們花太多時間吵架，而不是在開發。」思考一會兒，他又說：「我可能會把兩個開發小組都裁撤，轉移到荷蘭，那裡有市場測試辦公室可以做爲開發根據地。我們可以把英國和德國的優秀人才調去那裡重新開始。不過，這樣還是沒辦法解決我希望各國經理積極參與的問題。」

「各國經理爲什麼會缺乏熱忱……？」我問道。

「每個國家的經理都投入了許多年的時間了解該國的特殊情況，也依此調整了生產和行銷計畫。他們根本不相信泛歐的構想。法國人根本不想把行銷力氣浪費在看起來『太英國』或『太德國』的產品上。而且也沒有一個各國普遍認同、又非常吸引人的泛歐產品。如果有一項在三、四個國家銷售成功的產品，其他國家的人可能比較容易接受，但是目前各國經理對要開發什麼產品組合，都各有打算。」

我說：「沒錯，他們的工作是經營各國的市場，而你想要的是泛歐商品計畫。這就像拿一隻鞋當槌子來敲打釘子般，很耗費時間。你難道不想換其他工具來進行這項任務嗎？如果完成這件事眞的那麼重要，我想你應該知道怎麼做。」

總裁說：「當然。我們可以設一個獨立機構負責進行泛歐產品的開發、生產和行銷，並承擔全部的利潤責任。」

我接著補充：「同時，你應該用編列特別預算的方式介入各國的營運，以升遷獎勵促成計畫的人，不願付出的人則可能要面臨轉職的問題了。」

我們走回辦公室中央，總裁在辦公桌前坐下，擺出權威的姿態，注視著我說：「這會是個痛苦的方法，可能會惹惱很多人。比較好的做法是攏絡人心，而不是強迫他們接受。」

我說：「沒錯，但如果推展這個概念眞的那麼重要，勢必得採取令人痛苦的行動。當然只有在這件事眞的非常重要的情況下才這麼做。」

他又花了九個月的時間，才確定泛歐計畫確實很重要，並且開始重組歐洲業務。他想同時擁有各國強力的行銷，泛歐計畫又不會惹惱任何人，因爲並沒有神奇的解決方案。只要策略維持在概念和意圖的層次上，不同的價値觀及組織和計畫間的衝突便尙可忍受。不過，當務之急是決定實際上最重要的議題爲何。

這位總裁面臨的最大挑戰在於組織內部的問題，而非產品市場競爭。不過，策略的核心——診斷、指導方針和協調一致的行動——適用於任何複雜的情境。就這個例子而言，不難看出必要的行動爲何，障礙在於他希望在行動時能避免艱困的部分。的確，我們總希望有絕佳的獨特見解或巧妙的設計，能一舉達成各種互相衝突的目標。偶爾我們萬分幸運能獲得這種天賜良機。然而，策略最主要是決定出最重要的事，並集中資源和行動達成目標。這是鐵的紀律，因爲我們必須做出取捨。

協調一致

策略核心的行動必須具備連貫性，也就是說，所有的資源配置、指導方針和行動都要協調一致。協調的行動才能提供策略最基本的影響力或優勢。

打仗時，最簡單的策略是聲東擊西，就是一連串時間與空間協調的動作。最簡單的商業策略是善用業務人員與行銷專員蒐集的資訊，影響產能擴充或產品設計的決定，協調跨部門職掌和知識基礎。即使企業具備的優勢來源很簡單且很基本，像是生產成本低廉等，只要仔細分析即可發現企業內部有許多互有關聯、互爲支援的指導方針，因而能維持低成本的優勢。此外，該公司僅在特定條件下產生的特定產品才享有較低的成本。要充分運用成本優勢，勢必需要許多協調一致的指導方針和行動的配合。

策略的行動如果欠缺連貫性，便會造成彼此衝突或追求無關的挑戰。以福特汽車爲例，納瑟（Jacques Nasser）在擔任福特歐洲執行長暨產品開發部副總裁時曾告訴我：「品牌是汽車產業獲利的關鍵。」在1999年擔任福特執行長後，納瑟旋即收購富豪（Volvo）、積架（Jaguar）、路華（Lan　d Rover）和阿斯頓馬丁（Aston Martin）。

福特也同時執行原有的「規模經濟」指導方針。有位福特高階主管在2000年告訴我：「在汽車產業，如果一個平台每年無法生產100萬輛以上的汽車，便無法競爭。」因此，收購富豪與積架的動作，會使這兩個汽車品牌共用一個生產平台。只是，這樣不僅會稀釋兩者的品牌權益，也會激怒最忠誠的顧客、經銷商和維修保養中心。富豪汽車的買家不會想要「安全的積架汽車」，而是想要特別安全的汽車；積架的買家也不會想買「富豪樣式的跑車」。這兩套概念和行動是互相衝突、不協調的。

既不衝突又不協調的行動到底會如何呢？我在2003年與某公司合作，它原本的「策略」是：關閉其在阿克倫（Akron）的廠房，到墨西哥設立新廠房；提高廣告經費；啓動全方位回饋計畫。這三個構想都不錯，卻欠缺互補作用；感覺只有在「必須得到最高管理階層的批准」意義上來看，才有其「策略性」。在我看來，這只是作業管理，還不足以構成策略。策略是協調行動來處理特定的挑戰，不是由大老闆來界定並授權行動。

協調本身就能創造優勢——這是極重要的原則，但往往被低估了，因爲一般人以爲協調不過是單位間持續相互調整而已。策略的協調或連貫性，並非一般人所認定的互相調整，而是由指導方針和設計將連貫性「施加」在系統中。更具體地說，設計像是零件組裝的工程，詳細說明如何結合行動與資源（詳見第九章）。

另一個協調行動的有效方法是詳述近似的目標。我所謂的「近似」是指近在眼前且合理可行的狀態。如果目標明確可行，就有助於協調解決問題和直接行動（詳見第七章）。

策略可被視爲**施加**在一個系統裡的協調行動；我這麼說是有根據的。因爲策略是一個集權的活動，用來克服自然運作的系統。這種協調不是自然產生，而是策略造成的。

這種集中指揮的構想，可能引起現代教育界的驚慌。我們既然已知許多有效決策都是以分權爲基礎達成的，爲何還要採取集權的方式？

20世紀的重大教訓之一，也是人類史上最戲劇化的中央控制實驗，便是中央計畫經濟的缺乏效能。在毛澤東與史達林的中央集權下，餓死的人數遠超過二次世界大戰的死亡人數，如今北韓仍有許多人死於飢餓。現代經濟中，每年都會產生無數的分權選擇，這個過程也讓某些稀有資源得到更好的分配。因此，當油價上漲，由於沒有中央集權的規劃，人們會開始購買更節省燃料的汽車；颶風過後，若災區需要大舉重建，便會提高工資吸引更多人前往協助。

但是分權式決策並非萬能，特別是當相關人員不需擔負行動的成本或利潤時，決策可能會失敗。成本與利潤的分裂，可能發生在組織的各部門間，或目前與未來之間。加上分權式組織的協調極爲困難，除非各個零散的決策得以妥善協調，才能產生利益。當然，中央制定的政策也可能因決策者的愚昧、被特殊利益團體收買，或純粹只是選擇錯誤而失敗。

舉一個簡單的例子，業務人員喜歡配合客戶下緊急訂單，但是生產部門卻偏好長時間不間斷生產運作，兩者相互衝突的。你不可能在同一時間維持長期的生產運行和處理突發訂單，這時就需要有助於整體利益的政策來解決衝突。

放大格局來看，第二次世界大戰時，小羅斯福總統協調政治、經濟和軍事力量，才得以擊退德軍；因爲動用美國的產能支援蘇聯，蘇聯才得以生存，並在美軍登陸諾曼地前削弱納粹的力量。小羅斯福總統的策略還包括集中大量美國資源，先取得歐洲戰場的勝利，再全力對抗日本，這是極爲複雜、長時間的力量協調。這些關鍵政策絕不可能從美國國務院、戰爭部（國防部的前身）、各個軍用物資生產局或軍事指揮中心等分權單位的決策產生。

另一方面，協調的潛在獲益，並不意味中央統一指揮的協調永遠是一樁好事。協調的成本高昂，因爲它會與個人專業爭鬥，違背組織活動中最基本的經濟收益。大體上來說，要具備專業，需要獨自心無旁騖地做事，不受其他事中斷，或被其他單位的應辦事項所打擾。但是，任何一位協調委員會的成員都很清楚，協調往往會阻礙並去除人們的專業。

因此，我們只有在獲益最大時，才會尋求協調性政策。協調的需求會招致巨額成本，因爲它會壓制專業化的經濟和細微差異的個別回應。好組織的輝煌，不在於確保事事都連結在一起。未來隨時可能窒礙難行。好策略與好組織一樣，要擅長處理正確的活動，並且只施加必要的協調。

第 2 篇

策略力量的來源

一般而言，好策略只有在集中力量應用於可發揮最大效益之處，才能發揮作用。短期而言，可能是指巧妙結合指導方針、行動和資源，以解決問題或應付競爭對手。長遠來看，可能需要靈活運用指導方針和資源，以發展對未來競爭有價值的能力。無論哪種情況，好策略都是發現並使用力量，以擴大行動效益的一種方法。

本書第二篇將探索好策略力量的主要來源，包括槓桿作用、近似目標、環節系統、設計、聚焦、成長、優勢、動態、慣性及亂度（entropy）[1]。策略力量當然尚有其他來源，本書強調這些力量來源，是因爲它們具有普遍性且符合潮流，不僅適用於商業，

1　化學及熱力學中的熵（entropy）是測量在動力學上不能作功的能量總數。當總體的熵增加，其作功能力也下降，熵是能量退化的指標，亦被用於計算一個系統中的失序現象。

也可應用在政府機關、安全部門及非營利機構。本書第二篇所探討的，是我認爲非常根本、卻未受到應有重視的議題。

第二篇的最後（即第十五章），以輝達（Nvidia）在3D立體圖像市場的策略爲例，說明綜合上述力量來源的處理方法。有些讀者可能喜歡先讀第十五章，再深入了解第六章至第十四章中對每個議題細節的說明。

06

運用策略槓桿

好策略透過聚焦在心智、精力和行動而獲取力量。這樣的聚焦若在關鍵時刻被引導至重要目標，便可產生一連串有利的好結果。我把這種力量來源稱爲**槓桿作用**。

阿基米德曾說：「給我一根足夠長的槓桿和一個強大的支點，我就可以移動地球。」但他沒說的是：若想移動地球，這個槓桿勢必長達數十億英里。而用這個巨大的槓桿，阿基米德一動手臂也只能將地球移動一個原子直徑的距離。因爲太過麻煩，明智的他當然樂意把槓桿運用在只需微小動作便能產生極大差異的支點上。找到關鍵支點，並將力量集中於此，就是策略槓桿發揮作用的祕訣。

若把拱心石[1]敲鬆，整座拱橋便會倒塌。若能掌握關鍵的一瞬間，或許你也能建立偉大的國家。就像麥迪遜（James Madison）在1787年將蘭道夫（Edmund Randolph）的三權分立政府和兩院制立法機構的構想，轉化爲美國憲法草案；或是全球最大的電腦公司在1980年詢問你是否能爲新款個人電腦提供作業系統，你應該立即回答：「沒問題！」而且務必要比照比爾・蓋茲的做法，堅持在對方支付軟體款項給你後，合約上仍允許你銷售該產品給第三

1 拱心石是拱門建築最頂端的梯形石塊，用來接合兩邊的石塊並承受壓力。作用是把拱門擠緊，使拱門成為一個整體，在巨大的壓力下，會愈加堅固。如果拱心石沒有發揮作用，那麼壓力馬上就變成拉力，拱門會立即垮掉。

方。如此一來，你也可能成爲世界首富。

一般來說，策略槓桿作用的產生，來自於三方面努力的混合作用：策略預測、洞察情勢中的關鍵支點和集中力量解決關鍵問題。

策略預測

策略家對他人行爲中可預測的部分具洞察力，並將預測轉化成自己的優勢。最簡單的層次即是投資曼哈頓房地產的策略，便基於對他人未來需求可使當地房地產升值的預期。在競爭策略中，關鍵的策略預測通常是針對買方的需求和競爭者的回應。

舉例來說，當美國掀起運動型休旅車熱潮，豐田汽車便投資超過10億美元開發油電動力混合技術：以電力控制的無段變速傳動，及晶片與軟體控制系統。引導這項投資的策略預測有二：首先，管理階層相信節省能源的壓力將促使油電混合車變成主流；其次，管理階層相信一旦豐田取得這項技術，其他同業也將跟進，便不會投資開發其他可能更優越的系統。如今，這兩項策略預測已被證實十分精準。

最關鍵的是預測他人的行爲，尤其是競爭對手。美軍於2003年春天入侵伊拉克的計畫，並未預測會發生暴動，誠如軍方評估報告中說的：「2003年4月和5月，陸軍和其他單位在伊拉克遇到的難題，主要源於未經深思熟慮、規劃和預先準備便直接開戰。此外，對於後海珊時期的假設已被證實是大錯特錯。」

伊拉克當時的暴動，有些是由前伊拉克軍官發動的，他們預測，媒體持續報導美軍的傷亡人數會促使美國輿論偏向撤軍，一如發生在越南及近期在索馬利亞首都摩加迪沙（Mogadishu）的情況。根據伍華德（Bob Woodward）在《否定國度》（*State of Denial*）中所描述的：「海珊製作了阿拉伯語版的電影《黑鷹計畫》（*Black Hawk Down*）分發給每位高級軍官。」因此，在更深的層次上，美軍規劃人員沒有料想到伊拉克的策略預測。

大部分的策略預測是利用可預測、已發生的「下游」事件結果爲依據，如當前的趨勢、可預見的經濟或社會動態，或其他人因爲跟進某種常規而做出可被預期的行爲模式。

在現代企業中，最著名的商業預測是由殼牌石油（Shell International）瓦克（Pierre Wack）和紐蘭（Ted Newland）的規劃小組所做的。我在1980年有幸認識瓦克，他告訴我：「未來事件的很多方面其實都是既定的，例如，如果喜馬拉雅山區有風暴，便可預測一兩天後恆河平原會有水災。」

早在1970年，瓦克和紐蘭就預測到石油輸出國家組織（OPEC）的成立，以及隨後發生的能源危機。而1970年所引發的「水災」，從這些重要產油國的營收模式和人口即可嗅出端倪。特別是伊朗、伊拉克和委內瑞拉都擁有豐富的原油蘊藏、持續成長的人口，及雄心勃勃的發展目標。瓦克與紐蘭預測這些國家有促使油價上漲的強大動機；他們也看出油價上漲，將促使沙烏地阿拉伯和科威特等國領悟到，地下原油一旦開採出售，原油的升值速度可能比美元更快。

1981年，我在英格蘭拉尼米德（Runnymede）殼牌石油規劃小組的據點，與瓦克相處一週。談到情境規劃時，他告訴我：

倘若對未來事件進行標準的「情境」（scenario）預測，只會產生標示「高」、「中」、「低」三條線的圖表。觀看這張圖表的人會認爲自己已注意到不確定的部分，接著當然就會依圖表裡「中」的情況來做規劃！如此一來，便會遺漏風險。這個風險不是油價可能走高或走低，而是油價會持續飆升，引誘你這個傻瓜進行大筆投資，然後價格瞬間跌至谷底，徒留一堆無用的資產給你。

1981年瓦克所擔憂的傻瓜賭注，在往後十年得到印證；當油價停止飆漲，油價從每桶36美元驟跌至每桶只剩20美元。如他所預測的，1970年代晚期，油價飆漲帶動了新油井的探勘。但是，當他們發現北海和阿拉斯加蘊藏的原油供應量大幅增加，卻迫使油價下跌。那些曾大舉投資海上鑽油平台的美國大油商（如布希家族），因爲欠缺瓦克這種洞察力，只能眼看著自己的事業一落千丈。

策略預測不需要有超能力。在許多情況下，預測純粹是考量習慣、偏好、他人的政策，以及各種慣性和變化。因此，我無法預測加州能很快平衡預算，但可預期當地人才會持續外流；我預測美國將再度受到嚴重的恐怖攻擊，但無法預測美國中央情報局和聯邦調查局之間的合作與溝通從此將暢行無阻；我預測Google將持續開發透過瀏覽器即可在網路上使用的文書處理應用程式，但不能預期微軟會有效回應，因爲微軟不會輕易拆解以個人電腦爲基礎的Office作業系統業務；我預測智慧型手機的使用量會迅速成長，但手機的基礎設施將被課予重稅，造成某些產業合併與依照使用量收費的結構。

察覺支點

要發揮槓桿效果，策略家必須先察覺可以集中精力和資源效益的支點。例如，2008年我在東京與柒和伊控股公司（Seven & i Holdings）總裁暨營運長村田紀敏討論競爭策略。這家公司擁有美國和亞洲的7-Eleven便利商店，在日本有伊藤洋華堂超市、百貨公司及其他投資事業。村田紀敏表示，該公司專注在日本市場並得到一個結論：日本顧客對當地口味的變化極爲敏感，喜歡新鮮感與多樣化。他告訴我：「在日本，顧客容易對商品感到厭倦。因此，光是不含酒精類的飲料便超過200種品牌，而且每週都會出現許多新品牌或口味！一家7-Eleven以每年70%的商品週轉率展售50種飲料，其他食品也是相同的情形。」

要根據這種模式創造槓桿效益，日本7-Eleven發展出一個方法：由每家便利商店的店長和員工蒐集當地顧客的喜好資訊，組成快速回應銷售規劃小組來開發新產品。爲了更進一步利用這些資訊和團隊技能，該公司與多家二線或三線食品製造商建立關係，以自有品牌、低價位及利用食品廠商過剩產能等方法，迅速讓新產品上市。

7-Eleven也在中國擴展業務。村田紀敏解釋，他們在中國大陸的優勢就是乾淨整潔和服務貼心。中國消費者到零售店習慣開口請店家協助，但日本7-Eleven的傳統則是把商店維持得一塵不染，服務人員戴著白手套在門口鞠躬微笑迎接顧客，提供各種美味的午餐供消費者自行選擇，結果每平方英尺的銷售額竟是競爭對手的兩倍。

村田紀敏的策略是把組織資源集中在最具決定性的部分，這既不是利潤計畫，也不是一系列的財務目標，而是企業家對有潛力、能實際創造並擴展優勢的洞察力，如此才有可能創造競爭優勢。

找到支點，便能擴大努力的成效，這是情境中一種自然或人爲的失衡，只需微幅調整支點，便能使受壓制的力量釋放到更大。對商業策略家而言，未得到滿足的市場，或目前發展出的強大能力能應用在別的特定情況，都是能夠釋放力量的支點。

在直接競爭中，支點可能是一種失衡狀態，介於對手所處位置或力量部署與潛力之間，或是介於主張與現實之間。1987年6月12日，美國總統雷根站在西柏林的布蘭登堡門（Brandenburg

Gate）說：「戈巴契夫總書記，若你尋求和平，若你尋求蘇聯和東歐的繁榮，若你尋求解放，現在就到門前來！戈巴契夫先生，打開這扇大門！戈巴契夫先生，拆掉這道牆吧！」

雷根當然不預期戈巴契夫會照做。這段演說是針對西歐，目的在凸顯和利用體系的不平衡：一邊是可自由行動的人民，另一邊則必須用鐵絲網和水泥牆來限制人民。這種不平衡已存在數十年。如果雷根在1983年向當時的蘇聯領導人安德羅波夫（Yuri Andropov）提出類似的挑戰，效果便微乎其微。這起事件後來成爲一個支點，因爲在戈巴契夫所聲稱蘇聯正在自由化，與實際情形之間，存在著不平衡。

集中力量

把努力集中在少數或有限的目標上，往往獲益更大，這便是「集中力量」的回報。這些獲益源自設限和門檻效應（threshold effects）的結合。如果資源不是有限的，便無需選擇目標。若對手能輕易看出我們的舉動並迅速採取行動加以回應，獲益便微乎其微；如果高階領導者不懂得設限，就無法從集中注意力在少數優先事項上獲益。

當投入的努力達到關鍵水準、足以影響特定系統時，「門檻效應」便會存在；投入的努力若低於門檻便難以見效。當門檻效應存在時，策略家較謹慎的做法是，只專注在既有資源可以實現的目標。

例如，廣告似乎存在門檻效應，也就是極少量的廣告根本沒有效果，必須跨越某個門檻才能看得到廣告效果，這代表可能要付錢給不同的頻道來增加廣告量，並在短期內集中廣告的曝光，而非平均播放。另一個合理的做法是，公司或許可以依地區逐步推廣一項新產品，集中宣傳以刺激接受度。

同理，商業策略家通常偏好主導小型市場區隔，而非分散在更大市場中的等量顧客；政治人物通常偏好能夠傳遞顯著利益給特定團體的計畫，而非提供更大利益分散給一般大眾、每人卻僅能分配到很少的計畫。

在組織內，之所以需要集中力量，是以下兩個因素的共同作用：第一是門檻效應，必須投入夠多資源才能見效；第二是高階主管的認知能力和精力有限，不可能同時兼顧所有事情。如同一個人無法同時解決五個問題，多數組織每次只會集中處理少數幾個關鍵議題。

從心理學觀點來看，當人們不理會低於特定門檻的訊號，在心理學上稱為「凸顯效應」（salience effect），或是當他們相信一次成功會引發下一次成功的氣勢時，集中力量便會產生較大的回報。無論是上述哪一種情況，策略家只要致力於能夠引起關注和影響意見的特定目標，即可提高人們對其行動效益的信心。例如，比起督促兩百所學校都改善2%，徹底扭轉兩所學校的整體績效表現，對輿論可能有更大影響；相對的，人們對這種效益的認知，也會影響他們支持和參與未來行動的意願。

威廉斯（Harold Williams）為蓋堤信託基金（Getty Trust）擬

定的策略便是集中力量於有效目標的例子。美國石油大亨蓋堤（J. Paul Getty）1976年過世時，將7億美元的信託基金留給位於加州馬里布（Malibu）、他一手打造的蓋堤博物館。曾任加州大學洛杉磯分校管理學院院長的威廉斯，當時是美國證券交易委員會的主席，在1983年受聘爲蓋堤信託基金會（Getty Foundation）的董事長。當時，這筆基金已成長至14億美元，依法每年必須支出本金的4.5%，相當於6,500萬美元左右。

在威廉斯任內，蓋堤基金會從小型藝術珍藏變成藝術收藏界的主力。2000年，威廉斯退休三年後對我說明他的策略：

蓋堤信託基金的規模很大，每年都必須使用一大筆錢。我們的任務是在藝術領域，我必須決定如何善用這筆錢。我們大可擴充館藏，收購藝術品原本就是我們的工作。不過，我認爲這不是好的方向，這樣只會變相哄抬藝術品價格，把紐約、巴黎和洛杉磯的珍藏搬過來罷了。

花了一段時間，我逐漸發展出這樣的構想：藝術可以是、也應該是一個更嚴肅的主題。藝術不只是美麗的物品，更是人類活動中重要的一部分。許多人大學時花許多時間和精力研讀語言和歷史，我們甚至知道偏遠部族的婚姻契約和歷史，然而藝術從來就被視爲附屬、無關緊要的科目。我立志蓋堤要致力改變這個事實。與其將經費用來購買藝術品，我們更應努力將藝術的地位轉型。蓋堤基金會開始建置所有藝術品的完整數位目錄，包含舞蹈、歌謠和織品；發展藝術教師的進修計畫，也主辦藝術與社會的進階研究；集結世上最優秀的藝術管理人才，發展新的保存與修復方法。我認爲，這樣可以產生比陳列藝術品更深遠的影響。

蓋堤基金會每年必須花掉6,500萬美元的經費，威廉斯大可購買藝術品或捐款給學校發展藝術計畫，但他卻意圖改變世人對藝術研究的看法，因而設定新穎的可行目標、按比例配置策略計畫中的可用資源。簡單來說，他把資源投資在能見度更高、影響力更大的層面。這就是「集中力量」——選擇一個可以讓現有資源發揮決定性影響的目標。威廉斯的策略不僅能依法消耗掉巨款，更重要的是，他爲組織注入更大的活力，吸引員工和外部機構更多的投入與支持。

07

訂定近似目標

直接追求幸福和美麗是愚行。

——蕭伯納（George Bernard Shaw）

訂定近似的目標，也就是近在眼前的可行目標，是領導者最有力的一項工具。近似目標是組織中合理、預期能達到或征服的標的。

例如，甘迺迪總統呼籲美國在1960年代結束前，致力把人類送上月球，迄今這仍被視爲一則大膽探索未知的宣言。此外，金恩博士「我有一個夢想」的演說，已成爲今日「如何成爲魅力型領導者」頌揚神奇願景和目標的必要參考。然而，登陸月球其實是審愼選定的**近似策略目標**。

甘迺迪1961年的這場演說，至今仍是「清晰明確」的典範。請上網搜尋並閱讀這篇演說，你將會很訝異政治演說竟從當時開始已產生重大變革。在演說中，他以決策者的姿態對成人說話，而不是傳教士向兒童布道一般。

在他的演說中，甘迺迪指出「登上月球」能讓全球輿論擁戴美國的領導力。「大家應該很清楚，最近幾週發生在太空的戲劇性成就，在世人心中都造成重大衝擊，一如1957年蘇聯人造衛星升空的冒險歷程般。」甘迺迪認爲，蘇聯將稀少的科技資源集中在太空的策略，是利用世人對這種非凡成就自然有莫大興趣來增加優勢。他認爲，若能成爲首位登月者，世人必定會大幅肯定美國的領導力。畢竟，美國擁有更豐富的資源，這只不過是資源配置和協調的問題。

更重要的是，登月任務當時已被認爲是可行的。甘迺迪不僅指出目標，也列出完整步驟——無人操縱的探勘設備、更大的火箭推進器、同步開發液態和固態燃料火箭，以及建造登陸月球的飛行器。

這個目標之所以可行，是因爲工程師知道如何設計和建造火箭與宇宙飛船，並在發展彈道導彈計畫時，便已開發所需的大部分技術。此外，這個目標直接回應了甘迺迪的問題：「我們如何在太空競賽中擊敗蘇聯？」火箭科學家馮布朗（Werner von Braun）撰寫一份極有見地的備忘錄給副總統詹森（Lyndon Johnson）。馮布朗提到，蘇聯在載重火箭已大幅領先，可能在載人繞軌實驗室或是月球無人火箭的賽局中獲勝。然而，馮布朗主張：

> 我們有一半的機會比蘇聯早一步將三名人員成功送到月球附近。……我們有擊敗蘇聯，成爲第一個登月小組的絕佳機會（也包括返回地球的能力），要達成這項偉業，就必須擁有比蘇聯強上十倍的火箭。

儘管蘇聯的大型發射器讓美國在太空成就上處於劣勢，但因登陸月球的火箭必須遠比蘇聯現有火箭大上許多，擁有更多資源便成了美國的優勢。因此，馮布朗建議先發制人，公布更具企圖心的目標，因爲美國擁有擊敗蘇聯現有成就的大好機會。甘迺迪的演說便是在馮布朗備忘錄送達後一個月發表的。

甘迺迪設定的目標在外行人看來似乎太過大膽，但其實相當具體可行。這是資源配置和政治意志的問題。現今而言，在2020年前把美國人送上火星是一個棘手但近似的目標；儘管有一定的難度，但沒有理由不相信最終會有解決方案。不幸的是，在甘迺迪之後的領導者大多只喜歡界定目標，沒有人知道該如何實現。以反毒戰爭來說，無論遏止非法藥物多麼值得執行，但基於現行法律和執法架構，這不是一個短期內可行的近似目標。事實上，所有努力也許只能驅除小走私販、抬高毒品價格，讓大毒梟獲利更多；能源自主也是現實難以企及的目標，若無提高油價的政治勇氣和開發核能的承諾勢必更不容易做到。

消除模糊性

在甘迺迪承諾美國將致力登陸月球的兩年後，我到美國太空總署的噴射推進實驗室擔任工程師。在那裡，我領會到好的近似目標能爲組織能量與專注帶來許多可能性。

探測者號（Surveyor）是噴射推進實驗室的一個重要專案。它是無人操縱的緩慢登陸器，起初只在月球上進行測量與拍照，之後幾次任務更展開探勘行動。對探測者號的設計小組而言，最棘手的問題在於，沒有人知道月球表面長什麼模樣。科學家假設了三四種月球形成的理論：月球表面可能由於長久以來的流星撞擊，形成鬆軟的粉狀殘餘物；或是層層相疊的鋒利針狀晶體；也可能是類似冰磧般的一堆大圓石。探勘機器是否會陷入粉狀的月球表面？或被針狀晶體刺穿而故障？或是卡在巨石間？因爲無從得知月球表面的眞實模樣，工程師在設計探測者號時經歷一段艱困時期，不是無法做出設計，而是每種設計都有令人無法辯駁的反對論據。

當時我的上司是噴射推進實驗室未來任務研究部主任布瓦妲（Phyllis Buwalda），她具備不屈不撓、實事求是的天賦，擅長洞悉問題的根源。她最爲人所知的成就是提出月球表面的模型。由於有了布瓦妲對月球的具體說明，噴射推進實驗室的工程師和轉包商才得以停止各種揣測並展開工作。

布瓦妲形容月球表面是堅硬、粒狀的，有小於十五度的斜坡、散布著碎石，四散的大圓石直徑都不超過兩英尺。初次看到這份具體說明時，我十分驚訝地對她說：「這看起來像極了美國西南部的沙漠。」

「是的。」她微笑著說。

「但是，」我說：「妳不知道月球表面的樣子，爲何能寫下這麼具體的說明，把它描述得像是美國西南部的沙漠？」

「這是地球較平坦處的模樣，只要遠離山脈，這樣的臆測或許跟我們將發現的月球相去不遠。」

「但是妳根本不知道月球表面長什麼樣子！可能是粉狀，也可能是銳利的針狀……」

「聽我說，」她說：「工程師沒有具體說明或規格就無法做事。反正，如果月球的實際情形比這個假設模型還要困難，我們就不必繼續在月球計畫上浪費太多時間了。」

她對月球的具體說明並非眞相——眞相是什麼我們根本無從得知。布瓦妲策略性地選定一個近似目標——工程師知道如何處理的目標，這樣才能加速方案的進展。在當時，這是合理而明智的。你甚至可以針對布瓦妲的洞見寫一篇博士論文，分析她洞見中的涵義——月球表面的情況若不容許一具簡單的登陸器，我們面臨的就不只是設計問題了，美國整個登月計畫都會陷入困境。

爲探測者號撰寫歷史的尼克斯（Oran W. Nicks）曾說：「這個用來設計『探測者號』的月球表面工程模型，其實是研究一切可取得的理論和資料後發展出來的。幸運的是，準備這個模型的工程師們對於當代科學理論沒有涉入太多情緒，因此所產生出的登陸系統設計需求也非常準確。」

對月球表面的具體說明，消除了當時情境中大部分的模糊性，只交給設計人員一個較單純的問題。這並不是一個容易解決的問題，也還沒有解決方案，不過卻是可以解決的。只要付出足夠的時間和努力，我們自知有能力依布瓦妲所描述的月球建造出登陸機器。

探測者號由休斯飛機公司（Hughes Aircraft Company）建造，其中有五艘分別在1966年和1967年成功降落月球。探測者三號於1967年降落在暴風海（Ocean of Storms），兩年多後，阿波羅十二號也在兩百碼外登陸了，指揮官康納（Pete Conrad）走近探測者三號拍下這張照片。

圖片來源：NASA

布瓦妲對於「工程師沒有詳細規格便無法做事」的洞察，可應用於大多數組織化的工作上。如同探測者號的設計小組，每個組織都會面臨令人氣餒、極度複雜與模糊的處境。領導人的重責大任在於吸收並承擔大部分的複雜性與模糊性，交付給組織一個較單純、可以解決的問題。許多領導人嚴重失職，不先釐清特定障礙的模糊性，便直接宣布具有企圖心的目標。承擔責任不只是要願意接受責備，還要設定近似目標，交給組織一個確實可以解決的問題。

採取強勢立場並創造選項

許多策略著作的作者似乎都建議，當所處環境變動愈大時，領導人愈要將眼光放遠。這是不合邏輯的。當所處環境變動愈大時，預見的能力便會愈弱；因此，所處環境愈充滿不確定性和變動，策略目標的設定就必須愈**近似**。近似的目標是由領導人對未來的預測所指引，但未來愈不確定，領導人的基本邏輯更要側重「採取強勢立場並創造選項」，而不是將眼光放遠。戈德哈默（Herbert Goldhamer）以下棋來描述這種採取立場、創造選項和建立優勢的動態情境：

對弈中的兩位高手都試圖擊敗對方，但多數時候，每一步棋的目的不是結束棋局，而是「改善我方形勢」。選擇直接擒王棋或吃掉對方的某顆棋子，未必總能贏得棋局。多數時候，每步棋的目的在爲我方棋子找到恰當位置，以便：1.提高棋子的可移動性，也就是增加我方的選項，同時削弱對方棋子的行動選項；2.在棋盤上施加某種穩定模式，促成我方的持久優勢和對手的持久劣勢。一旦累積充分的優勢，便能進行戰略部署，打擊已無抵禦能力或必須付出慘痛代價的特定目標。

我在2005年受邀協助某小型商學院規劃策略。很多商學院都有開設策略課程，卻鮮少應用在商學院本身。院長和教職員的整體企圖是想從地區學校轉變爲該區域最佳的學校。他們的策略規劃草案很老套，就是列出一長串校方宣布要致力達成的目標和措施，例如，發表更多研究論文、鼓勵校友捐款、開辦全球企業研究課程、強化創業進修課程，以及永續經營。仔細觀察該校的情勢可發現，畢業生大多服務於會計師事務所或當地的中小型服務企業。

策略規劃由院長和學院常務委員會負責，我向他們說明策略支點和近似目標的概念。接著請這個小組想像：如果只能有一個目標，而且必須是一個可行的目標，何者才是一旦達成便能產生最大差異的可行目標？

經過一個上午的商議，他們得出兩個目標。儘管不太符合我的期望，但是他們確實已經從想要成爲地區最佳學院這個模糊目標中跨出一大步。有半數的人提出明顯、具潛力的關鍵目標：「讓學生找到更好的工作。」如果學生找到更好的工作就會更快樂，教職員也樂於教導快樂的學生，校友會更樂意捐款給學校，學校便能吸引更多優秀學生就讀，並獲得更多資源贊助研究和聘請專業人士。另外半數的人則偏好發展公共關係，他們認爲若獲得更多商業雜誌和報紙的報導，便能提高學院知名度，繼而產生許多良好的結果。

重點在於，這兩個目標都在特定的行動領域採取了強勢立場，也都蘊含未來策略與行動的選項。

我讚許這兩個目標後，請這個小組就其中一兩個目標制定更近似的目標——需要有更具體的任務和工作，不只是設定長程目標。最後，他們將兩個構想合而爲一，決定學院的主要目標是幫助學生找到更好的工作。他們鎖定十家校方認爲應該雇用但尚未雇用該學院畢業生的企業，成立一個委員會研究這些企業的人員招募實務，設立專案以達到這些企業的要求和標準。其次，學院決定開設媒體經營的新進修課程，取代全球企業研究課程和永續經營。用意在於吸引更多媒體人士到校參訪，若學生得以進入這些媒體工作，自然有助於提高學院的知名度。他們鎖定的十家企業中就有兩家是媒體。

目標的層級

不論何種規模的組織，高層級的近似目標爲較低層級單位設立目標，而較低層級單位再爲自己設立近似目標，以此類推，將問題細分成許多層級來解決。近似目標不僅在層級上串聯，也能及時串聯，達成組織的總體目標。例如，雀巢（Nestlé）收購英國的朗特里（Rowntree）巧克力公司時，最高管理階層判斷，雀巢的跨國性食品行銷技能勢必能幫英國品牌朗特里行銷至許多國家。這個方向的幾項初步行動非常成功，因此合併管理後也發展出更鉅細靡遺的目標。任何公司要開展新業務或開拓新市場，都必須有層級相連地調整和改善近似目標。

對一個民族或國家、組織或個人而言，「近似」的定義或許大不相同，主要是因爲技能和累積資源的差異。某日午後，我和PJ

談論直升機時便深刻體認這點。PJ在越南時曾擔任直升機駕駛，之後在救援隊任職。退休後，他住在墨西哥的下加利福尼亞州東角（East Cape），位於聖荷西卡波（San Jose del Cabo）北方大約三十英里處，從事衝浪和捕魚。這裡沒有任何大型購物中心、工廠、柏油路面和圍籬。時值暖冬，坐在山丘上仍可看見灰鯨躍起，甚至聽見鯨尾拍擊海面的聲音。

我們的對話是這樣開始的。我說：「直升機應該比飛機安全，因爲萬一引擎故障，直升機可用旋翼降落地面，就像降落傘一樣。」

PJ並不贊同，「萬一引擎故障，必須將操縱桿拉到底、放開左舵踏板，並使勁踩下右舵踏板來得到一些扭矩，在機身快速下墜前，大約只有一秒的反應時間。」他停頓一下又繼續說：「你或許做得到，但最好永遠不必面臨這種情況。」

「所以必須全部自動駕駛嗎？」我問。

「不盡然。」他說：「當引擎故障，你有很多事情需要處理。你必須專注在尋找平安降落的地點，同時保持平順地滑翔下降到落地。整個過程必須全神貫注，但是要依賴自動駕駛來操縱直升機。如果直升機無法自動駕駛，你就不能專心處理危機。」

PJ打開一瓶啤酒後繼續說明：「駕駛直升機必須協調地控制，包括操縱桿、巡迴操縱桿、方向舵踏板，還有油門。這不是那麼容易學的，但你一定要盡最大努力學習。如果你要做的不只是起飛和降落，自動駕駛是絕對必要的。你學會飛行之後才能學習在夜間飛行——絕不可以本末倒置！當你非常熟練夜間飛行後，就可以準備學習編隊飛行，然後是戰鬥飛行。」

PJ邊說邊張開手指，又將姆指交疊，做出編隊飛行般向下俯衝的動作來說明。

「全都熟練後，就讓直升機自動駕駛，然後你可以開始考慮降落在黑夜疾風中的山上，或波濤起伏的船舶甲板上。」

當PJ談論時，我能想像他全神貫注地根據波浪起伏的狀態，找到直升機降落在甲板的最佳時機。PJ因爲對巡迴操縱桿、方向舵踏板的操縱非常熟練，使他得以專注直升機和船之間的協調動作。

專注在一個目標上——把它列爲優先事項——必須確定其他重要事項也得到妥善的處理。PJ能全神貫注在協調作業上，是因爲他的飛行能力已經熟練到變成平常的反射動作。

PJ的一席話讓我明瞭，協調的技能如同一階階的樓梯，必須先踏上較低層的階梯，才能一級一級往上爬。PJ的技能層級概念，說明了爲何有些組織能專注在別人無法專注的議題上。這幫助我形成日後提供給客戶的建議。例如，與小型初創公司合作，他們的問題通常在協調工程、行銷及配銷通路。

如果這時詢問該公司執行長要不要設立歐洲辦公室，可能毫無意義，因爲該公司尚未嫻熟駕馭業務的基礎技能。等這家公司在某一級階站穩了，才能繼續往上發展國際業務。以此類推，若詢問一家新成立的跨國公司，要將知識和技能擴展成像寶僑家品（Procter & Gamble）般的全球企業，或許也毫無意義。該公司首先必須駕馭在多國語言與不同文化間營運的複雜度，才能開始從全球市場資訊中獲益。

08

環節系統

環環相扣的鏈子中若有一個脆弱的環節，即使其他環節再堅固，這條鏈子仍不牢靠。當系統的表現會受最脆弱環節的限制，這系統便出現**環節邏輯**。

對挑戰者號（Challenger）太空梭來說，最脆弱的環節在於一個硬橡膠製的O型環。1986年1月28日，挑戰者號太空梭火箭推進器的O型環失效，高壓高熱的氣體外洩，導致火箭爆炸。雷根總統盛讚爲「我國驕傲」的挑戰者號與全體機組人員，瞬間從六萬五千英尺的高空墜海。

只要有一個脆弱的環節，再怎麼增強其他環節，也無法構成一條牢固的環鏈。同樣的，對挑戰者號而言，如果O型環脆弱，即使有更強大的火箭推進器、良好的協調溝通和人員訓練也無濟於事。環節邏輯常出現在太空梭、登山攀岩或審美判斷等情況中，一個零組件的品質皆攸關整體的表現。

環節的數量多寡無法取代環節品質的重要性。如果某建築承包商發現載重兩噸的卡車正被占用，可改派兩輛載重一噸的卡車來載運垃圾；但是如果餐廳的三星級大廚生病了，快餐廚師並無法取而代之；一百位程度中等的歌手也不等於一位一流的歌唱家；如果學校無法好好教育並管教孩子，就算延長孩子待在學校的時數或天數，也無濟於事，甚至可能增加孩童對學校的厭惡與不信任。

我與房地產專家及承包商談房屋改建時，學到評估房地產潛力要先確認**限制因素**。房子靠近吵雜的公路，便是一種限制因素；無論浴室的大理石多昂貴或廚房的廚具多高檔，公路的噪音仍會限制這間房子的價值。以此類推，如果房間有高級硬木地板和經典建築設計，但是油漆上得不好，整體便無法吸引人。

身爲投資者，要找出類似油漆這種可以改變的限制因素，而不是公路噪音這種無法改變的限制因素。如果你具有移除限制因素的特殊技能或見解，你可能會非常成功。

陷入瓶頸

有些組織甚至經濟都受到薄弱環節的限制。每個環節若獨立運作，系統就會陷入低效能狀態。這種問題出在**品質匹配**不當，也就是當你負責環鏈中的一個環節，也投入大量資源強化這個環節，但其他環節的管理者不願投注更多資源來強化他們所負責的環節，便會產生品質不匹配的問題。

光強化環節中的一個單位，只會使事情更糟、更複雜。提高一個單位的品質，勢必得投入更多資源或更昂貴的設備與人員，但是所有努力僅改善一個銜接的環節，並不能改善系統的整體績效，結果只會造成整體獲利降低。因此，單獨鼓勵每個單位改善環節是發揮不了作用的。

舉例來說，通用汽車（General Motors）自1980年到2008年發生的種種問題，就是環節結構薄弱造成的。若汽車儀表板的旋鈕脫落、車門開關時不斷咯咯作響，即使提高變速器的品質，對提高整體績效的助益不大。如果設計方式不改變，設計人員僅改善汽車的外觀、質感和動力傳動系統，並不會讓整體性能改善。若不能掌握複雜的工藝設計技術，僅改善汽車外觀可能只會徒增成本。

許多經濟發展的棘手議題也源於這種環節邏輯：

•提供先進機器給沒有專業技術的工人並無用處，爲不存在的工作提供員工教育訓練也毫無用武之地。

•政府體系可能是個沉重的負擔，但唯有私人企業提高效率時，政府體系才有可能改善行政效能。

•因爲有貪汙賄賂的文化，商人才可能避開官僚政治的繁文縟節，但官僚政治在管理或施政上的層層節制和固定程序，卻也是最能抑制裙帶關係和腐敗文化的。

•改善道路對設備不良的港口會帶來嚴峻的考驗，但好港口若沒有良好道路可通達，也不具價値。若同時改善道路與港口，那麼腐敗的官員和工會便會要求收取過路費。

並非開發中國家才有環節薄弱而引起的政策問題。在美國，失序的內城區、腐敗的學校、促成各種族與幫派制度化的牢獄系統、暴力和性侵等都能套用環節邏輯來分析。美國國土安全部雖已對機場加強通關檢查，實際上，只要全美長達四千英里的邊境與東西岸海岸線持續失控，這個高調做法的效果便微乎其微。每三人只挑兩人進行放射性儀器掃描與搜身，這樣的安全措施不夠徹底。

突破瓶頸

專業能力在全球各地的分布並不平均。若要找最有效率的汽車製造商，必須前往日本的關東平原；化學專業則群聚在德國、法國和瑞士一帶；至加州聖塔克拉拉谷可找到微處理器的專業技術；在英國中部可找到專業的一級方程式賽車人才；鄰近義大利和瑞士交界的倫巴（Lombardy）平原，則有世界級的機械系統專業——從最快速的車輛到特殊工業設備，應有盡有。

堤尼里（Marco Tinelli）是義大利倫巴第一家機械公司的總經理，公司設在米蘭近郊。1997年某日，我參觀堤尼里的公司，然後和他在艾曼紐二世拱橋的薩瓦尼（Savini）餐廳共進午餐。享用義式燉飯的同時，堤尼里向我解說這個家族企業的轉機：

> 叔父過世後，由我繼承公司。當時情勢很不好，機器品質下滑，完全不能與競爭對手相比，成本又太高，業務人員的技術不夠精湛。銷售微處理器控制的精密機器需要專業的業務人員。如果不變革，我們會慢慢被產業淘汰。看來一切都得改變，但該從何著手呢？

聽了他的話，我知道堤尼里診斷出公司有環節邏輯的問題，只是不知從何下手。如果只提高機器的品質，業務人員無法確實介紹機器的功能與特性，即使機器的品質再精良，收益也會降低。如果只提高業務人員的銷售能力，卻沒有精良的機器也無濟於事。如果同時提高機器和業務人員的素質卻無法降低成本，也救不了這家公司。

「你打算從哪裡著手？」我反問他。堤尼里說：

我打算分三階段依序改革。首先，我們花了十二個月的時間致力提升品質。我告訴員工，未來一年要努力把我們的機器變成產業中最可靠且最快速的頂級產品。

一旦擁有高品質的機器，我會全神貫注於提高業務人員的專業素養。所有業務人員都參與了品質改革活動，現在工程部門、生產部門與業務人員一起參與各項技能、銷售工具，以及與工廠的溝通環節。市場成效雖不能很快看出來，但是我知道我們必須先在這些方面投資才有可能獲益。

若不能理解系統中各環節引發的問題和品質匹配的概念，你可能會認爲堤尼里依照診斷結果分三階段處理的做法，平庸無奇。如果能理解這個概念，就會發現堤尼里的做法，意義非凡。

環節系統的首要問題就是要確認瓶頸在哪裡，而堤尼里確認他的問題在於機器品質和業務人員的專業知識與成本。接著，最大的問題就是逐步改革不一定會帶來好處，甚至讓情況更惡化，這正是很多體系陷入瓶頸的原因。堤尼里的解決方案是由自己承擔最後的結果，同時引導其他人專注在這三個難題並逐一處理。第一階段的活動不會得到立即報償，但他並未停止行動，或怪罪部門經理。相反的，他恭賀大家達成第一階段的近似目標，然後進入第二階段。要在環節系統漸進式地改善問題，整個過程幾乎沒有利潤可言，因此堤尼里避免採業界慣用的績效衡量與獎勵制度，也沒有把短期效益做爲目標，而是把員工注意力全部轉移到**變革**這件事情上。

身爲採訪者，聽出受訪者的弦外之音也是我的一大任務，堤尼里在描述扭轉公司危機的過程時，他的說法並不是「我們增加獲利的壓力，才扭轉危機」、「我們發展新的品質衡量方法，並極力改善品質」，或是「我帶來一批更專業的新經理人」。

堤尼里的描述方式是：他界定了必須完成的事的整體輪廓、說明他的預期，並自行吸收變革的成本與代價。組織的分權自治與中央指揮協調之間，總會產生某些緊張對立的狀態。爲了使企業轉變，堤尼里扭轉逆境的處理方式，至少有一段時間是強烈實行中央指揮與協調。

堤尼里對於第三階段行動的說明也相當耐人尋味。尤其他看出各環節之間的邏輯與時間之間的關連，決定把降低成本的行動擺在最後：

我們花了九個月時間致力於降低成本，這也是第三階段的唯一目標。這樣安排是爲了依建造出的機器類型降低成本。我們檢查每個零組件和生產過程的每個步驟，找出最大改善的做法，我們把兩個零件的生產外包出去，以往對外採購的一些工具和模具則改由內部生產。透過自製模具，機器的運轉速度變快了，也提升我們的產品對顧客的價值。機器的價格並未調降，但成本降低了。這需要專業的業務與工程團隊把這個訊息傳遞給顧客，這也是我把降低成本留在最後階段的另一個原因。

堤尼里的努力沒有白費，這個家族企業的獲利持續成長，成爲業界讚譽有佳的公司。環節系統出了問題的確可以改變，經過適當的調整還是能達到卓越的境界。但需要有洞察力才能看出限制這個系統的關鍵瓶頸，加上領導者願意吸收短期的損失以換取長遠的獲益。就堤尼里的公司來說，他自己擔負起變革成本，不計較每月每季檢討獲利，以最終期望達成的狀態爲指標，堅定地推動變革。

創造卓越

正如我們從堤尼里的機械公司知道的，要扭轉一個環節系統的劣勢，需要領導人直接的領導和規劃。相對的，妥善管理的環節系統所造就的卓越成績，是競爭對手難以複製的。

以宜家家居（IKEA）爲例，1943年該公司於瑞典成立，專門設計組裝家具，只用公司的產品型錄做廣告，透過自營的專門賣場銷售。這種超大型賣場大多位於市郊，才能容納眾多商品選項、提供顧客充足的停車位。賣場中以產品型錄取代銷售人力，扁平封裝的家具設計不僅節省運輸和庫存成本，也讓顧客可以自行取下庫存、購買後直接運送回家，無需等待廠商送貨到府。宜家家居大多數產品都是自行設計的，雖由承包商負責製造，但由自己管理全球的物流系統。

宜家家居的策略實現了各環節的有效協調，但這不算是商業機密。難道其他公司看不出宜家家居的策略，也無法複製其運作方式，甚至改善得更完美嗎？宜家家居能保持卓越且無人能出其右的唯一解釋，正是其策略建構在環節邏輯上。

相較於家具業中其他競爭者，宜家家居有效協調各環節，與同業的策略相比，是更具整合規劃的設計。傳統的家具零售商庫存量不高，家具製造業者則沒有自己的零售店；家具零售商並沒有自行設計家具，或用產品型錄取代銷售人員。

宜家家居能做到傳統業者所不能的原因，在於具備與眾不同的政策，且這些政策彼此協調一致；換言之，宜家家居的體系具有環節邏輯。若競爭者只採用其中一項政策，仍無法與宜家家居匹敵，反而只會增加開支。若要成爲宜家家居的競爭對手，微幅調整是不夠的，必須徹底重新開始，全面採用宜家家居的策略。這樣做就得放棄本身現有的業務，至今沒有人做得到。宜家家居成立並在家具業採用這種新策略迄今超過五十年，尚未有人能眞正複製它的做法。

宜家家居的這套政策能成爲持續具競爭優勢，必須擁有三大必備條件：

- 宜家家居必須以傑出的效率和效能執行每項核心活動。
- 這些核心活動是必須充分環環相扣，即使對手採用其中一項且執行良好，也無法奪走宜家家居的業務。換言之，傳統家具製造業者即使增加組裝家具這條產品線，或是傳統零售商增加產品型錄的銷售方式，也無法對宜家家居構成威脅。

• 這種環環相扣的活動會形成一種不尋常的群集，即便掌握某一環節的專業知識，也無法輕易精通另一環節的專業知識。因此，傳統家具零售商即使採用產品型錄銷售，仍必須精通設計、物流且建置大型零售店才能與宜家家居競爭，目前傳統家具業者並沒有任何具備這種綜合資源和能力的潛在競爭者。

宜家家居讓我們明白，建立持久的策略優勢時，有能力的領導者要能推動一連串互相影響、環環相扣的活動。這會增加策略的額外效益，讓競爭者更難模仿。特別有趣的是，創造卓越和陷入瓶頸兩者都是環節邏輯的展現。

像宜家家居這類卓越的範例，都是將一連串環節活動維持在高品質的狀態，因而每一環節都能受惠，他人也難以模仿。另一方面，當一連串環節的活動品質不佳，只改善一小部分活動的效益不大，反而使整個體系陷入瓶頸，一如2007年通用汽車的情況。堤尼里的成功證明了，要挽救陷入瓶頸的環節系統，強勢的領導人必須具備洞察力和毅力，並在每個環節上做必要的投資。

09

運用設計

「策略」一詞來自軍事領域，可惜人們長期耗費太多精力和時間在思考戰爭而非其他主題，以致於對非軍事的策略知識十分匱乏。商場上尤其需要策略，因爲公司間的主要競爭方式是向買方提案（可能是產品或服務），每家公司都試圖提出更具吸引力的條件。整個競爭過程更像舞蹈比賽而非軍事戰役。

商場無須使用炸彈摧毀對方的工廠，或屠殺彼此的員工；員工若要離職可提前通知雇主，但軍人必須服役期滿才能退役；員工不像軍人，不能指望他們挺身而出，犧牲生命保護公司。

戰場與商場影響的規模也截然不同，在雙方其他條件相當的情況下，人數龐大的軍隊在戰爭中就具有優勢；但商場上的勝敗取決於顧客對產品的偏好，企業規模反而是競爭成功的結果。我相信只要多留意上述注意事項，必能從軍事史學到基本的經驗教訓，進而更明智地競爭。

戰略之父

軍隊與支持軍隊的權力結構最早出現於青銅器時代，與複雜的城市社會並行發展。就在人們發現有組織的農業能帶來龐大的利益時，也發現經有效組織與協調的戰鬥行動能產生更大的效果。組織與領導得宜，普通人也能擊敗有技巧的勇士或一群隊伍。

戰略規劃最經典的案例、至今仍常被研究的，當屬漢尼拔（Hannibal）於西元前216年在坎尼（Cannae）擊敗羅馬軍隊的那場戰役。當時，羅馬共和國掌控義大利大部分的領土和城邦。位於現今突尼西亞的迦太基，則是腓尼基的城邦之一。坎尼戰役爆發前五十年，迦太基在與羅馬的戰爭中失敗，因而失去地中海南部地區的控制權。

爲了恢復迦太基的權勢與榮耀，漢尼拔率領一支軍隊到西班牙，通過高盧（現在的法國），再翻越阿爾卑斯山進入義大利，突襲義大利半島各城鎮，以此向羅馬爭取有利條件。

羅馬元老院對避免激戰的政策厭倦已極，便任命法羅（Varro）與帕魯斯（Paullus）爲執政官，並破例配置八個軍團迎戰漢尼拔。這場戰役發生在亞得里亞海岸坎尼堡壘廢墟附近的空曠平原。若要在現代地圖上找到大概的位置，大概位於靴型義大利半島腳踝處的蒙迪坎尼（Monte di Canne）。

8月2日清晨，八萬五千多名羅馬士兵與漢尼拔率領的五萬五千名士兵交戰。雙方的前鋒一字排開長達一英里，兩軍相距約半英里。漢尼拔將軍隊編成弧形，中間隆起的部分朝向羅馬軍隊，這部分軍力由西班牙和高盧士兵組成，多是被羅馬政權放逐的軍人，或漢尼拔從西班牙到義大利沿著波河行軍途中雇來的傭兵；弧形兩側則部署迦太基的精銳重兵。

當羅馬士兵向前與漢尼拔軍隊短兵相接，最先接觸的正是位於弧形中央的西班牙和高盧士兵。他們遵照漢尼拔的命令，不堅守前線，慢慢撤退。羅馬軍隊誤以爲這是勝利的開端，歡欣鼓舞地向前乘勝追擊。而漢尼拔安排在弧形兩側各長達一英里的騎兵依計畫疾馳移動，兩英里長的弧形迅速包抄，擊敗人數較少的羅馬軍隊。

當羅馬軍隊衝向迦太基軍隊的弧形中央時，原本朝外凸起的弧形中央開始往後移動，變成凹字型。在弧形兩側的騎兵仍守在原位。接著，在漢尼拔的信號示意下，兩側的騎兵隊開始增援中央，原本部署在中央的士兵也停止撤退，堅守陣線。然後位於兩側的重步兵開始移動，連成一線。這時羅馬軍隊已遭遇三面圍攻。最後，漢尼拔下令騎兵隊從羅馬軍團後方進行圍堵，形成完全包圍的局面。

漢尼拔運籌帷幄的戰術，不僅成功包圍羅馬軍隊，更讓羅馬軍隊的人數優勢毫無用武之地，反而因爲人數眾多而更顯擁擠，完全沒有揮舞兵器的空間。最後，羅馬軍隊遭到四面包夾，喪失軍隊陣式的連貫性與機動性。羅馬軍隊原本具備的人數優勢，卻因遭受包圍而擠在一起，讓優勢全然失效。

被擠迫在正中央的士兵無法動彈，只能無助地等死。然而，羅馬人並未投降或請求對方手下留情，結果造成史無前例的士兵陣亡。一天之內，至少有五萬名羅馬士兵喪生，遠超過美國內戰時最血腥的蓋茨堡戰役或索姆河戰役。漢尼拔的軍隊只有十分之一的士兵陣亡。陣亡的羅馬人還包括帕魯斯執政官、幾位前任執政官、四十八位軍隊指揮官和八十位羅馬元老。短短幾個鐘頭，由國民推選的羅馬共和領導人有四分之一在坎尼戰役中喪生。羅馬的重大挫敗，使義大利南部大多數城邦宣布投效漢尼拔，西西里島的希臘城邦和東邊的馬其頓也相繼倒戈。

設想以下的情境，便能了解當時羅馬的失敗有多麼嚴重：1944年隆美爾（Erwin Rommel）將軍率領的德國軍隊完全摧毀歐洲盟軍的勢力，四分之一的美國國會議員喪生，俄羅斯、北歐及東歐都轉而成爲德國的同盟。

坎尼戰役後，羅馬與漢尼拔繼續在義大利征戰十年，而漢尼拔獲得更多、更重大的勝利，從未在任何交戰中失敗。傳記作家道奇（Theodore Dodge）稱漢尼拔爲「戰略之父」，因爲經過漫長的戰爭，羅馬從漢尼拔帶來的慘痛教訓中學習，並逐漸精通策略。羅馬社會因而變得堅毅與軍事化，之後才能征服並主宰文明世界長達五百年。後來，西方世界各國反而得向羅馬學習策略。

◎

策略的概念有許多面向，有些在坎尼戰役中看不到。從這段歷史幾乎看不到長程的考量，或策略是如何制定的。至少從已知的歷史看來，這場戰役的整體規劃，是由漢尼拔制定且親自指揮執行。從羅馬史學家的觀點，漢尼拔的人品高尚，見過他的人都喜愛並仰慕他，連羅馬人也不例外。

除了這點，我們對他處理人際關係的能力與方法一無所知。他如何說服西班牙人和高盧人站在直接迎敵的弧形中央並假裝撤退？這些人可能會因此失去榮耀與生命。可惜，我們無從得知。

不過，我們確實可從坎尼戰役看到策略的三個重要面向：預先策劃、預期他人的行爲，以及有目的地規劃協調一致的行動。

預先策劃

坎尼戰役的戰略並非即興之作，而是經過事先設計和規劃。漢尼拔在與羅馬的長年交戰中，多次採用精心設計的戰略對抗羅馬。目前大家對預先規劃的指導方針與臨場隨機應變的即興做法，如何在策略中達到最佳平衡有不少激辯。然而，在策略中，指導方針永遠居於首位。而且，根據我們對策略的定義，即興做法並不是策略。

預期他人的行為

策略的一項基本元素是判斷或預期他人的行爲或想法。對坎尼戰役最簡單的解讀是，漢尼拔用兵包圍了羅馬軍隊；但這樣解讀並不夠完整，因爲羅馬軍團在平原上的機動性理應較強。事實上，羅馬軍團是被誘入凹字型陷阱才遭到包圍。這時羅馬軍團的機動性、勇氣和主動性等有利因素反倒成了不利因素。將羅馬士兵的陣式打亂並推擠在一起的陷阱之所以奏效，部分原因是羅馬軍隊積極回應造成的。

賽局理論中，通常會假設對手和自己一樣理性，但顯然漢尼拔並不這麼認爲。儘管每個羅馬人可能很理性，漢尼拔仍將羅馬軍隊視爲一個有著光榮歷史、傳統、教條和標準化訓練的整體，這個組織的領導人具有容易被辨識出來的動機和偏見。例如，執政官法羅的驕傲與急躁是眾所皆知的。

漢尼拔會知道這些事，是因爲迦太基人早在十年前就曾與羅馬交手，也逐漸了解羅馬的軍事系統。漢尼拔出身軍人家庭、受過高等教育，曾用希臘文和迦太基文撰寫數本書。此外，漢尼拔能成功預測羅馬人在坎尼戰役的行爲，部分源自他的刻意設計：他在開戰前一晚突襲法羅的軍營，使這位執政官顏面盡失，必然會刺激法羅採取立即的戰鬥行動。最後，使羅馬人的行爲變得可預期，是因爲這場戰役的發展迅速，羅馬軍隊沒有時間研究情勢，更無法從教訓中學習並調整戰術。

設計協調一致的行動

漢尼拔的坎尼戰役策略是時空協調與精心安排的敏捷行動，令人歎爲觀止。在西元前216年時，軍事成功的基本公式非常簡單：只要維持軍隊陣式、嚴守紀律，以及防止軍隊驚慌四散。因此，當羅馬軍隊看到敵方撤退，便誤以爲大獲全勝，沒有人料到漢尼拔竟能說服好戰的高盧人和西班牙人佯裝失敗撤退。再加上，遠古戰鬥的標準模式是騎兵在征服敵方的騎兵後，便開始追逐四散的士兵和騎兵。羅馬軍隊完全沒料到敵人會形成新陣式，攻擊他們的步兵主力。

迦太基軍隊的每個單位雖然各自獨立，卻能按照核心規劃團結一致地行動，他們執行這一連串複雜動作時的紀律和能力，令人驚訝。在漢尼拔之前，軍隊從未執行過如此精心安排的複雜動作。

人們常說策略是一種選擇或決定。「選擇」和「決定」會讓人聯想到某人面對一連串的選項，然後選擇其中之一。事實上，正式的決策理論已具體說明，如何藉確認行動選項、計算可能的結果和評估事件發生的機率來選擇。但是，決策理論的問題在於，這種過程幾乎無法減輕領導人的負擔，因爲在多數情況下，領導人極少有確切的選項可供選擇。

就上述案例來說，漢尼拔並沒有下屬向他簡報有哪四個選項；而是漢尼拔面對難題， 自己設計出新穎的回應。如今，許多有效的策略都和當時一樣，是特意設計出來的，而不是評估各種選項後的決定。在這些案例中，規劃策略如同設計高性能的飛機，而不是選擇購買哪一款堆高機，或是要興建多大的工廠。當有人說「經理人是決策制定者」時，他們說的經理絕非策略大師，因爲策略大師應該是策略設計師，不是決策者。

整體與部分

商業策略或企業策略處理的是大規模的設計問題，挑戰愈大或追求愈高的績效，就必須考量更多交互作用。試想爲何BMW 3系列有「極致的駕馭機器」之稱？該車系的底盤、方向盤系統、懸吊設計、引擎，以及液壓和電控等勢必要互相協調配合，才能發揮極致效能。你可以購買現成的高級汽車零件拼裝出一輛車，但欠缺這種完美的協調，這輛車仍稱不上「極致的駕馭機器」。

這也指出，仔細協調各部分並形成一個整體，就會產生極大收益。

設想一個女孩駕駛著BMW在洛杉磯的「天使之冠」公路（Angeles Crest Highway）上奔馳，請注意看她臉上的表情變化，想像她對這輛車滿不滿意。現在，我們開始改變這輛車的設計。

先把這輛車設計得更大、更重、更安靜、稍微降低靈敏度，但提高馬力；接著，再把車輛設計得更輕、更快速、更敏感。這樣做，勢必得更動底盤、引擎重量和扭力、懸吊系統和方向系統等零件。如此一來，行駛時車輛較不會搖晃且與路面更緊密咬合，方向盤也能提供駕駛更多觸覺回饋。

現在調整底盤，使它更穩定，以減緩縱向扭轉，並將前懸吊系統調鬆，增強避震效果。改變四、五十個具特定作用的因素，你最後會找到一個能展現汽車最佳性能的最佳結合點。女孩這時一定會露出滿意的微笑，喜歡上這輛車。

不過，只提高性能還不夠，她的駕駛滿意度還取決於車價，因此我們將成本因素納入設計考量中，專注在每一塊錢能換取的最高滿意度上。這時就必須考量更多的相互作用，才能找到贏得她最大笑容的最佳結合點。我們無法羅列所有可能性，那會太過複雜，但可以努力創造一個最佳配置。

更精密的思考是，運用廣告和經銷商打造出華麗炫耀的品牌形象與知名度，她也會因購買了頂級名車而產生較高的滿意度；還應該考慮她的購買經驗，與這輛車的預期可靠性和轉賣價值。調整的因素愈多，要考量的交互作用就愈多。接著，當然還要考量其他人喜好的車款和收入，如此一來，情況就會更爲複雜，產生更多交互作用。

這個過程中最困難的還是設計，爲了讓顧客所花的每一塊錢都能換來滿意的笑容，我們只採取設計觀點。除了考慮生產和配銷，我們目前的策略是要將車輛調整到最能取悅顧客的狀況，而不是爲了參與競爭。要參與競爭，就得再擴展視野，把其他汽車公司也納入考量。

現在你要尋求的是具競爭力的最佳結合點，你必須調整策略的設計，使每一塊錢能創造出更多駕駛滿意度，而不是考慮競爭對手的產品能帶給她的喜悅程度。這時駕駛可能不是我們最初想像的那個女孩，因爲其他公司或許可以輕易滿足她的需求，所以這時的關鍵議題是確認「我們的顧客是誰」，也就是鎖定目標市場，才能發揮差異化的優勢。

競爭策略需要精心設計，也需要考慮更多參數和不同參數間的交互作用。在制定競爭策略時，需要考慮的新因素是競爭對手的產品和策略。你將聚焦在你或你的公司比其他人做得更有效率的部分。爲了參與競爭，往往使你聚焦在少數車款、生產裝配和顧客。

我用「設計」而非「計畫」或「選擇」來描述策略，是因爲我想強調策略制定流程中有許多不同的因素必須安排、調整及協調，可能因組合正確而產生重大獲利，也可能因組合錯誤而導致巨額的支出。好策略能協調跨部門的各種指導方針，並聚焦在最具競爭力的行動上。

◎

我初次發現策略的設計原則是大學畢業後，在噴射推進器實驗室擔任系統工程師時。那眞是我夢寐以求的工作，內容是做木星任務的概念設計，這個專案後來被命名爲「旅行者」（Voyager）。

噴射推進器實驗室主要是研發太空船的通訊、電源、結構、姿態控制[1]、計算及定序等子系統。太空船的整體結構，和設法協調不同的子系統規格，全部都是系統工程師的工作。

我們的基本限制是探測器的重量。我們期望泰坦3C（Titan IIIC）火箭能搭載重量約一千二百磅的探測器到木星軌道上。如果我們可以使用載運量較大的土星1B（Saturn 1B）火箭，就可以考慮設計三千磅的太空船。我用一年多的時間繪製出兩份設計圖，各依不同的重量限制做出不同的配置。

如果太空船重量限制在三千磅，設計工作就會容易許多，基本上只要把眾所周知的子系統拴在一起即可，因爲設計難度較低，各部門也幾乎無須費力協調；如果將太空船重量限定在一千二百磅，一切就變得較爲困難，各子系統的協調與否扮演重要的角色。

系統設計的大部分工作都在解決交互作用或權衡輕重得失。當你試圖將某部分最佳化，另一部分就會出現問題。由於整體重量的限制，我們必須做通盤考量、權衡每個要素。例如，若減少放射性熱能單位的重量，就意謂無線電的電功率變小，必須限定在三十五瓦左右；要彌補這一點，我們試著調整碟型天線，使它更精確地指向地球。這又意謂需要更好的感應器、更複雜的控制邏輯，以及更多姿態控制所需的燃料。如果在更長的機械手臂上放入放射性熱能的裝置，來減少太空船防護盾的重量，機械手臂就會搖晃不穩，使導航更加困難。

系統的每個部分都必須再做考量，以符合系統其他部分的需求；我們做了許多工作，才能創造一個巧妙配置，避免浪費和重複。舉例來說，如果單一設備能執行多項功能，便可節省重量。像是同時當作抵擋太陽熱力與微小隕石撞擊的防護盾，也可以做爲推進器的容器。同樣的，我們試圖透過巧妙的時間控制來運作，減緩子系統間彼此競爭電力需求。

我在加州大學柏克萊分校工學院就讀時，從未學過這類設計和規劃該從何思考，我學的是如何建立數學模型系統，然後將某些部分減到最小，例如，成本或最小平方差。但是，在噴射推進器實驗室的工作不同，我必須思考所有子系統及可能產生的交互作用，並牢記在心，才能想像出有效的配置。這眞的很困難，當時我並未體認到自己其實已經在學習策略的內涵了。

在初步研究十四年後，旅行者一號（Voyager 1）發射了。重量爲一千五百八十八磅——比原先限制的一千二百磅還重，這是因爲改良了泰坦3C運載火箭。旅行者一號爲木星和土星拍攝照片並進行測量，這個任務計畫巧妙運用精確的電視攝影機，回傳以

1 姿態控制（attitude control）可使太空船定向，以便讓太陽能面板（如果有的話）朝向太陽、天線朝著地球，並使攝影機和科學儀器對準目標。

星辰爲背景的木星衛星照片來協助導航。旅行者一號目前距離太陽七十八億英里，已經越過太陽系邊緣並持續運行中。後來旅行者二號（Voyager 2）雖然飛行速度較慢，也已成功造訪了木星、土星、天王星及海王星。

權衡

噴射推進器實驗室的系統工程工作，讓我體會到績效是能力與嚴密規劃的共同成果。尤其是特定的既有能力，如火箭有效承載重量或電源效率等，加上精密整合的零件與子系統，可讓整體系統產生更佳表現。另一方面，若能改善能力（技術），所需的系統整合度就可降低。換言之，更強大的火箭推進器或較輕的零組件，讓我們得以花費較少心力在整合系統上，仍能符合重量限制。這種規劃的權衡思考，構成我主要的策略觀點：

> 設計型策略是一種資源與行動的巧妙配置，能在困境中創造優勢。假設已有一套有限的資源，競爭的挑戰愈大，就愈需要巧妙而精密地整合資源與行動。假設挑戰的程度已知，更高品質的資源便能減少資源與行動嚴密整合的需求。

這些準則意味，資源和嚴密的協調可在一定程度上相互替代。如果組織只有少量資源，便需要巧妙而嚴密的整合才能面對挑戰；相反的，如果組織擁有豐厚資源，嚴密整合的必要性就沒有那麼迫切。換言之，挑戰愈大，愈需要協調一致的設計型策略。

這些準則還暗示，嚴密的整合是需要付出相當代價的；換言之，對機器設計或事業規劃，不必總是尋求協調整合程度最高的方案。愈嚴密整合的規劃愈難制定，其聚焦範圍較狹隘、使用起來更脆弱，也較無應變彈性。

例如，一級方程式賽車便是經過嚴密整合的設計，在賽車跑道上的速度比速霸陸（Subaru）Forester快；但是，整合程度較不嚴密的速霸陸Forester用途卻更廣。當競爭的挑戰非常高時，或許有必要承擔這些成本，設計出一個嚴密整合的回應方案；一般情況下，如果挑戰性較低，最好減少專業性和整合度，才能適用於更廣大的市場。

企業的興衰

公司購買小型卡車、辦公室設備、立式銑床和化學加工設備，還租用倉庫、雇用大量高中或大學畢業生、律師和會計師——這些投資通常都不算**策略資源**。這些資產與服務通常無法為企業帶來競爭優勢，因為競爭對手也能用相同條件取得。策略資源是一種持久財，是長期逐漸建構、發展、設計的，或是公司的重大發現。競爭對手必須蒙受慘痛的虧損，否則就無法複製策略資源。

高品質的策略資源能夠產生強大的競爭優勢，也能簡化制定好策略的難度。全錄（Xerox）的普通紙複印專利就是一個好例子。在1950年代中期前，這些專利堅如磐石，購買者也願意支付

3千美元或更高的價格，購買一台生產成本大約只需7百美元的全錄影印機。由於這種巨大且受保護的競爭優勢，全錄當然採取自行生產與銷售影印機的做法。

全錄建造工廠、生產普通紙影印機，並建構銷售服務網絡。傳統的濕式影印公司根本無法與之抗衡。全錄制定一些名爲「策略計畫」的文件，但其實只是一堆財務計畫；全錄面臨的挑戰很小，也不太需要設計型策略，因爲它掌握了重大的資源優勢，因爲專利是一種可阻絕市場競爭的獨特資源。而且對購買者而言，產品價值遠超過其製造成本。

資源與協調活動之間的關係，類似資本與勞工的關係。建造一座水壩需要許多勞工，但水壩建成後即可使用很久，有很長一段時間不需要勞工。同樣的，全錄的強大資源優勢（公司在普通紙影印的知識與專利），便是其多年累積智慧、聚焦、協調和創意活動的成果。這種資源就像水壩，一旦鞏固資源優勢，便可屹立多年。有位全錄高階經理人曾在1977年告訴我：「工廠用生產成本兩倍的移轉價格，把機器銷售給業務部。業務部再以兩倍或三倍的移轉價格賣給顧客。」

因此，強大的資源優勢可以減少對複雜設計型策略的需求。但是，如果只具備中等資源——或許是一個新產品構想或顧客關係，便需要以既有資源爲中心，創造一個合理又連貫的策略。我們歷年來研究過的好策略，起初都沒什麼策略資源，通常是透過及時和跨部門協調各種行動才取得最佳結果。

伴隨強力資源而來的危險在於，企業不需謹慎、不間斷地從事策略工作，便能輕易獲致成功。若擁有普通紙影印專利、賀喜（Hershey's）的品牌、微軟Windows作業系統的特許經銷授權，或是立普妥（Lipitor）降血脂藥的專利，不論採取怎樣的商業邏輯便能持續獲利好幾年。當然，這要歸功於發明這些策略資源的天才，因此後續即使沒有這些人才，公司仍可從這些資源持續獲利好一段時間。

既有資源可以爲創造新資源發揮槓桿作用，但也可能是創新的阻礙。具備優勢地位的公司必須不時汰換舊有資源，一如必須汰換老舊機器般；然而，策略資源深植於企業的組織結構中，多數公司都覺得難以拋棄。舉例來說，全錄設立一流的快速回應維修與保養系統，服務既有的廣大影印機顧客，便是利用最初的資源——普通紙影印專利，來創造新的策略資源。

但是，這個服務系統的價值僅在維持這些常發生故障的出租機器運作。可降低卡紙率的特製全錄品牌普通紙，才是有利可圖的互補性業務。全錄接著應該要發展一流的機器送紙技術，如此一來，或許全錄就能及早在個人影印機、印表機、傳眞機等業務，搶得有利位置，這又會直接降低全錄服務維修系統的價值。最後，全錄滿足於現有成就，以專業的維修服務系統爲策略資源，在試圖進入電腦業務失敗後，佳能（Canon）、柯達（Kodak）與IBM反而先開發出更卓越的機器送紙技術。

企業若具備強大的資源優勢，便能輕易產生利潤，但懶惰是人的天性，儘管豐厚的獲利顯然是長久耕耘的結果，人的天性卻會將獲利與近期行動聯想在一起。當利潤滾滾而來，領導者會洋洋自得地認爲應歸功於他們的行動成果。接著，坊間會有書籍大肆建議其他公司立即採納這家成功企業的穿著要求、休假制度、意見箱政策，以及分配停車空間的方法。這些關聯其實似是而非，如果成功單純源於目前行動與目前成就，策略制定勢必容易許多。但是，如此一來，策略工作也會少了很多趣味。正由於目前成就與目前行動的脫勾，企業成功的原因才會如此難以分析，又值得去做。

成功會導致組織鬆懈與自滿，進而走向衰敗式微，極少組織能避免這種悲劇的興衰弧線。然而，正是這種可預測的發展軌跡，爲策略開啓機會之窗。要有效看清設計型策略，通常不必須關注這些成功多時的企業，反而要走近觀察有效搶占市場的新秀，你會發現它們有一套巧妙又密切整合的行動和政策。

例如，儘管全錄握有專利，佳能卻能跳脫更快速、更高容量的大型影印機思維，以可靠的桌上型影印機創造出全新的商業模式；新興的微軟超越IBM；百貨零售業的新秀沃爾瑪擊敗凱瑪；年輕的戴爾搶走惠普、康柏和IBM的業務；後起的聯邦快遞（FedEx）改寫傳統的航空快遞服務；企業租車（Enterprise Rent-A-car）有效以新商業模式與赫茲（Hertz）、艾維士（Avis）等租車公司競爭；輝達出人意料的竄起，奪走英特爾的圖形晶片市場主導地位；Google重新界定搜尋業務的做法、搶盡微軟與雅虎（Yahoo!）的風頭！從上述每個例子，都能看到後起之秀擁有嚴密協調的競爭策略。

出於對不朽的渴望，我們希望這些策略新秀的成功能永久持續，就像逐漸老去的商人瘋狂追求持久的競爭優勢一般。但是，當初讓這些新秀有可乘之機的組織惰性，在這些新秀取得優勢後也同樣存在。組織的嚴密整合程度會逐漸鬆散，開始仰賴以往累積的資源，減少巧妙的業務規劃。企業如果仰賴以往的資源帶來獲利，將像原來那樣把握嚴密整合的準則，任由內部各項事業獨立發展、增加許多產品和專案，最後變得無法整合。

面臨成長趨緩時，往往會透過企業購併創造組織年輕活力的表象，等到企業的固有資源基礎過時，終將成爲新一波後起之秀的獵物，這就是企業的生命週期。

這件事給我們的教訓是，我們應該學習新秀早期征服老企業的設計型策略，而非成熟公司的裝腔作勢。研究蓋茲如何在1980年代中期智取巨人IBM，或紐科鋼鐵（Nucor）如何成爲沒落鋼鐵產業的領導者，便能學習到設計型策略。研究當今的微軟，會發現這家成熟的大公司其實是靠著過去的戰果和既有的基礎獲利，但內部有很多計畫與標準充滿了許多衝突，就像1985年時的IBM。

撥亂反正

在美國重型卡車業中，有一家企業的策略在設計過程中做了很好的協調，是好策略的範例。在重型卡車業中，戴姆勒集團（Daimler）的市占率最高（38%），主要是因爲該集團在1977年購併福特虧損的重型卡車業務。第二大製造商是帕卡（Paccar，占25%），富豪（20%）位居第三，接著是航星（Navistar，占

16%）。在這個成長緩慢、成熟且競爭激烈的產業中，帕卡的表現穩健亮眼，過去二十年來股東權益報酬率平均爲16%，競爭對手卻只有12%左右。更重要的是，儘管產業需求起伏波動很大，帕卡依然有顯著穩定的獲利。從1939年開始從未虧損，即使2008至2009年遇上景氣衰退，該公司仍然持續獲利。

帕卡的策略驅動因素是高品質的性能，旗下的肯沃斯（Kenworth）和彼得比爾特（Peterbilt）品牌被公認爲北美最高品質的卡車品牌。帕卡的重型卡車和服務更榮獲汽車市場調查機構J. D. Power的獎項。儘管帕卡卡車的售價較高，仍能維持強大的市場地位。

如何以高價銷售卡車？道理很簡單，卡車必須行駛順暢、使用壽命更長，車主的使用成本就能降低。卡車運輸業者在制定採購決策時，特別重視燃料費與里程數的合理比例，因爲卡車運輸業者的變動成本主要是汽油成本和薪資。如果以11萬美元購買一輛2008年出廠的肯沃斯T2000型重型卡車，行駛十二萬五千英里，每年可能得額外支出11萬5千美元的汽油成本、維修費和保險費等營運支出，還不包括薪資和福利。因此，肯沃斯三十年前便根據空氣動力學研發低阻力的卡車駕駛室，降低燃料成本。

要維持高品質的領導地位並不容易，主要有三大障礙。第一，除非卡車已實際上路多年，否則沒有客戶相信你的卡車比別人的使用年限更長，這是需要長時間才能建立的聲譽，但要失去也會很快。第二，高品質的機器並非看書自學就能設計出來，而是需要設計師之間長年相互學習，加上公司提供優秀工業設計師良好而穩定的工作環境，才能累積這些智慧。第三，即使有明確的數字佐證，仍舊很難說服購買者爲了日後能賺錢，先支付高價買車。人們通常不願爲了長期利益而犧牲短期利益；一般人的眼光往往比經濟理論所說的更短視。

帕卡的設計型策略，就是要排除這三大障礙，成爲高品質領導者。策略的第一個要素是調整對汽車品質的標準，以自有車駕駛的觀點來檢視品質，不再單從營運成本的角度來看。爲了增加收入，自有車駕駛往往激勵自己更辛勤工作，一天至少駕駛十六小時；他們雖然在乎效率，也在乎每英里營業成本以外的因素，因爲卡車就是他們在公路上的家、辦公室、休息室和看電視的地方。

此外，帕卡公司將駕駛原本就讚譽有佳的典型美式風格——如哈雷機車（Harley-Davidson）——融入卡車設計中，甚至連內裝都增添如凌志（Lexus）汽車的質感。當駕駛購買肯沃斯或彼得比爾特卡車時，有經驗的經銷商會用電腦3D圖展示數百種客製化選擇。帕卡爲顧客量身訂製卡車，維持低庫存，並使用供應商網絡取得主要的零組件。同時，帕卡卡車的設計過程盡量採用相同的零件。

然而，經營卡車車隊的老闆並不太在乎駕駛座的氣氛，而在乎卡車駕駛的流動率與閒置時間。車隊經理發現，若兩位駕駛共用一輛卡車，即可將閒置時間減半，甚至減至更少。這表示當其中一位駕駛開車時，另一位就能在臥鋪休息，如此又不得不考慮卡車駕駛重視的舒適議題。再加上，當卡車駕駛在休息站碰面時，卡車車主（也就是卡車駕駛的雇主）的地位較高，他的意見也最重要。帕卡的定位十分巧妙，在於儘管車隊業者比卡車駕駛更注重每英里的成本，但駕駛的偏好也會影響車主的決策，許多駕駛喜歡帕卡生產的卡車，因此車隊業者也連帶受到影響，而偏好帕卡的卡車。

帕卡的策略基礎在於長期並連貫地做好一件事。如此一來，就創造出對手難以複製的資源，包括帕卡的形象、富經驗的經銷商網絡、忠誠的顧客，以及工程師與設計師的專業知識。如此的地位和逐漸建構的資源，並非其他沉迷於股市、意圖在十二個月後大發利市的公司所能超越的。

彈性生產雖然使帕卡公司的變動成本高於競爭對手，卻讓設計師和工程師覺得很穩定。此外，較高的利潤也創造出忠誠與更專注的經銷商網絡。這個做法能行得通，部分原因在於重型卡車業不是一個能吸引外部大規模創新投資的高成長產業。若想要直接攻擊，對手必須創造新品牌和新設計，甚至還必須與一群新經銷商簽約，但這個市場並沒有大到足以保證投資能回收。

帕卡的策略規劃具體表現在和公司定位一致的行動上。帕卡不生產小型卡車，只生產重型卡車。在重型卡車市場區隔中，也不生產廉價的經濟型卡車。公司的經銷商、設計師和工程師持續以產品和購買者爲重心。因爲帕卡不是採多元化經營，設計工作室、生產部門和高階主管辦公室的所有談話和知識，只關注重型卡車和重型卡車駕駛，他們不需要聘請顧問公司協助辨識核心競爭力或目標客層。

帕卡策略中的多種要素並不是一般目標——這些要素的設計互相配合，構成一個專業化的整體。試想，哪家卡車製造公司是用好幾家卡車公司的各種零件組裝出來的，類似科學怪人的怪獸卡車公司那樣，便能了解帕卡擁有非常明確的策略規劃。如果帕卡設計中價位的卡車，卻以車隊買家為目標，經銷商必須面對挑剔的自有駕駛，設計工程師也被訓練成大砍成本的高手，這些做法都無法持久。好策略是精心設計出來的，設計就是要讓每一部分協調一致，才能成為連貫的整體並發揮作用。

帕卡的策略並無神奇之處，而是經典的「掌握制高點」，造成易守難攻的定位優勢。只要該產業的經濟或購買者行為沒有重大變化，這樣的防守性的經營結構或許可長久維持。重型卡車產業的競爭十分激烈，帕卡必須在市場上推出新特色和新車款、致力改善品質、降低成本，並維持靈活性。然而，好策略會跳脫這些議題，更重視根本問題。

由此觀點看來，該公司的威脅並非特定新產品或競爭對手的舉動，而是能破壞其策略設計邏輯的變革。舉例來說，如果北美自由貿易協定（NAFTA）大肆慫恿運輸業者多採用墨西哥卡車，少用美國自有車駕駛，帕卡的優勢便會面臨危機。同樣的，將新型先進的電腦引薦給經銷商或許是必要的，但是，經銷商掌握知識和專業的重要性就會被削弱。

10

聚焦

在一個晴朗的4月早晨，我有一堂EMBA的課。教室裡幾位同學已經就座，正在上網、看報紙或研讀個案。這天我們要在課堂上討論皇冠製罐公司（Crown Cork & Seal）的案例。這是我們研究的個案中，歷史最悠久的，資料已多次更新，我們打算探討從公司創立到1989年爲止的這段期間。

這一堂課的目的不是教導同學如何經營製罐公司或擬定策略，主要想：1.引導他們**辨識**一家公司的策略；2.強化他們分析質性資訊的技能；3.結合政策與定位探索何爲**聚焦**。

皇冠製罐的策略是康納利（John F. Connelly）於1960年代初期規劃，他的嚴格管理已成爲美國商業界的傳奇。該公司曾是富達（Fidelity）麥哲倫基金（Magellan Fund）傳奇基金經理人彼得・林區（Peter Lynch）的最愛。儘管這個產業競爭激烈，皇冠製罐依然績效卓越，超過三十五年持續締造驚人的獲利紀錄，股東每年平均報酬率高達19%。

皇冠製罐公司的經營祕訣是什麼？這個案例重述了一個傳統智慧——皇冠製罐公司專精於生產汽水罐和噴霧劑等裝罐難度高的容器。當然，這種描述難以說明皇冠的競爭手法。無疑的，大多數分析家對該公司的策略描述和分析都僅止於此，不再探究策略的其他方向。一般人通常也不願繼續深入了解，因爲缺乏系統性的資料，分析起來既困難又耗時，還需要淵博的知識及完善的邏輯推論與歸納技巧。我在這堂課的一開始，說明兩種分析結果之間的可預知差異，一種是這群同學的分析結果，另一種則是投注更多努力可以達到的分析結果。

我說：「今天主要講述的是策略辨識。檢視競爭環境最有助於辨識一家公司的策略，也就是觀察主要競爭對手的謀生之道。首先來看三大瓶罐製造公司：大陸製罐（Continental Can）、全國製罐（National Can）及美國製罐（American Can）。這個案例中說，大多數的飲料公司至少會有兩家瓶罐供應商，瓶罐製造商通常會設廠供應特定顧客的需求。」

我在白板上畫了一個簡圖，說明每家飲料公司可能都有兩家主要的瓶罐供應商。圖中間的方框寫著「美樂啤酒」（Miller Brewing），旁邊畫兩個圓圈代表兩家瓶罐供應商。

我指著圖說：「即使沒有產業經濟學的博士學位，也能看出這是很糟糕的產業結構。兩家鄰近的瓶罐廠商必須直接競爭，他們的產品也沒有區別。還有，持續的威脅是買家可能直接買下一條瓶罐生產線自行製造。那麼，為什麼還有公司願意在如此艱困的環境中繼續投資呢？」

班上同學在討論後得出一個結論：瓶罐生產大廠是基於長期生產運作的利益考量；如果要生產其他類型的產品，變更生產線設備的成本十分龐大。同學們也注意到主要的瓶罐生產公司利潤微薄，資產報酬率只有4%至5%。

我說：「這是一個低報酬、不易經營的產業，但皇冠製罐卻能產生驚人的績效和利潤，傲視群雄。皇冠製罐的獲利平均至少比同業高出五到六成，這是因爲採取了一些正確的做法，我稱之爲**策略**。」

「皇冠製罐公司的策略是什麼？」我問。

從事房地產開發的塔德表示：「皇冠製罐是一家低成本製造商。瓶罐沒有差異性，要賺更多的錢就必須降低成本。如果工廠全天候運作，不但可以降低成本，還能與顧客保持密切的聯繫。」

塔德的論點大錯特錯，因爲皇冠製罐的單位成本比競爭對手更高，而不是更低。我沒說什麼，只是在白板寫下「低成本製造商」。

在娛樂產業擔任主管的馬汀說：「皇冠製罐擅長包裝不易處理的噴霧劑產品和碳酸飲料產品。它的客服做得很棒，不但提供技術協助給客戶，並且回應迅速。顯然執行長康納利很樂意儘快協助客戶解決問題。」

「說得好，馬汀，這正是這個案例的重點。有一段標題就是『康納利的策略』，描述該公司致力於噴霧劑和汽水等不易處理產品的容器，也提到該公司重視客服和技術協助。」

「好吧，討論結束。」我一邊說，一邊收拾筆記。「我們可以下課了，除非有人對這種官方說法還有疑問。」

這時坐在前排的梅麗莎緩緩搖頭。我鮮少聽見她發言，不想強迫她開口，只朝她問道：「梅麗莎？」

這時她看著馬汀並且詢問：「嗯，我認爲把汽水裝罐不是什麼了不起的技術，皇冠製罐並非唯一辦得到的公司，爲什麼能變成高獲利的事業？」

我讚許地點頭，並放下筆記。梅麗莎跨出了關鍵性的一步；她質疑馬汀和傳統觀點，更注意到特殊裝罐技術未必困難。

我說：「現在假設《財星》雜誌、哈佛商學院個案作家和證券分析師都說皇冠製罐的策略是聚焦在不易處理的汽水和噴霧劑產品的容器包裝。假設我們執意自行分析並熱中於策略工作，就必須自己做分析。策略未必是執行長的意圖或高階經理人說了就算，有時他們會隱瞞眞相或說錯，有時他們雖身居領導者的地位，卻完全不清楚公司爲什麼能成功。」

「如果不願全盤接受他人的意見，我們該如何獨立辨識一家公司的策略？我們可以仔細查看這家公司的每項政策，特別注意它們的做法和產業標準有何不同，嘗試釐清這些特有政策的共同目標，也就是這些協調政策所要完成的任務。」我在馬汀所說的「技術協助」和「迅速回應」兩項上方寫下「政策」，並在右邊加畫一欄「目標」。

政策	目標
技術協助	
迅速回應	

每個人都會注意到皇冠製罐著重技術協助和迅速回應，也和馬汀一樣認爲這些政策是該公司對客戶的「貼心之舉」，卻忽略並非所有客戶都有這種需求或是能從中受益。接著，我們需要釐清皇冠製罐的策略重心。

我說：「我們從技術協助開始討論。梅麗莎指出，汽水裝罐的技術不像原子科學那麼困難，那麼，哪一種客戶會需要製罐廠商的技術協助？」我的提問讓眾人一臉茫然。我曾經講授過如何處理這類看似抽象的問題，第一個要訣就是用具體範例來說明。我等了一會兒，再舉出具體事例。「那麼酷爾斯（Coors）需要製罐公司的技術協助嗎？」這招果然奏效，馬上有人舉手。

雷薩是個航太工程師，常常有相當精闢的見解。他說：「大型啤酒公司或許可以傳授製罐廠商一、兩項技巧，實際上正是酷爾斯想出兩片式鋁罐處理技術[1]。需要技術協助的是小型企業，因爲它們沒有大量技術人員，也欠缺自行裝罐的經驗。」

「很好。」我說，並在「技術協助」列、「目標」欄的下方寫下「小型企業」。「那麼，迅速回應政策是否也要聚焦在小型企業呢？」

雷薩說：「當然，因爲小型企業的需求可能較不穩定，規劃

1 先將罐底與罐筒由一金屬片沖壓為一體成形的罐體，再將易開的罐蓋封在罐體上的技術。

也可能較不完善。」

雷薩的第二個答案回答得很快但不謹慎。這是人的天性，在面對沒有確切答案的問題時，會立即說出浮現在腦海中第一個看似合理的答案，一如人在洶湧的海上漂流會馬上抓住自己看到的第一個救生圈一樣。但是，分析的訓練並非就此打住，還必須提出證據來測試直覺答案的合理性。雷薩的回答只和部分事實相符，而非全部。這回我沒有在白板寫下任何字。

這時大家都顯得有些不安。接著，有位同學說：「也許目標是季節性產品生產者。」我往白板挪近了些，然後另一個同學說：「是新產品嗎？」我拿著白板筆，站在白板前說：「比平常更炎熱的夏天、新產品——這代表什麼呢？」幾個同學異口同聲說出：「緊急訂單！」我在「迅速回應」列、「目標」欄下方寫下「緊急訂單」。

我說：「很好，我們有進展了。技術協助政策似乎是以小型企業爲目標，而迅速回應政策似乎是鎖定緊急訂單這個目標，但這兩個目標不一致，我們再看看其他的政策。」我在左欄下方加上「製造」二字。

這個個案的製造政策資料很分散，需要一點時間才能理出以下要點：皇冠製罐的工廠規模比競爭對手小；皇冠製罐的工廠都不是企業專屬，每家工廠至少有兩個客戶；皇冠製罐設有額外的生產線可以處理特別訂單。

擔任私募股權分析師的大衛，在課堂上使用電子試算表協助釐清這些意涵。「和這些大廠相比，皇冠製罐的工廠較小，但擁有更多客戶，所以皇冠製罐爲每個客戶生產的瓶罐產量一定比大廠低很多。再加上皇冠製罐每家工廠的營收較高，瓶罐單價應該比大廠高——或許高出四到五成。」

我在「目標」欄寫下「速度」和「每位客戶的產量較低」。

接著就是綜合觀察的時候。我指著白板上「政策」、「目標」這一列問道：「根據這些資料來看，皇冠製罐公司的策略焦點是什麼？」同學們已分析出每個細項，但我要他們把所有細項與產業的經濟基礎結合。這並不容易了解，我也沒有期望他們能立即做到，於是我繼續提示：「小型企業、緊急訂單、速度、每位客戶的產量較低、單價較高，這些細項有什麼共通點？」

我等了大約二十秒，全班安靜無聲。我又問：「是什麼因素驅動這些大廠願意成爲企業的專屬生產者？」這個最後的線索奏效了。

身爲創業者的茱莉亞開口回答：「皇冠製罐採取短期運作。大廠長期生產標準品項，以免設備轉換的成本昂貴；但皇冠製罐相反，它聚焦在較短期的運作。」

我對她的答案大表讚許，並畫個大圓把「目標」欄裡的小型企業、緊急訂單、每位客戶的產量較低圈起來，標記爲「較短期的運作」，並寫上「茱莉亞」，因爲這是由她歸納出來的見解。

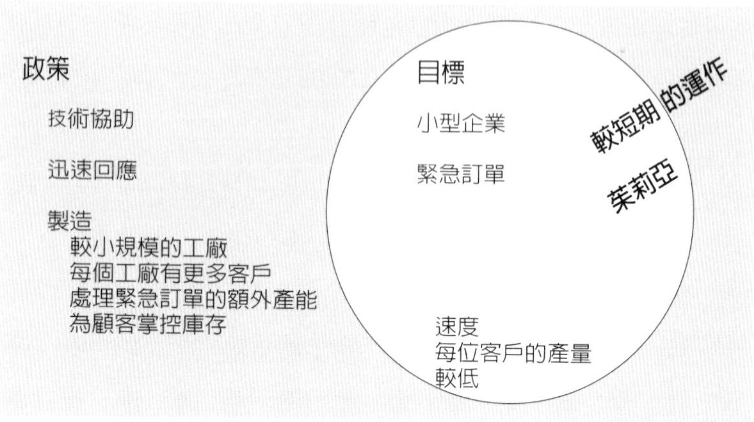

「較短期的運作」讓皇冠製罐聚焦在這個產業面臨的本質問題，就是轉換不同產品對瓶罐生產線而言成本太高，甚至必須另外印製瓶罐標籤。「因此我們發現，皇冠製罐除了集中生產噴霧劑和汽水的容器，也聚焦在**較短期的運作**模式，主要是因爲顧客是小型企業、產品較新穎、量少但高價值的產品、季節性的緊急訂單，或沒有預期到的需求等。」

我們用皇冠製罐的其他政策來檢驗這個想法後，我又回到成本的議題。現在大家都能了解較短期的運作代表轉換更加頻繁。而且皇冠製罐的超額產能、大量技術協助、迅速回應等政策都會讓成本增加，而非降低。換言之，皇冠製罐若要聚焦在較短期的運作模式，勢必要以較高的價格來平衡較高的單位生產成本。

我說：「如果採取聚焦策略永遠能帶來更大的獲利，那就太好了，但事實並非如此。現在我們要釐清爲何這些因素能讓皇冠製罐賺取較高的利潤。」

我在白板上畫一個圓代表皇冠製罐公司，然後在圓的外圍畫了幾個方形，每個方形代表一個顧客。對照圖是先前只有兩家瓶罐供應商的「美樂啤酒」。

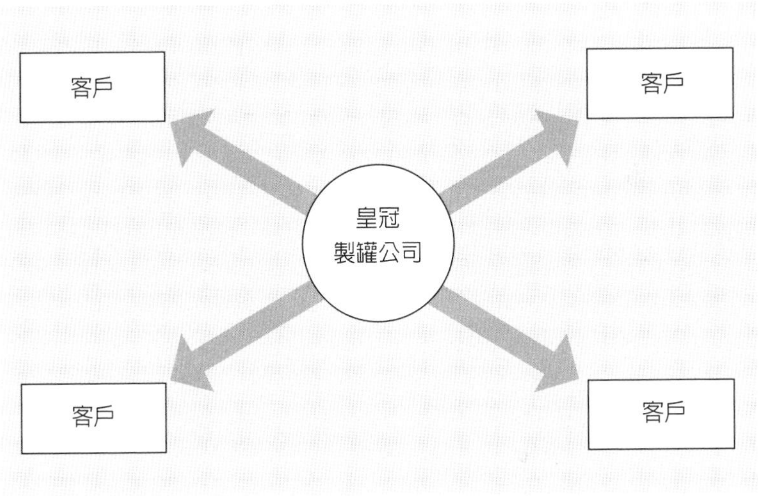

「我們知道皇冠製罐的每家工廠都不是企業專屬的製造廠。但是，與競爭對手相較之下，誰比較有利？是銷售瓶罐給美樂啤酒的美國製罐，還是提供特殊訂單給當地汽水公司的皇冠製罐？」

擔任索尼公司財務分析師的雪瑞爾這時說出正確答案。「皇冠製罐比較有利，因爲聚焦在短期運作，可避免企業的限制與壓榨。皇冠製罐不做一家大企業底下的競爭廠商；相反的，皇冠製罐是每家工廠有好幾個客戶的供應商。這些大製罐廠因爲選擇長期運作模式而受到限制，短期運作模式扭轉了這個局勢，**皇冠製**

罐不像其他大廠一樣放棄自己的議價能力。」

我以圖表做輔助，總結我們的發現。皇冠製罐和其他製罐大廠雖然同處一個產業，卻依循不同的遊戲規則。皇冠製罐集中在審慎選擇的市場，不僅做到專業化，更提高與買家的議價能力，因而能掌握自己創造出來的較大價值。相對的，這些製罐大廠雖然產量較大，獲利卻較低。皇冠製罐針對目標市場創造競爭優勢，雖然不是產業中的最大公司，獲利卻最豐。

這種獨特的商業模式，能提供特定區隔市場比競爭對手更高的價值給顧客，這就是**聚焦**。本章所謂的聚焦有兩個意義：第一個意義是協調一致的政策，藉由互動和重疊效應產生額外的力量；第二個意義則是把力量用在正確的目標。

同學們發現皇冠製罐公司的聚焦策略後都感到十分驚喜，做出我們自己的分析後，這個內在邏輯便顯而易見。任何公司的官方陳述或華爾街分析都看不出策略的內在邏輯。這並非祕密，只是需要更多時間和努力才組合得出這個拼圖。成日被膚淺新聞和評論淹沒的同學們，這時都感到訝異，現實世界竟然也存在著不算是機密、卻沒有被揭開的內在邏輯。

這時有同學問道：「果真都是如此嗎？只要自己分析，就能發現每家企業真正的策略邏輯嗎？」

我回答：「未必如此，並不是每家企業的策略邏輯都能被發現。如果某家企業非常成功，成功的背後通常有好策略的邏輯，可能是機密，也可能不是。事實上，特別是大規模的複合型企業，其實沒有真正的策略。策略的核心是聚焦。大多數複合型組織都沒有將資源聚焦運用，反而同時追求好幾個長期目標，而不是集中足夠的資源，達成單一個突破性進展。」

11

成長

1989年，皇冠製罐執行長康納利因健康情況不佳卸下管理職，並任命他的得意門生艾佛利（William Avery）爲新執行長。一年後，康納利辭世，享年八十五歲。

艾佛利一上任，便以收購展開公司的成長計畫。四年後接受採訪時，艾佛利回憶：「我在1989年接任總裁時，必須點亮引導公司再度向前邁進的明燈，因爲公司在1980年代的成長已趨緩。」

艾佛利讓公司再啓動力的方法，便是組成一個由盧瑟福（Alan Rutherford）領導的專業併購小組。盧瑟福原本任職於布魯塞爾分公司，後來成爲皇冠製罐的財務長。此外，從所羅門兄弟（Salomon Brothers）投資銀行找來寇爾（Craig Calle）擔任皇冠製罐的財務主管，克雷德（Torsten Kreider）則從雷曼兄弟（Lehman Brothers）投資銀行跳槽至皇冠製罐負責規劃與分析。

1990至1991年期間，艾佛利因併購大陸製罐的國內和海外事業，使皇冠製罐公司的規模成長了一倍。在1992年和1993年，皇冠製罐以6.15億美元收購康斯塔（Constar），它是汽水和瓶裝水產業的主要塑膠容器製造商。又以1.8億美元收購塑膠、金屬與複合容器製造廠范多恩（Van Dorn），並用6,200萬美元收購傳統食品罐頭金屬容器製造公司Tri-Valley Growers。

皇冠製罐從1995年起，展開爲期十八個月的努力，併購歐洲最大的塑膠和金屬容器製造商卡努金屬盒包裝公司（CarnaudMetalBox）。卡努金屬盒包裝公司是在英國有兩百年歷史的金屬盒（Metal Box）和法國的卡努（Carnaud），經過辛苦談判之後合併的。它們原本分別是英國和法國的主要製罐公司，大多生產傳統食品罐頭的金屬容器。

談到企業合併的目的時，艾佛利表示：「我們要成長得更強大，並善用我們的資源。身爲金屬和塑膠類包裝產業裡的領導者……（透過購併）我們將擁有一個能維持國際性成長的全球基礎。」很少高階經理人會如此清楚陳述企業要先成長壯大，才能擁有更進一步成長的平台。

艾佛利的團隊到了1997年已完成二十件併購案，皇冠製罐也成爲全球最大的容器製造商。艾佛利曾預測，規模擴大可讓公司獲得供應商提供的更好價格，加上皇冠製罐傳統的成本控制能力，一定能削減卡努金屬盒公司的過多開銷和過剩產能。無人提及一個尷尬的事實——皇冠製罐的傳統能力是具備生產彈性和短期運作，而不是成本控制。

1998年時，麻煩的問題出現了。皇冠製罐跨足塑膠容器業時，該產業也迅速成長。新的吹膜聚酯（PET）塑膠容器[1]，明顯奪走傳統玻璃和金屬容器包裝業者在汽水和特定食品（如番茄醬和沙拉醬）的業務。但是，這個成長的動力不是源自市場對容器的需求增加，而是塑膠取代了金屬和玻璃。這種替代品的成長有明顯的上限，一旦出現新的替代品，成長便會立刻停滯。在皇冠製罐成爲全球最大的容器生產商之際，便面臨這種情況；當時不僅塑膠容器幾乎完全取代了金屬容器，聚酯容器的銷售量也開始萎縮，因爲二分之一加侖容量的大塑膠瓶取代了以往需要分裝成數個小瓶的容器。

儘管當時的管理階層和分析師都認爲可以從較爲穩固的金屬罐產業來穩定價格，但是皇冠製罐的股價不升反跌，造成利潤縮水，讓情況更是雪上加霜。造成這個現象的原因包括：當時沒有競爭對手願意關閉歐洲工廠，一旦關閉工廠就要面臨許多勞工問題，因此急於提高市場占有率；加上，廉價聚酯容器的競爭持續蔓延，利潤微薄的傳統金屬罐完全沒有獲利空間。成長緩慢、產業產能過剩及從塑膠到金屬罐包裝的嚴重削價競爭——就是基本的產業分析，應用波特（Michael Porter）的五力分析架構便能輕易預測。

1998年到2001年間，皇冠製罐的股價重挫，從每股55美元跌到5美元（如下圖所示）。2001年中期，艾佛利退休，改由受過經濟和法律訓練的皇冠製罐資深員工康威（John Conway）接任執行長。皇冠製罐藉由併購迅速擴張的時代就此結束，康威的重任就是讓現今巨大的皇冠製罐公司再度獲利。

儘管艾佛利的信念是「愈大愈好」；康威卻把重心擺在成本、品質和技術。從2001到2006年年底，銷售額和利潤持平，大約只清償了10億美元的債務，普通股的每股股價卻逐漸從5美元攀升到20美元，比十七年前開始擴張計畫時大約高出5美元。

---

1 即俗稱的寶特瓶。

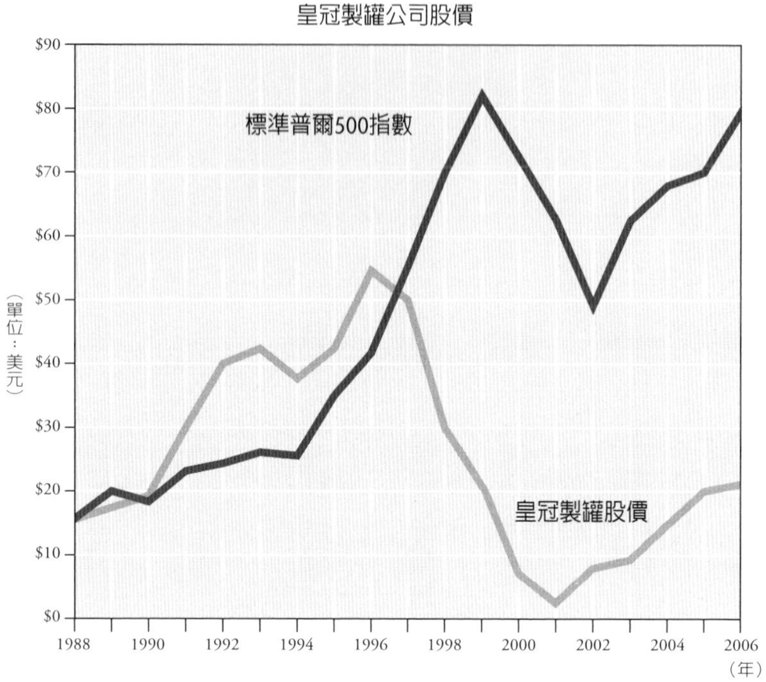

如前所述，艾佛利接掌皇冠製罐時曾抱怨「公司的成長已趨緩」。這是事實。在艾佛利成爲皇冠製罐執行長之前十年（1980年到1989年），公司營業額每年只成長3.1%；然而，年平均股東報酬率卻有18.5%，遠超出同期標準普爾500指數達到的8.6%。在康納利下台後的十七年間（1990到2006年），公司成長迅速，更成爲全球容器製造的「領導」公司，但皇冠製罐普通股的股東收益率每年只有2.4%，遠低於標準普爾500指數的9%。

下圖顯示，皇冠製罐迅速提高營業額，但資本報酬率（也就是利潤與投資額的比率）卻大幅滑落。艾佛利剛上任時，資本報

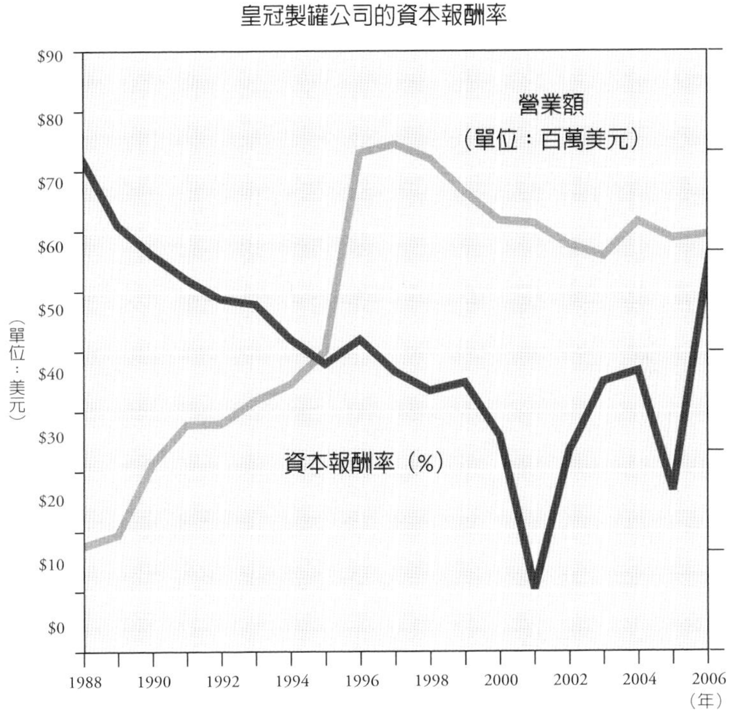

酬率爲15.3%，隨後立即降到10%以下，在併購卡努金屬盒公司後更是低於5%。

皇冠製罐在康納利領導下所締造的長期輝煌紀錄，全憑謹愼設計的策略，透過一套連貫的政策，使公司聚焦在議價能力較小的客戶和產品上。艾佛利接手領導皇冠製罐時，發現新的聚酯容器正大舉進軍軟性飲料容器市場。塑膠產品的生產轉換成本遠低於金屬容器，因而皇冠製罐的傳統優勢基礎也正逐漸減弱，這該如何是好？

艾佛利受到聚酯容器需求成長的吸引，選擇併購聚酯業務來壯大皇冠製罐。問題在於，他將公司傳統的競爭優勢拋諸腦後，也沒有用新的競爭優勢加以取代。當時的財務主管寇爾被問及皇冠製罐是否失焦的問題時，顯得毫不擔憂，更將聚焦詮釋爲「對產品線的限制」，他認爲：「目前企業界流行聚焦，我們一直都這麼做。我們在總值高達3,000億美元的產業中營運，也致力於金屬和塑料產品，其總產值便高達1,500億至2,000億美元。」寇爾並未了解聚焦的深層意義——集中並協調行動與資源來創造優勢。相反的，他和執行長艾佛利仍沉迷於擴張的美景中。

冒然投入正在成長中的聚酯產業，最大的問題就是，一項商品的成長（如水泥、鋁或聚酯容器）其實是由整體需求量增加所驅動的產業現象。持續增加的需求會帶動利潤成長，進而誘導公司投資新產能。然而，大多數的利潤只是假象，因爲隨著業務的成長，業者將利潤再投入新廠房和設備。若公司成長趨緩後，這些投資仍可獲取高利潤，就不成問題。但是，在一個商品產業中，只要需求量的成長減緩，不具競爭優勢的企業便無法獲利。不斷成長的商品產業就像經濟黑洞一樣，從能力一般的競爭者身上吸取的現金永遠比吐出的多。

成長本身能創造價值的主張，已在商業著作中根深蒂固，而成長是好事也成了毫無疑問的信念。執行長艾佛利描述的問題（公司在1980年代成長趨緩）和他的目標（我們要成長得更強大……一個能維持國際性成長的全球基礎），只是他爲祈求目標實現，一再重複的「成長」咒語。

◎

透過併購推動成長的問題是，當你併購一家公司，尤其是上市公司，通常必須支付高於一般市場價值的溢價（約爲25%），還要加上手續費。如果遇到友好的投資銀行業者和放款業者，想藉由併購達成多快速的成長都可以。但是，除非你能以低於市值的價格併購一家公司，或是你的定位特殊，相較於其他人，被購併方更能爲你增添更多價值，一般而言，這種擴張方式並無法創造價值。

公司領導者追求成長的理由很多。他們也許（錯誤地）相信行政成本會隨著規模變大而下降。有一個蹩腳卻普遍的併購理由，就是藉此把主要的高階經理人下放到次要的企業，而不必請他們離職。較大公司的領導者通常薪資較高，而且在分權化的公司，併購要比閱讀各部門的績效報表更有樂趣。除了這些理由之外，企業的主要顧問，包括投資銀行業者、顧問、處理併購的律師事務所，以及任何想「分一杯羹」的人，可以從「協助」達成重大交易中大賺一筆。

義大利電信（Telecom Italia）在1998年聘請我擔任策略特別顧問，當時該公司是全球第五大固網電信業者，更是歐洲最大、創新能力最強的行動通訊業者。義大利電信從1994年起展開一系列的民營化步驟，直到1997年公開發行股票爲止。

當時，歐洲傳統的固網電信業者面臨的策略問題相當多。之前，歐洲的電信業大多由國家壟斷經營，毛利率豐厚。但在電信管制解除後，外國企業可進入本國市場，網路也正在發展，未來電信市場可能有激烈的競爭和重大技術變革。義大利電信靠以往的投資擁有龐大的現金流量，因此，關鍵議題在於要將這些現金投資在哪裡。增加固網投資似乎是不智之舉，城市周圍的光纖看似有前景，但已有三家外國公司計劃以米蘭等都市為區域中心進行發展；義大利電信若要競爭，可能只會蠶食現有業務的收入。雖然網路成長迅速，收益卻很少——因為網路的成長是以極低的價格為基礎，遠低於語音或傳統數據流量的價格。

義大利電信的董事長暨執行長羅辛諾（Gianmario Rossignolo）一直在考慮與英國老字號的大東電信（Cable & Wireless）結盟。大東電信創立於19世紀，提供整個大英帝國海底電報電纜服務，於1947年國有化；到了1981年柴契爾夫人（Margaret Thatcher）擔任首相期間再度民營化。大東電信公司再度民營化初期，公司內部陷入政治僵局，各部門形同一個個獨立封地，因此聘請美國人布朗（Richard Brown）擔任執行長，打破此局面。布朗一直在尋求重要盟友，他曾嘗試與英國電信（British Telecom）、AT&T和Sprint洽談結盟。布朗的論據（華麗空洞）是電信業正在全球化，因此成為全球性品牌會極具價值。

布朗和羅辛諾從法國、加勒比海等地的一系列交叉持股議題開始討論結盟事宜。到了夏末，他們的非正式提案已進展到兩家公司的有效合併，並以布朗出任合併後新公司的董事長。

羅辛諾能成為義大利電信的頭號人物，其實是深具影響力的「核心」股東——阿涅利（Agnelli）家族支持的緣故。然而，到了

1998年10月初，部分董事會成員，包括阿涅利家族的代表，已經對他不再抱持任何期待，他們格外擔心義大利電信與大東電信的企業合併案。在這個情況下，我受託與摩根士丹利添惠（Morgan Stanley Dean Witter）的常務董事希爾佛（化名）見面。該公司是這次交易中最主要的投資銀行。有位義大利電信的董事告訴我：「華爾街對這個產業具備全球觀點。」我的任務是找出摩根士丹利承作這項合併案的理由。

希爾佛和我在位於米蘭的會議室見面。我開門見山地直接詢問他承作這項合併案的理由。

「規模經濟。」他回答。

我說：「但是這些公司在不同的地區運作，加勒比海的業者要如何和義大利或巴西業者結合來產生規模經濟？」

他說：「義大利電信需要把南美的通訊量移到歐洲，大東電信具備處理這些通訊量的纜線。」

這個回答讓我十分吃驚，如果這樣回答MBA期中考的問題，肯定會不及格。即使沒有一座牧場，你也能取得玫瑰花園所需的肥料；你不需要用高達500億美元的企業合併案來移動通訊量，只要一份合約就足夠了。

我說：「我認爲，趁著我們兩個都在場，大可直接擬訂一份合約，把義大利電信的部分通訊量移到大東電信的特定纜線，這件事不需要重大的企業合併案也能辦得到。」

他說：「教授啊，問題不只是通訊量而已，這項企業合併案的根本理由其實是……聚合經濟效益。」

「抱歉，我對這個術語不熟。」

他說：「我指的『聚合經濟』是這兩家公司合併在一起，規模會變得更大，合併後的公司會有更大的現金流量。」

他的論點再度讓我感到錯愕。合併兩家公司就能使現金流量加總起來——這不過是算術，不能做爲一項特定交易價格的論據。

我說：「義大利電信已經有了龐大的現金流量，它的股價不高，主因是分析師和投資人懷疑公司能否妥善運用這些現金。例如，義大利電信才在南美洲爲一張重要執照出了過高的價錢，甚至比次高出價者高出10億美元。大東電信的情況也大致相同，都未能善用現金進行明智的投資。我實在看不到合併這兩股現金流量能產生什麼『聚合經濟』效益。」

希爾佛收拾好他的公事包，顯然沒有興趣和我繼續討論。他看我的神情就好像我還是小孩子一樣，完全不懂這種大型結盟。匆匆離去前，他說：「擁有更多現金流量，你就可以做更大的生意。」

希爾佛無法說明促成這項合併案的意義，只說這是通往做更大生意的途徑。當然，摩根士丹利已準備好從這筆交易和隨之而來的交易中大賺一筆。在我們會面兩天後，董事會駁回這項合併案，並在一場激烈爭論後批准了羅辛諾的辭呈。

◎

健全的成長不需要積極地操縱，因爲成長是企業能力擴充、延伸、市場需求持續增加，具備優越產品和技能的結果；也是企業創新、彈性、效率及創意的獎勵。這種成長不單是產業現象，通常會以市場占有率增加，同時帶進豐厚利潤的方式呈現。

12 運用優勢

兩位棋藝相當的棋手坐著等待棋局開始，哪一方較具備優勢？勢均力敵的兩支軍隊在一片空曠的平原相遇，何者較具優勢？答案是「雙方都沒有優勢」。因爲優勢源自於差異，源自於敵對雙方的不對稱。現實生活中不對稱之處不計其數，而領導者的工作在於辨識出關鍵的不對稱處——將它轉變成己方的重要優勢。

與大猩猩摔角

我在2000年和一家初創公司合作，該公司開發出一種可隨溫度調整毛孔大小的多微孔材質，運用這種材質製作的衣服可望能像Gore-Tex一樣擋雨，也兼具寒天保暖、熱天散熱的功能。這是這家初創公司目前唯一的成果，開發團隊對此非常自豪，對於可能申請專利，並發展出一系列的紡織品和戶外服飾，更讓他們興奮不已。他們選定好品牌名稱，也正在與設計師交涉。

做爲這家初創公司後盾的創投公司，蘇珊始終大力支持，也很了解這個團隊和這項技術。不過，當這個創業團隊找蘇珊洽談第三輪籌措資金或公開發行股票時，她的反應並不熱烈。蘇珊說：「我認爲更聰明的做法是拿樣本去洽談授權協議，或是直接把公司賣給大型紡織品製造商。」

創業團隊開始反駁，執行長率先提出：「我們已經證明我們的實力，這是建立一家好公司的大好機會。」

蘇珊說：「能創造如此神奇的新技術，你們眞的很棒，沒人能否定你們世界級的研發能力，但建立一家紡織品公司或服飾公司又是另外一回事。」

屋內瀰漫著挫敗的氣氛。蘇珊說的也許正確，但是他們渴望前進，他們難道沒有證明自己的能力嗎？

蘇珊說：「聽我說，打個比方，你們已經在奧運勇奪一千五百公尺賽跑金牌，有機會再得到一萬公尺賽跑的金牌，這樣的話我就會支持你們。但是，現在你們想要放棄賽跑，跑去跟大猩猩摔角，這就不是一門好主意了，我無法支持你們。」

蘇珊以生動有力的比喻說服他們，他們想繼續前進，但不想與大猩猩摔角。

◎

無論團隊、組織或國家都不可能具備一切優勢，只會在特定條件的特定競爭中具有優勢。運用優勢的祕訣在於了解情況的特殊性。只在你有優勢的地方奮力前進，迴避你沒有優勢的情況；必須利用對手的劣勢，同時避免以自己的劣勢來對抗對手的優勢。

美國在911攻擊事件後制定一項目標，意圖摧毀在阿富汗的蓋達組織和塔利班政權。在軍事衝突中，美國有龐大的資源和技術，能迅速調遣大規模的軍力。美國具備明顯足以殲滅蓋達組織的優勢，並驅逐塔利班的勢力。然而，高階領導者卻錯置了這些優勢，以致於蓋達首腦賓拉登有機會從原本藏身的托拉波拉（Tora Bora）山區逃到巴基斯坦西北部。

911事件後九年，美國仍然未能將賓拉登繩之以法，並在阿富汗與塔利班政權陷入持續的局部戰爭。美國的策略是讓阿富汗人民反對塔利班，支持現在的中央政府，這種方法在習慣中央集權政府的伊拉克使用過，但阿富汗仍是一個中世紀式的軍閥社會，忠誠和勢力都是區域性的型態。

阿富汗中央政府經過美國多年的扶持，在首都喀布爾（Kabul）以外地區依然腐敗且缺乏效率，任何保護對抗塔利班政權的措施都只是一時的，還有地理上的限制。因此塔利班對阿富汗人民的恐怖戰術依然奏效。嚴格來說，塔利班不是軍隊、沒有制服，而且每個阿富汗人不僅有武器，或許也和塔利班成員有所關聯。

上述這些障礙都能以時間和資源加以克服，但平民百姓和塔利班都明白美軍最終一定會撤出阿富汗，其中牽涉到政治因素，還有駐守在阿富汗的費用太過龐大。這個精心設計的軍事布局，讓美國軍方每送一位士兵前往阿富汗，每年就要花費100萬美元。一旦美國撤軍，塔利班有可能重新掌權，誰都不想成爲美國在阿富汗的工具。

美國在阿富汗，就像是在「和大猩猩摔角」，因爲美國爲了支援一個幾乎不存在的盟友，而讓自己陷入衝突之中。在這場衝突中，最有耐心與較不在乎人員傷亡損傷的一方，就占有優勢。在這種情況下，塔利班顯然具備優勢，並且正在善加運用。

商業中的競爭優勢

「競爭優勢」一詞自波特於1984年出版《競爭優勢》一書之後，便成商業策略的專門術語。巴菲特（Warren Buffet）也曾說，他是以「持續性競爭優勢」來評估一家公司。

競爭優勢的基本定義很簡單。相較於競爭對手，你的企業若能以比競爭對手更低的成本生產，或比競爭對手能傳遞更多知覺價值，或是兩者兼具，你的企業便具有競爭優勢。當你敏銳地察覺成本會隨著產品和應用方式改變，購買者也因地區、知識、品味和其他特性有所差異，就能領略競爭優勢的奧妙。因此，大多數優勢只會延伸到特定的範圍。例如，相較於艾伯森（Albertsons）超市，全食超市的優勢僅限於注重有機天然食品的高收入人士上。

「持續性」較難以定義。因為要維持一項優勢，一定是競爭對手絕對無法複製這項優勢；更精確的說，競爭對手必須無法複製建立這項優勢的基礎資源。要做到這點，必須擁有我所謂的「隔離機制」。例如，專利保護專利權人的發明，讓他們得以在特定時間內壟斷這項技術的使用。更複雜的隔離機制形式，包括：商譽、商業和社會關係、網絡效應[1]、龐大的規模經濟，以及從經驗得到的隱性知識和技能。

例如，蘋果的iPhone業務受到許多支持，包括：蘋果和iPhone的品牌名稱、公司商譽、爲銷售iPod而創立的iTunes服務，以及顧客群的網絡效應，尤其是大量iPhone的應用程式。每個資源都經過蘋果高階經理人的巧妙設計與安排，成爲建構持續性競爭優勢計畫的一部分。這些資源十分稀有，競爭對手很難、也幾乎不可能在合理的成本下創造出類似資源。

廣告或銷售人員宣稱特定資訊科技系統、產品或訓練計畫能提供競爭優勢，其實是濫用「優勢」一詞，因爲把「優勢」銷售給所有人，在措辭上已自相矛盾。

「有趣的」優勢

雷斯尼克（Stewart Resnick）是洛爾國際公司（Roll International Corporation）的董事長，他和妻子琳達都是創業家，不僅創辦好幾家成功的公司，也善用財富積極贊助醫療研究、教育及藝術。他們能夠一再制定出成功的策略，涉足的產業包括保全警報服務、鮮花配送、收藏品、農業綜合業務及瓶裝水等，他們的才幹顯然不限於特定產業。

我驅車前往洛爾國際位在西洛杉磯的總部時，回想起我對雷斯尼克夫婦的了解。雷斯尼克的父親在紐澤西州開設一間酒吧，

1 「網絡效應」（network effect）是指產品價值隨著購買者或使用者增加而擴大，類似規模經濟，但並非降低生產成本，而是提高購買者付費的意願。我們在亞馬遜（Amazon）和臉書（Facebook）等企業都可以看到強大的網路效應。

雷斯尼克開創的第一份事業是以朋友的洗地機提供清潔服務，這項事業的成長，一路支付他完成加州大學洛杉磯分校法學院學業所需的費用。他在1969年以250萬美元出售該事業，轉而投資保全服務公司。琳達開創的第一份事業則是廣告代理公司，在雷斯尼克出售保全服務公司後，他們兩人在1979年攜手合作併購了Teleflora花藝公司。

雷斯尼克夫婦爲Teleflora花藝公司創造了「紀念性插花」的概念（即把花插在具紀念價質的容器中），爲花店帶進豐厚的利潤。他們在1985年買下專門生產紀念幣的富蘭克林鑄幣廠（Franklin Mint），琳達更將業務範圍擴展到流行文化紀念品、珍貴的精密模型車及其他項目。雷斯尼克夫婦又於2006年出售法蘭克林鑄幣廠。

雷斯尼克夫婦在1980年代開始投資農業綜合業務，包括柑橘果園、開心果和杏仁果園，以及石榴果園。經過一段時日，這些業務已經成爲他們最大的利潤來源。現今，洛爾國際是加州最大的柑橘栽種業者，也是全球最大的堅果種植者。2000年代間，洛爾國際開始以「POM Wonderful」爲品牌名稱行銷純石榴汁等果汁產品，再併購取自斐濟蘇瓦（Suva）天然含水層的斐濟瓶裝水公司（Fiji Water）和奧勒岡州的Suterra公司。這家公司生產費洛蒙，可用來破壞昆蟲的交配以保護農作物，不需使用殺蟲劑。洛爾國際公司是目前全美前兩百大私人企業之一。

洛爾國際的總部有如西洛杉磯辦公區的藝術和雕塑綠洲。雷斯尼克爲人隨和，說話輕聲細語但充滿自信。以洛爾國際的規模和經營複雜度來說，雷斯尼克身爲董事長卻對細節瞭若指掌，這是十分罕見的。

雷斯尼克告訴我，在收購Teleflora花藝公司前，該公司一直採取價格競爭。他說：「我們改變了服務模式。」他解釋，Teleflora提供花農最大的會員網絡、以網路爲基礎的資訊科技系統、紀念性插花產品、虛擬主機服務、信用卡處理服務，以及銷售時點（point-of-sale）情報系統。他說：「現在的競爭比以往更激烈，但Teleflora比我們剛買下時更成功。當時它的規模只有FTD國際送花公司的十分之一，如今規模已是FTD國際送花公司的兩倍。」

我問他從Teleflora花藝公司到斐濟瓶裝水這兩種全然不同的業務都十分成功，是否有共通的因素。雷斯尼克兩手一攤，歪著頭，示意「這該從何說起呢？」思索片刻後說：「只要提供更多價值，就能避免成爲廉價商品。瓶裝水領域的競爭激烈，但琳達看見這項產品的獨特之處：斐濟的深層含水層經過數百年來的自然過濾。水源來自工業時代前落入的雨水，沒有夾雜污染和化學物質，這是原業主不曾利用的賣點。」

我了解避免成爲普通商品的道理。然而，洛爾國際已成爲加州最大的柑橘栽種者和全球最大的堅果種植者。我問道：「這些農產品不也是商品嗎？」

雷斯尼克說，他從1978年開始購買農地，當初只是爲了用來對抗通貨膨脹，轉念的突破點是：他意識到這些事業相當「有趣」。

「有趣？」我驚訝得耳朵都要豎起來了。

雷斯尼克思考片刻說道：「對我來說，看到能提升一項事業價值的方法時，這項事業就變得極為有趣。傳統的堅果農民無法掌控自己的命運，只能被動接受堅果產量和市場價格。

小堅果農民負擔不起開發市場、提高產量的研究及有效的加工流程等投資。但是，我們有一家大型控股公司做為後盾，有足夠能力把投資在產量和品質的研究成本賺回來。因此我領悟到，如果我們可以刺激市場對開心果和杏仁的需求，一定會有實質利益。當然，全加州的堅果農民也能從增加的需求中獲益，但我們是唯一具備一定規模、能讓投資值回票價的栽種者。這招果然奏效，堅果的消費量持續攀升，而且出口量也持續增加。我們的『Wonderful』品牌也得以溢價銷售。杏仁和開心果都是有益健康的零食，有相當大的市場擴展潛力。」

我表示，刺激堅果的需求量或許只能提供洛爾國際暫時的利益，一旦其他堅果農民提高產量，滿足市場更高的需求，洛爾國際的優勢不會消失嗎？

雷斯尼克回答：「在農業生產方面，並不會以閃電般的速度發生變化。新種的樹苗通常需要七到十年才能成熟，我們有充分的時間去投資栽種、經營品牌、加工和銷售。那麼，當需求增加，我們也能積極建立堅果加工能力。堅果加工的規模經濟讓小堅果農民很難建立自己的加工設施。除非你一手包辦加工、包裝、行銷、經營品牌和配銷，否則不可能購買更多土地和栽種更多果樹。」

我發現，雷斯尼克十多年來以複雜的協調行動經營堅果事業。他的大型控股公司讓他有能力從研究、市場開發、廣告及促銷中獲取最大的利益。七到十年的競爭回應時間差距，讓他們能籌措資金，並有機會建造大規模堅果加工設施。這種加工的規模經濟，讓較小規模的競爭對手迄今仍無法降至與他們相同的成本。

等待多年才能看見策略是否奏效，領導人必須擁有過人的膽識，我問他：「你現在依然展望五到十年後的情景嗎？」

他說：「這就是私人企業的一大好處。我當初從某大型石油公司買下這些土地時，這家公司只展望一季或一年後的前景，他們希望把這些資產處理掉，讓財務指標看起來更漂亮。我們能把事業做得更有聲有色，是因爲我們不用承受上市公司的瘋狂壓力。」

某些優勢比其他優勢「更有趣」

當別人開口說話時，你所聽到的與他們實際要表達的大多存在著差距。聽到更少是因爲我們都無法充分表達自己所理解的事物；聽到更多則是因爲這個人說的，和你的知識與困惑持續混雜，並且相互影響。當雷斯尼克說明何種事業對他而言是「有趣的」，我不禁聯想到另一個困惑我好長一段時間的競爭優勢概念，頓時恍然大悟。

爲了解釋清楚，我得回到2002年，我和加州大學洛衫磯分校的同事利普曼（Steven Lippman）一同創造關於競爭優勢的思考實

2 這個思考實驗的目的，是在測試構想的邏輯一致性與隱含性。

驗。

我們的思考實驗[2]是想像一艘飛碟經過後留下的「製銀機器」。這部製銀機器每年不用任何成本便能製造價值1千萬美元的純銀——完全無須投入能源、材料或勞力，不用納稅且固定利率爲10%。發現這部製銀機器的人以1億美元的價格賣給新主人。我們的問題是：這部製銀機器的新主人在製銀產業是否具備競爭優勢？

製銀機器的問題在策略領域已成爲難解之謎。這部製銀機器顯然是低成本生產者——幾乎零成本。難題在於這種優勢並未讓新主人更富有。雖然這部機器每年產生價值1千萬美元的純銀，但這樣的獲利只占購買價格的10%。原本的競爭優勢因所有權變更而消失了，雖然製銀機器每年仍持續以零成本在製造純銀[3]。

我花了一點時間，終於解開這個謎。這部製銀機器在製銀產業的確有競爭優勢。當你仔細分辨競爭優勢和財務收益時（但許多人都把兩者混爲一談），難題便消失了。雷斯尼克協助我看清這部製銀機器隱含了另一項更重要的事實——就是它的**競爭優勢雖然真實，卻不「有趣」**。

製銀機器的優勢賦予它價值，這個優勢不有趣的原因在於，擁有機器的人無法做任何規劃來**增加價值**。這部機器無法變得更有效率，純銀也毫無差異化可言。一個小型生產者無法增加全球對純銀的需求。你無法靠自己的力量增加國庫券的價值，也無法提高製銀機器的價值，因此，擁有這種優勢並沒有比擁有國庫券更有趣。

對雷斯尼克和現在的我來說，若能察覺增加競爭優勢價值的方法，這個競爭優勢就會很有趣，這表示其中一定有你可以著力之處，靠你自己便能增加價值。

eBay就是未能增加競爭優勢價值的例子之一。顯而易見的，eBay在全球的個人拍賣業務具備相當大的競爭優勢。eBay開發這項業務，至今仍在全球占據主導地位。更具體的說，eBay的競爭優勢在於能提供最便宜、最有效的解決方案給任何有意在網路上買賣個人物品的人，它在這方面的能力是無與倫比的。

eBay擁有廣大的使用者、容易使用的軟體、PayPal付費系統及賣家評價方法，這些都賦予eBay超越任何競爭平台的競爭優勢。eBay歷年來有很大的獲利，截至2009年12月爲止，該公司的營運現金流爲29億美元，稅後銷售利潤率爲26%，稅後資產報酬率爲13%。儘管有這些競爭優勢，該公司的市場價值已經停滯七年多，甚至下降。就營運來說，eBay提供的服務成本絕對遠低於顧客支付的費用，eBay也有效善用這點，以致其他競爭對手無法在其核心事業與之競爭。然而，這並沒有爲它的所有者創造新的財富。

如同製銀機器，eBay的價值已呈現停滯，它的競爭優勢也靜止不變。但eBay比製銀機器更「有趣」。雖然不可能改變製銀機器的優勢，卻有無數種方法可以改變eBay的服務、效益，以及資源和技能的運用方式，eBay的優勢很具「有趣」的潛力。一旦有人能敏銳地察覺出擴大eBay競爭優勢價值的獨特方法，肯定會非常有趣。

3 這項「優勢」沒有讓新主人更富有，因為他隨時可以用1億美元再出售這部製銀機器，用這筆錢再做投資，並賺取1,000萬美元的利息。

創造價值的變革

許多策略專家把競爭優勢和高獲利畫上等號，eBay和製銀機器的例子卻顯示未必如此。儘管商業策略界都強調「競爭優勢」，但是只具備、擁有、購買或銷售一項競爭優勢，未必能幫你賺錢或是讓你更富有。事實上，競爭優勢和財富的聯繫是動態的，財富會隨著競爭優勢的提升，或是對於競爭優勢的基礎資源需求提高而增加，尤其是增加價值必須有策略，至少要朝下列其中一個方面進展：

- 深化競爭優勢。
- 擴大競爭優勢。
- 爲具優勢商品或服務創造更高的市場需求。
- 強化隔離機制，使競爭對手無法輕易複製和模仿。

深化競爭優勢

首先從盈餘（買方獲得的價值和成本的差距）來定義優勢。深化競爭優勢是指藉由提高給買方的價值、降低成本或綜合兩者[4]來擴大差距。

改善成本及價值的方法不計其數，以下強調並說明妨礙落實深化競爭優勢的兩大理由，會更有助於理解。

首先，管理階層可能誤信改善是「自然而然」的過程，或是只要施壓或激勵便能達成。正如動作研究之父吉爾伯斯（Frank Gilbreth）於1909年指出的，砌磚工人在工具和技術沒有重大改善下砌磚已有數千年歷史。仔細研究這個工作流程後，吉爾伯斯沒有增加任何人的工作量，卻能提高一倍以上的生產力。

重點在於，把供應磚塊和灰泥的棧板提高到胸部的高度，就可以避免砌磚工人每天一再反覆舉起的動作；利用移動式支架，熟練的泥水匠就無須浪費時間搬著磚塊爬上階梯；只要確保灰泥的濃稠度一致，泥水匠用手一壓即可，不必用抹刀在磚上反覆塗抹灰泥。

吉爾伯斯的訓誡至今依然受用，他教導我們：只有獎勵是不夠的，領導者必須重新審視產品和流程的每一面向，拋開人人都知道自己在做什麼的假設。現今，這個方法在資訊流和商業流程中，有時被稱爲「再造工程」或「企業流程改造」。無論名稱爲何，基本原則是產品改進來自於重新審視工作流程的細節，而不只是成本控制或獎勵。

改善工作流程中產生的問題在改良產品時同樣會出現。除此之外，觀察購買者比檢視自己的系統更困難。擅長開發和改良產品的公司非常仔細研究購買者的態度、決定及感覺，因而發展出對顧客特別的同理心，並能預先設想可能會發生的問題。

妨礙企業落實改善流程的第二個因素，就是某些重要技術的隔離競爭機制太薄弱。處於這種情況下的公司往往希望能搭上他人的改善便車。然而，產品或工作流程改善的投資要產生效益，必須對改進的方法加以保護或深植於企業中，或因特殊性夠高而

4 考慮成本要包含買方的種種成本，包括尋找這項產品、評估、出差購買或等待產品寄達、轉換使用和安裝，以及學習如何使用這項產品。

對競爭對手的幫助不大。

擴大競爭優勢

擴大既有的競爭優勢，並帶進新領域和新的競爭之中。例如，行動銀行在美國以外的地區（特別在低開發國家中）持續成長；eBay長期經營PayPal業務，掌握具價值的付費系統技術，eBay若能以此爲基礎，在手機付費系統上創造競爭優勢，便是「擴大競爭優勢」。

擴大競爭優勢必須審視的不是產品、購買者和競爭對手，而是特別的技能和競爭優勢的基礎資源。換句話說，便是「建立你的強項」。

許多企業策略的基本想法，都認爲某些企業資源投入到其他產品或市場，可能得到妥善的運用。這是不容否認的事實，卻可能危害企業。若誤以爲公司的競爭強項是在「運輸」、「名牌消費性產品」這類模糊不清的想法中，公司可能會將資源分散到自己一無所知的各類產品和流程中。

要有效擴大競爭優勢，必須以複合性知識和專業技術爲基礎。例如，杜邦（DuPont）一開始專門研究火藥。第一次世界大戰後，杜邦利用它在化學和化工的專業技能，開始製造賽璐珞（硝酸纖維素塑料）、合成橡膠及油漆等產品；在化學合成品方面的成就，又引導杜邦發展高分子化學的新技術，因而在1935年製造出透明合成樹酯和鐵氟隆，隨後更進一步發展尼龍、聚酯薄膜、達克龍、萊卡等新型產品。藉由累積和擴大技術資源擴大競爭優勢的例子，還包括奇異、IBM、3M及許多製藥與電子公司。

以專屬技術知識爲基礎擴大競爭優勢的好處是，非但不會被「耗盡」，還可能強化既有的技術知識。相對的，以顧客信念爲基礎（如品牌、顧客關係和商譽）來擴大競爭優勢，可能會因操作不慎，而受到稀釋或損害。儘管擴大這些資源有時確實能創造龐大的價值，但是如果在新競爭市場失敗，反而可能損害企業的核心事業。

迪士尼（Walt Disney Company）便是一個在擴大品牌和聲譽上謹慎管理的精典例子。迪士尼長期以來因家庭友善優惠票價的聲譽，在娛樂產業享有持續性競爭優勢。拜這項龐大的優勢所賜，沒有哪家電影公司，能像迪士尼憑品牌名稱就能吸引觀眾去看電影。許多小孩會去（或是被帶去）看迪士尼的最新電影，並不是因爲影片內容，而是因爲迪士尼這個品牌。相對的，沒有人只因是索尼影業（Sony Pictures Studios）或派拉蒙影業（Paramount）出品的電影而去觀看。這些品牌只在金融圈和戲院發行管道有一些影響力，但對消費者全無作用。

品牌的價值來自於保證產品的某些特性，但這些特性並不容易定義，究竟什麼是「迪士尼」電影？這個品牌可以擴大到什麼程度，又不會喪失其價值？迪士尼電影集團（Walt Disney Motion Pictures Group）[5]透過迪士尼、正金石（Touchstone）和米拉麥克斯（Miramax）的名稱發行與行銷電影產品，同時也負責迪士尼和皮克斯（Pixar）動畫工作室的營運。2008年年底，該集團總裁左拉

5 前身為博偉電影集團（Buena Vista Motion Pictures Group）。

迪（Mark Zoradi）和我討論迪士尼這個品牌和它的擴大策略。他告訴我：

> 我們最具價值的就是迪士尼這個品牌。數年前，庫克（Dick Cook）[6]要我們努力思索如何強化品牌優勢，而不致於減弱它。有些人認爲迪士尼電影一定要適合幼童觀賞，但是他們忘記迪士尼曾經製作對幼童來說可能太過恐怖的電影「海底兩萬哩」（*20,000 Leagues Under the Sea*）。我們檢視史上最成功電影的清單，發現以迪士尼這個品牌推出過許多我們引以爲傲的電影，例如，「外星人」（*E.T.*）、「超人」（*Superman*）和「印第安那瓊斯」（*Indiana Jones*）系列電影。
>
> 要維持這個信譽並擴大品牌力量，我們提出三個基本準則：
>
> 1.禁用髒話。影片人物可以氣得臉紅脖子粗，但不許咒罵。
>
> 2.絕無令人不自在的性愛場面。我們要製造浪漫，但不做下流電影。
>
> 3.不得有無故的暴力行爲。我們喜歡驚心動魄的冒險，但不會出現斬首或血花四濺的畫面。
>
> 正是這種更廣闊的視野，促使我們以迪士尼品牌推出「神鬼奇航」（*Pirates of the Caribbean*）、「國家寶藏」（*National Treasure*）和「納尼亞傳奇」（*Prince Narnia*）等膾炙人口的電影。

左拉迪的三個準則協助迪士尼品牌擴展到日益成功的動作冒險類電影，又不致於損害迪士尼品牌的傳統價值。

創造更高的需求

當購買者增多或每位購買者的需求量增加時，競爭優勢才會變得更有價值。技術上而言，是支持競爭優勢的稀有資源的價值提高了。因此，若小型飛機的購買者增加，巴西航空工業公司（Embraer）的品牌、設計與生產專業技能的價值便能提升。要注意的是，除非企業已經擁有能創造具穩定競爭優勢的稀有資源，更高的需求量才會提高長期利潤。

因爲許多策略理論家誤將創造價值的策略等同於「具備」持續性競爭優勢，他們忽略創造更高需求的過程。創造市場對稀有資源的需求，其實是商業戰略最基本的部分。

雷斯尼克夫婦的POM Wonderful石榴事業，便是創造更大需求量的典範。他們在1987年向保德信人壽公司（Prudential Life Insurance）購買一萬八千英畝的堅果果園，除了杏仁和開心果果樹之外，其中有一百二十英畝種植石榴。「起初我想把這一百二十英畝全部改種堅果果樹，但後來我們決定保留這些石榴樹。」雷斯尼克回想。「我們公司有各項農作物的業績報告，幾年後，我注意到每英畝石榴的獲利比堅果高。」

1990年代，石榴在美國的種植規模很小，美國人對它極爲陌生。這種果實源自中東，許多人認爲石榴具有養生保健的特性。雷斯尼克夫婦於1998年開始資助石榴特性的研究。研究報告指出，石榴汁含有比紅酒更高的抗氧化劑，更進一步的研究顯示，

6 之後擔任迪士尼影城（Walt Disney Studios）董事長。

石榴汁可以降低血壓，它的類黃酮含量可能有助於預防攝護腺癌。自1998年起，雷斯尼克夫婦已捐款超過3,000萬美元研究這種果實對健康的好處。

雷斯尼克夫婦為大幅提升全國對石榴需求量，發展了一個策略。如同他們之前在堅果業務所締造的佳績，他們若能掌握絕大多數的石榴產量，而且新的競爭產物沒有迅速出現，就勢必能創造價値。雷斯尼克夫婦為了執行這項策略，開始購買更多土地，到了1998年， 他們已經擁有六千英畝土地，這代表美國境內的石榴產量提高了六倍。

該公司也開始研究包裝和行銷石榴汁的方法。這個產業的標準做法是以大量口味溫和的白葡萄汁、蘋果汁和梨子汁，稀釋味道濃郁又昂貴的果汁，優鮮沛（Ocean Spray）就是如此銷售蔓越莓汁。琳達提出不同的概念，提供無添加物的100%石榴原汁，傳遞100%的健康效益。這項果汁產品不會採取軟性飲料或孩童喜愛的含糖果汁飲料的行銷方式，它會以一種全新的產品類別推出：新鮮、必須冷藏的抗氧化果汁，擺放在新鮮農產品旁邊，以「POM」為品牌名稱，中間的字母「O」以心型呈現。他們決定以琳達這個概念做為賭注。

POM的總裁托波（Matt Tupper）回想，當時種植石榴的規模非常大，在2000年到2001年時達到巔峰，如果讓需求量激增的策略無效，未能售出的石榴便會為公司製造嚴重的「紅潮」威脅。「當時我們眞的很擔心，但我們必須全力以赴。」他說。「琳達不眠不休地構思這個概念、包裝和行銷方法。她撰寫文章、接受採訪，並將POM介紹給她龐大關係網路中具有號召力的人物。這個策略果然奏效，石榴的需求量急遽增加。到了2004年，我們已成爲一個新熱門商品的主要生產廠商，更重要的是，這個產品是有益健康的。」

強化隔離機制

隔離機制能防止競爭對手複製你的產品或支持你競爭優勢的資源。若能創造新的隔離機制，或強化現有的隔離機制，便能提高這項業務的價値。競爭對手模仿的可能性降低了，因而能減緩資源價値的耗損。

強化隔離機制最明顯的方法是致力於爭取更強大的專利、品牌保護和版權。一旦開發出新產品，可納入原本已非常有力的品牌下，有利於產品的加強保護。當隔離機制的基礎是人員的集體技術知識，減少人員流動率可強化這個機制。當產品化發明的歸屬權不夠清楚，法令或法庭的判決也能澄清並強化其確定的地位。

美國的石油工業史即是**集體行動**加強產權的例子。1859年在美國賓州首次探勘出石油後，擁有權的議題便浮上檯面。像煤這類礦物權的規則便十分清楚——人人擁有位在自己土地底下的煤礦資源；但是對於石油而言，法院認定它是會移動、流動的龐然大物——沒有人能眞正判定某一滴油的來源，因此依照盎格魯撒克遜習慣法的「捕獲規則」（rule of capture），石油屬於開採者。

因爲油藏延伸超出物產的邊界，大多數的油井等同於鑽探一個龐大的共同油藏。既然捕獲規則言明石油屬於開採者，每個成功開採出石油的人就得儘快抽取，如果沒有開採這座油井，其他人無論如何也會抽空這座油藏。造成早期美國油田發展神速、石油鑽塔林立的景象，而過度開採成爲那個年代的標準法則。例如，在1930年發現龐大的東德州油田之後，不久在基爾戈市（Kilgore）一個街區就有四十四座油井同時開採石油。

十八個月內，石油價格已從每桶1美元跌到13美分，這片油田被大量開採後地層的壓力崩解，以致水流進這座油藏。該產業的許多成員希望阻止這種競賽式開採，並意圖控制產量，但法院認爲這種做法形同非法操縱價格予以否決。1931年年底，德州州長宣布動用國民警衛隊制止石油的開發。

石油生產商、各州政府和聯邦政府經過數十年的努力，終於想出控制油田產量及地產擁有者利益共享的規則。這個任務很複雜，因爲並非所有石油生產商都具備相同的利益或資訊，尤其是較大的油商更能掌握油田極限儲藏量的資訊。然而，這些障礙現在都已被克服。就這個案例來說，採取合作行動才能改變法律上的隔離機制，保護每位開採者。

另一個強化隔離機制的顯著方法，就是**成為移動目標**，讓競爭對手難以模仿。在靜止狀態下，對手遲早能想出辦法來複製你的技術知識和其他專屬資源。若能持續改進或改變你的產品和特定程序，競爭對手便難以模仿。微軟的Windows作業系統即是一例，這個作業系統如果長久不變，世上一定會有聰明的電腦程式設計師能創造出具備同等功能的代替品。然而，因爲微軟持續改變程式——即使這些改變算不上改善——使得要仿造一系列同等功能的作業系統非常昂貴；換句話說，Windows就是一個移動目標。

同理，如果產品和方法的持續創新是以專屬知識爲基礎，也能提高模仿的困難度。例如，一般而言，只以科學知識進行創新的公司，隔離機制較爲薄弱；結合科學知識和主要顧客回饋資訊，或由公司內部運作產生的特有資訊進行創新，隔離機制較爲強大。

13

運用動態

在經典的軍事戰略中，防禦者偏好制高點，因爲它易守難攻。制高點構成先天上的不對稱，可以形成優勢的基礎。

在學術界，策略理論較關注於討論爲何某些類型的經濟制高點極具價值，但往往迴避了更重要的問題：如何在一開始便獲取有利的地位？問題在於：這樣的優勢位置極具價值，但獲取成本更高；況且，容易取得的位置，也容易被攻陷。

要找到全新又未設防護的制高點，有一個方法是自行透過完全的創新來達成。諸如Gore-Tex這類引人注目的技術發明，或聯邦快遞（FedEx）隔夜送達的商業模式創新，就是搶先在競爭對手出現之前，創造可持續多年的新制高點。

另一個獲取制高點的方法是利用變革的浪潮，也是本章想討論的。這類變革浪潮大多來自**外部**——通常任何組織都無法掌控，不是由個人或組織所推動，是科技、成本、競爭、政治和購買者觀點等多方面變化與進步的結果。重要的變革浪潮就像地震，創造新制高點，夷平舊制高點。如此的變化能打亂現存競爭位置的結構，釋放一些新力量徹底強化或削弱現存領導者，也能催生全新的策略。

外部的變革浪潮就像爲風帆賽艇提供動力的風。領導者的任務就是提供能駕馭這股力量的洞察力、技能和創造力。藉由了解可能的演變，利用變革浪潮，朝可能成爲有價值並能防禦的制高點投入資源並聚焦創新。

看清變革浪潮有助於產生正確的觀點。商業領域的流行術語和慣用語一再提醒我們，變革速度正在加快，而且我們生活在一個持續變革的年代。這些理論告訴我們，穩定是過時的概念、過往的遺跡，這並非事實。大多數產業通常是相當穩定的；當然，變革時時都有，如果認爲現今的變革幅度比過去更大，只是反映你對歷史的無知。

例如，比較現今與1875到1925年間生活的改變，在那五十年中，電力供應首次照亮夜晚，徹底改變工廠運作和家庭生活。1880年，從波士頓到劍橋騎馬往返需要一整天的時間；短短五年後，同樣的路程搭乘電車只需要二十分鐘，許多人改以電車通勤，也帶動郊區通勤族的發展。

工廠的運作不再仰賴單一巨大蒸汽機或水車的動力，而是使用電動馬達把電力輸送到每個角落。人人都穿得起用縫紉機裁製的體面衣服。而且電力先後爲電報、電話和收音機供應動力，引發自羅馬帝國修築道路以來，第一波通訊發展上的大躍進。這五十年間，鐵路串聯起整個國家。汽車的普及化也徹底改變美國人的生活，還有飛機的發明和商業化、現代化高速公路的鋪建，以及農業機械化。

IBM在1906年開發出第一部自動製表機，大量的移民潮改變了城市風貌，現代廣告、零售模式及消費者品牌都在這段時期發展出來——例如，家樂氏（Kellogg's）、賀喜、柯達、可口可樂

（Coca-Cola）、奇異、福特和漢斯（Hunt's）等。今天我們所看到大部分「現代世界」的基礎，都是在1875到1925年間奠定的，其中有許多廠商到現在仍是該產業的領導者。

接著檢視更現代化的下五十年的變動。從我1942年出生以來，電視重塑了美國文化。一般人也可搭乘飛機旅行，長途運輸成本的下降帶動日益升高的全球貿易浪潮，隨處可見占地如足球場大小的零售賣場。電腦和行動電話普及化，網際網路讓人不用出門即可工作、娛樂或購物，人們可隨時上網分享或發洩自己的好惡。五十年來確實變化很大，但與1875到1925年間的變動相比，對日常生活和引領商業的影響卻較小。歷史的觀點可以協助你針對重要性和顯著性做出判斷。

在一波變革過後，我們很容易歸納它帶來的影響，但若要逃離變革帶來的災難，或利用浪潮帶來的優勢則爲時已晚，因此必須在變革發生初期就要察覺並加以因應。做好這件事的難題不在預測，在於鑑往知來。從每年所發生無數的變動和調整中，找出即將出現重大變革的線索，一旦爲這些零星線索整理出一個模式，便能發現推動變革的根本動力。所有證據都在眼前，只待你解讀出更深層的意義。

發生變革時，多數人只會注意變革帶來的主要影響，例如新產品的成長激增和其他商品的需求下跌。你必須深入挖掘表象，才能了解主要影響背後的原動力，並對這些進行中的次要和衍生變化發展出有效觀點。例如，1950年代電視剛出現時，顯然人人最終都會擁有電視，這種「免費的」電視娛樂將成爲電影的強大競爭對手。更微妙的影響是，電影工業無法再以「另一部西部片」吸引閱聽眾出門消費。

一向專門生產大量二級片的傳統好萊塢製片廠，很難適應這種變化。到了1960年代初期，電影觀眾人數急遽萎縮。後來振興好萊塢電影的關鍵在於轉爲獨立製片型態，由片廠負責投資和發行。獨立製片商由於沒有傳統片廠裙帶關係和慣例的束縛，可專注挑選合作團隊來製作能吸引觀眾離開客廳沙發的好電影。因此，電視的次要影響便是促成獨立製片的崛起。

察覺變革浪潮的壯大

1996年某個多雨的冬日，我從位於法國楓丹白露的辦公室驅車前往巴黎，與馬特拉通訊（Matra Communications）的經理人會面。數年前，法國政府出售馬特拉集團（Matra Croup）[1]的持股。後來加拿大的北方電信（Northern Telecom）買進馬特拉通訊旗下電信設備子公司39%的股份。

馬特拉通訊的董事長暨執行長利維（Jean-Bernard Lévy）迎接我進入他的辦公室。以美國的標準來看，四十歲的他有現在這種身分地位，堪稱是青年才俊。但是法國的體系不同，凡是聰明又擅長數學的人都有機會免費進入法國高等商業學校接受教育，幾乎可以擔保畢業後能立刻進入政府或產業任職。利維曾在法國政府單位和法國電信（France Telecom）服務，也曾擔任馬特拉衛星事業總經理長達數年之久。到了2002年，他擔任維旺迪媒體集團

（Vivendi）執行長，並於2005年成為維旺迪管理委員會的主席。

利維、財務長和我討論馬特拉通訊在快速變動的電信產業所面臨的挑戰。利維表示：「電信業務與大型電腦業務已經成為以全球性規模經濟為決勝因素的產業。一家公司如果想要獲得顯著的市場占有率，就得在日本、歐洲或北美洲市場中至少主導兩個市場，否則就只能做利基型企業，提供極為特定的設備。」他苦笑著並繼續補充說：「或是仰賴政府強制當地電信的獨占者向當地供應商採購。」

我說：「這似乎會讓馬特拉陷入困境，馬特拉並非全球前十大電信設備製造商。」

「我們的確不是。」他說：「但有許多重大變革正在醞釀中。行動通訊將撼動整個產業，歐洲的管制鬆綁將改變遊戲規則，網際網路也將使通訊、數據及娛樂業的界線變模糊。」

「所以，網際網路和行動通訊設備是關鍵機會？」

「這些是最近出現的變化，之後還會有更多。」

變化可以視為機會，但近期的變化對馬特拉並不特別有利。這時我提出了一個尖銳的問題：「我想了解改變這個產業結構的原動力，例如，思科系統（Cisco Systems）驚人的成就。思科的業務處於電信和運算系統之間，原本眾人認為AT&T和IBM將會激烈爭奪這個位置，卻不見這兩大巨頭捉對廝殺，反而被思科奪走了市場。」

「你之前說，要在電信設備和運算系統業成為大公司，主要

1 這是一家大型高科技軍事、航太、電子和電信設備公司。

障礙是規模。」我繼續說：「但思科系統是由兩位大學教授所創辦，卻直接打破規模這個『障礙』，從IBM、AT&T、阿爾卡特（Alcatel）、NEC和西門子（Siemens）等巨頭及馬特拉公司眼前奪走網路設備市場。怎麼可能發生這種事？」

財務長認爲，思科提供股票選擇權做爲員工獎勵，這是許多較大規模或較成熟廠商不能企及的，這讓思科得以吸引全球頂尖的技術人才。

利維搖頭，對這個議題有不同的見解。「馬特拉的工程師曾研究過網路設備，基本原理很容易理解，但我們無法複製思科的多協定網路路由器的性能。」

我問：「有關鍵專利嗎？」

他回答：「雖然有專利保護，但這不是重點。思科路由器的核心是韌體，一種燒入唯讀記憶體或植入程式碼的軟體。思科產品可能是由數以萬計的程式碼構成，產品創造團隊可能只有二到五人。這些非常巧妙的程式碼賦予思科產品領先的優勢。」

那天傍晚回到辦公室後，我開始整理訪談紀錄，並思索今天的談話內容。我知道路由器是一種極小型電腦——使用微處理器、記憶體和輸出入埠來管理資料在數位網路的傳輸，性能與內部的微處理器、記憶體和邏輯晶片關係不大，畢竟這個產業的業者都能取得類似的晶片。思科路由器難以複製的部分在於軟體。不對，應該說是具體展現在軟體上的**技術**，使它難以複製。

這時我終於了解。我一直在談論思科，好像它只是單純以技能來突破規模的限制，其實思科利用優勢的原動力遠比任何企業更深入，也遠比任何產業更廣泛。

在運算系統和電信設備產業，歷年來財務成功的基礎，在於能否協調好價值數十億美元的開發案中眾多工程師，以及管理好製造複雜電子設備的龐大勞動力。這一向是IBM和AT&T的基礎力量，更是日本電子工程成功的核心。但是在1996年，成功的基礎已移轉爲軟體——由小團隊編寫的巧妙程式碼。從規模經濟移轉到具備專業知識和技術，就像軍事競爭突然從龐大的軍隊交戰轉變爲一對一的格鬥。我的脊背感到一陣涼意，這種隱藏運作的力量令人不安，也正在改變商業的面貌。

三年前，我在東京居住和工作數個月，我曾相信日本將成爲21世紀的超級經濟大國，但如今創新的軌跡已移轉到矽谷充滿創業文化的小團隊。我能想見這波變動正在擴散，影響工具機、麵包機、熔爐，甚至汽車。這些正在發揮作用的力量不僅改變企業的命運，也改變了許多國家的財富。

辨識變革的基礎力量

要辨識出醞釀中的重大變革，需要分析一些微小的細節；要判斷變革會如何發展，更必須具備足夠的專業知識才能質疑專家的觀點。變革開始時，必定會出現許多評論，此時你必須能挖掘埋藏於表象下、正在運作的基礎力量。忽視這些細節的領導者在承平時期或許能掌握得宜，但若要駕馭變革的浪潮，領導者必須能密切感受浪潮的起源和動態。

多年來，電信業一直是最穩定的產業。但在1996年，馬特拉通訊的執行長利維和我討論思科系統時，計算機和通訊產業的結構突然變得動盪。有的趨勢顯而易見，像是個人運算和數據網路的崛起，電信管制解除並移轉爲數位技術也被人們預料到。還有兩個神祕的轉變：一個是軟體的崛起成爲競爭優勢的來源；另一個則是傳統電腦產業的解構。

事後看來，一切顯而易見。軟體崛起的重要性與電腦產業的解構，共同的原因都是微處理器。然而，這些關聯在一開始時並不明顯。高科技產業中微處理器隨處可見，要深入了解它所代表的涵義卻十分困難。接下來，我想與大家分享我對這個演變歷程的看法。

軟體的優勢

軟體爲何能變成強大的優勢來源？答案是由於數以百萬計的微處理器無所不在，充斥在個人電腦、恆溫器、麵包機，到巡弋飛彈之中，這意味著微處理器的程式設計會決定這些設備的性能。

1963年，我在加州大學柏克萊分校就讀時，積體電路和計算機是電機工程中的兩大熱門領域。第一個積體電路出現在1958年，是爲義勇軍彈道飛彈專案（Minuteman missile project）所創造出的裝置，有數以百計的電晶體組成在單晶片上。至於計算機，製作電腦的中央處理器並沒有什麼神祕之處——該電路圖從1950年代以來早已是常識。

我在柏克萊的同學都明白，如果能把單晶片中的電晶體從數百個增加到數千個，便可製造出單一晶片的電腦處理器。矽谷歷史專家和專利律師喜歡爭論誰最早「發明」微處理器，然而，把處理器的所有元件集中放置到一個晶片上在當時仍是空想，直到積體電路的出現。第一顆商用微處理器，是英特爾於1971年推出的4位元4004，內含二千三百個電晶體。

當時晶片市場分成兩大塊：標準化晶片市場，像是邏輯閘和記憶體，屬於大量生產的商品；另一塊則是專業的專利晶片或晶片組，利潤較高，但依照顧客的訂單少量生產，所有權有時屬於訂製該晶片的顧客，有時屬於晶片設計者。

值得注意卻也讓人感到可悲的是，許多關鍵決定未能在當時出現，經理人對眼前的情況只採用標準作業程序。在英特爾，4004微處理器被劃入專業的專利設計，所有權屬於最早訂購的比吉康（Busicom）公司，這家日本公司原本計畫把這種晶片內建在計算機產品。幸運的是，比吉康公司因爲面臨獲利壓力要求英特爾降價，於是英特爾以降價換取這種晶片的銷售權。

不可思議的是，同樣的模式再度發生在英特爾下一代的8位元8008微處理器。這個微處理器是爲Datapoint電腦終端機的製造商CTC公司製造的專利晶片，後來CTC公司因爲財務困難，便放棄8008微處理器設計的所有權，換取所需的晶片數量。然而，這次CTC公司已參與這種晶片指令集的設計——在英特爾最先進的x86處理器中，仍可看到這個指令集的影子。

英特爾的管理階層和整個產業歷時多年，才明白運用軟體把通用型晶片轉爲專業晶片的意義。與其讓每位顧客付費開發專業的專利晶片，許多公司可使用相同的通用型微處理器創造特殊性質的專利軟體，這樣即可大量生產微處理器。英特爾可望成爲生產產品的專業公司，而不是其他公司的設計代工。提及4004和一般微處理器時，英特爾董事長葛洛夫（Andy Grove）曾表示：「我認爲這種微處理器爲英特爾創造了未來，但起初十五年我們並未領會。它後來更界定了英特爾的業務領域。但……最初十年我們只當它是附屬業務。」

英特爾的共同創辦人摩爾曾發表著名的「摩爾定律」（Moore's law），預測積體電路的速度和生產成本的發展。較鮮爲人知的是，他觀察到客製化晶片的設計成本急速上升，遠大於製造成本。他曾寫道：「有兩件大事解除半導體零件製造商的危機……計算機（微處理器）的開發和半導體記憶體裝置的出現。」對摩爾來說，這些裝置之美在於雖然複雜，卻能被大量製造銷售。

我在和聖地牙哥行動電話晶片製作商高通（Qualcomm）的一群經理人討論時，曾提及摩爾關於設計日益複雜的專用型晶片成本持續飆漲的觀點。有位經理人疑惑地詢問是否設計軟體較便宜，他進而提問：「雇用軟體工程師的成本比硬體工程師便宜嗎？」

這是一個好問題。眼看無人能立即回答，我便用自身的經驗爲例，讓這個問題更具體化。勞斯萊斯（Rolls-Royce）曾想創造一種精密的燃料監控元件來提高噴射引擎的效能。要達成這個目標，可藉由自有硬體來實現，或使用通用型微處理器編寫軟體來呈現這個專屬的構想。無論選擇哪一種方式，勢必要有大量的安裝工程，但是爲何勞斯萊斯寧願選擇軟體？

一如往常，用具體的說法重述一個抽象的問題將有助於解答。我們隨即發展出一個禁得起其他技術團體檢驗的答案：優秀的硬體工程師和優秀的軟體工程師薪資同樣昂貴，但最大的差異在於製作產品原型、升級，以及修正錯誤的成本。設計通常涉及大量試誤，而硬體試誤的成本特別高。如果硬體設計無法正確運作，就代表得花數個月重新設計，代價昂貴；如果軟體無法運作，軟體工程師只要幾分鐘到幾天，在檔案內輸入幾個指令、重新編寫或再嘗試幾次即可，甚至產品已送交客戶，軟體也可迅速修復和升級。

因此，軟體的優勢來自於軟體開發週期的迅速——從概念到產品原型，以及找出並修改錯誤的過程。若工程師從不犯錯，完成一項精密設計的硬體和軟體成本可能不相上下。但是，有鑑於兩者都會犯錯，軟體因而成爲首選（除非配合硬體來提高速度是必備條件）。

電腦產業爲何解構？

我和利維於1996年在巴黎談話後，當時英特爾的董事長葛洛夫出版《10倍速時代》（*Only the Paranoid Survive*）這本具備個人洞察力的書籍。他運用商業和科技的專長，有力地描述「轉折點」

（infection points）如何破壞整個產業。特別的是，他描述這種「轉折」會將電腦產業由「垂直」轉變爲「水平」結構。

在傳統的垂直結構中，每家電腦公司自行生產處理器、記憶體、硬碟、鍵盤和螢幕，並自行編寫系統和應用軟體。購買者與製造商簽訂買賣合約，因不同公司的產品互不相容，一切都要跟製造商購買。例如，惠普的硬碟無法插入迪吉多的電腦使用。相對的，在新的產業水平結構中，這些活動全變成獨立業務。英特爾製造微處理器；其他公司製造記憶體、硬碟；微軟製造系統軟體等。混搭競爭廠商的零件便可組裝電腦。

儘管葛洛夫在書中表示：「……不僅計算機的基礎改變了，競爭的基礎也改變了。」身爲策略學者，我更想深入了解，爲什麼電腦產業會自我解構並形成水平結構。葛洛夫寫道：「現在回想，我也不確定電腦產業的轉折點確切是在何時發生的。是80年代初期，個人電腦開始興起時？或是80年代後期，以個人電腦技術爲基礎的網絡開始成長時？這很難說。」

對於電腦產業解構的原因，我百思不解，大約在一年後才終於頓悟。當時我正在訪談科技經理人，有位經理人表示曾在IBM擔任系統工程師，他之所以失去那份工作是因爲現代電腦不需要太多系統工程。「爲什麼不需要？」我不假思索地反問。

「因爲現在每個個別元件都很聰明。」他回答，我倏然了解電腦產業解構的理由。

葛洛夫所說的轉折點其實源於英特爾的商品——微處理器。當每個主要元件都內建微處理器，使得每個零件都變「聰明」

了，電腦便出現產業模組化的現象。

在許多傳統電腦和早期的個人電腦，中央處理器——機器的心臟——幾乎自行處理所有事情。以鍵盤來說，中央處理器負責掃描鍵盤搜尋按鍵，當它測出一個按鍵被按下，會馬上分析鍵盤上按鍵的行列，判斷按下的是哪一個字母或數字鍵；爲了讀磁帶機，中央處理器持續控制磁帶捲軸的速度和鬆緊度，在讀取進入且儲存於記憶體的資料時，必須停止和啓動磁帶機；爲了用「菊輪式」印表機打字，中央處理器控制轉輪旋轉及分開擊鎚的時間。

在某些情況下，設計師創造客製化的迷你中央處理器來管理周邊裝置，雖然裝置整合了，但程序依然複雜且未標準化，也需要大量系統工程作業。

廉價的微處理器出現後改變了一切。現代的鍵盤內建小型微處理器，知道何時哪個按鍵被按下，一併送出一個簡單的標準化訊息「X鍵被按下」給電腦。硬碟也很聰明，中央處理器不需要知道它如何運作，只要發送一個訊息給硬碟：「收到2032磁區」，硬碟的子系統會將資料送回該磁區，存放在一個小金屬塊內。此外，現代電腦是由獨立的微處理器分別控制電腦螢幕、記憶體、繪圖處理器、磁帶機、USB埠、數據機、乙太網路埠、遊戲控制器、備用電源、印表機、掃描器及滑鼠等。

智慧型零組件的運作都在一個標準作業系統內，這表示系統整合工作變得很簡單，不再需要由IBM和迪吉多數十年來建立的系統整合技術，這正是那位經理人失去工程師工作的原因。

因爲專屬系統工程不再重要，這個產業便自行解構。模組不必客製化設計，便能與其他部分一起運作。要取得一個工作系統，顧客不再需要向單一供應商購買。於是，製造並銷售記憶體、硬碟、鍵盤或顯示器的專業公司開始出現；另有其他公司專門製造和銷售顯示卡、遊戲控制器或其他設備。

現今，許多學術研究人士檢視電腦產業時，會看到一個互相協調的關係網絡，身處其中的企業互相協調。這種網絡的構想特別令現代簡化學派的社會學家著迷，他們計算人際關係，跳過傳統上意義和內容難以量化的問題。然而，若僅思考這種薄弱的關係網絡，容易混淆背景與不存在的前景。現代電腦產業眞正令人驚訝的並不是這種關係網絡，而是缺乏一家能大規模進行內部所有系統工程整合、協調的公司。目前的「關係」網絡其實只是從前IBM殘留的神經、肌肉和骨架。

思科系統駕馭變革浪潮

如前所述，科技新貴思科系統「從產業巨人眼前奪走跨網路設備市場」。思科的成功，證明善用變革，並將它轉化爲自己的優勢的力量多麼強大。思科利用的變革，包括軟體躍升爲關鍵技術、企業數據網路成長、 IP網路興起，以及公共網際網路激增。

1980年代早期，由於每種電腦網路使用不同的電纜線、接頭、時序，而且使用不同的協定將資訊編碼，史丹佛大學電腦中心主任戈林（Ralph Gorin）想找出將蘋果、Alto、迪吉多等不同的電腦網絡和不同的印表機相連結的方法。最後，史丹佛大學的兩位教職員——貝托辛（Andy Bechtolsheim）和伊格（William Yeager）提出名為「藍盒子」（blue box）的解決方案[2]。

另兩位史丹佛大學教職員——波薩克（Len Bosack）和勒納（Sandy Lerner）開始改良藍盒子的設計，將改善後的設計移轉至他們新成立的公司——思科系統。1987年，思科系統為了與史丹佛大學徹底脫離關係，支付史丹佛大學16萬7千美元，並承諾史丹佛大學享有思科產品的折扣，終於獲得軟體的完全合法權。當時許多人認為思科會把一些盒子（現稱為「路由器」）銷售給其他研究型大學，不預期思科能有重大獲利。當然，也無人預期思科會在2000年成為全球最有價值的公司。

思科在1998年獲得第一筆創投資金後，管理階層改由專業經理人擔任。摩格里奇（John Morgridge）於1988到1995年間出任執行長，繼任的是錢伯斯（John Chambers），兩位執行長都巧妙地引導思科利用產業中正在運作的強大力量。1988到1993年間，思科駕馭了三波同時發生的變革。第一波是微處理器的快速發展，促成以軟體做為核心技術（不同以往以硬體為核心）。思科將硬體的生產外包，專注在軟體、銷售和服務。戈林對此的評論是「思科機敏地出售了能插在牆上插座、有風扇且會發熱的軟體。」

第二波變革是企業網路的興盛，促使思科在早年即能更上一

2 由貝托辛設計硬體，伊格撰寫軟體。當時在史丹佛大學，貝托辛也做出了第一代昇陽（Sun 1）工作站的最初設計，之後他離職，與人共同創辦昇陽電腦，伊格隨後也加入該公司。

層樓。一如史丹佛大學的情況，一般公司也發現有必要連結這些採用不同網路協定的大型電腦、個人電腦和印表機，而思科的路由器能處理多重協定，使得需求量持續成長。

第三波變革是IP網路協定的興起。在1990年，大多數網路協定是企業專屬或贊助開發的；IBM有系統網路架構（Systems Network Architecture, SNA）、迪吉多有DECnet、微軟有NetBIOS、蘋果有AppleTalk、全錄開發了乙太網路等。相反的，IP網路協定源自1970年代美國國防部用來處理ARPANET上的訊息傳輸，這就是今日網際網路的前身。

IP網路協定是純邏輯的，沒有線路或連接器，也沒有時序或硬體規格；同時，它是免費的，也不是任何公司的專屬產品。隨著企業開始將獨立電腦系統連接至網路，企業的資訊科技部門也看見這種供應商中立協定的價值。愈來愈多的企業以IP網路協定爲骨幹網路協定，同時，思科也開始以IP網路協定做爲路由器的中央集線器協定。

最關鍵的是，當時產業間無人積極奪取這塊大餅。因爲每家公司都有專屬的網路協定，誰都不願意完全放棄，更不樂意生產這種能幫助競爭者進入其網路的路由器。

如果這三波變革還不夠，眞正讓思科有爆炸性成長的，就是發生在1993年的第四波變革：一般大眾大量使用網際網路。企業內部的電腦使用者突然想連上網際網路，不是透過數據機撥號，而是直接與網際網路協定骨幹網路保持連接。當大學和企業聯手促成這一波變革的發生，IP網路協定在這場網際網路標準的戰役中便勝出。

思科的路由器占領三分之二的企業網路市場，同時，骨幹網路的資訊流量暴增，思科就在該領域提供高速路由器，處理橫跨大陸範圍的網路資料流量。每當遇到競爭阻礙，思科便設法避開。思科於1992到1994年與IBM合作，以思科的路由器加強支援IBM專屬的SNA協定；又與AT&T及其他公司合作，確保其設備支援電信產業的協定，例如，非同步傳輸模式（Asynchronous Transfer Mode）和訊框中繼（Frame Relay）。

在面對一個公司成功的故事時，許多人不禁問：「如今的成功有多少是因爲該公司技術超凡，或者只是運氣比較好？」思科傳奇生動地呈現善用變革力量的優勢，多於技術和運氣。若缺乏電腦和電信產業有力的幾波變革，思科今日可能還只是一家小公司。思科的管理階層與技術專家非常擅長辨識和利用這些變革，也十分幸運地沒有犯下致命錯誤。

主要競爭對手IBM在歷經十三年的反壟斷訴訟後，攻擊力道漸縮，網際網路的進展，更加速思科向上攀升。此外，許多競爭對手因爲企業慣性、僅支持單一或專屬協議的策略，或因爲這波變革來得又急又快，紛紛受到牽制而裹足不前，更變相促成思科的成功。

發現變革中的路標

沒有起風，水手就難以展現優異技能。同樣的，在產業轉型的過渡期間，制定策略的技能就極具價值。在產業重大轉型期間的相對穩定期，追隨者難以趕上領導者，領導者之間也難以彼此超越。但是在產業轉型過程中，固有競爭者的啄序[3]可能會瓦解，出現新的競爭格局。

至今尚無簡單的理論或架構可用來分析變革的浪潮。我就讀柏克萊大學二年級時的物理學教授、諾貝爾獎得主阿弗雷茲（Luis Alvarez）表示：「這門課之所以被視爲『高等』物理學，是因爲我們對它非常不了解。若是對於來龍去脈有清楚且一致的理論，就會把這門課稱爲『基礎』物理學。」

研究整個產業或經濟體的變革，要比粒子物理學更「高等」——了解並預測這些動態模式既困難又不確定。所幸，領導者不需要全盤正確——組織的策略只要比對手的策略更準確即可。在迷霧般的變革中，若你的能見度比對手高出10%，就能獲得優勢。

人們在濃霧中駕駛或滑雪，如果缺乏方向指引就會感到不安。若在薄霧中看到一個可辨識的物體，就能提供一個令人安心的參考點，也就是路標。爲了協助你在變革迷霧中辨明方向，我提出幾個心理路標，每個都是值得關注的觀察或思考方式。

第一個路標界定的是**固定成本增加**所引起的產業轉型；第二個路標是**解除管制**促成的變革；第三個路標強調的是在**預測未來時可預見的傾向**；第四個路標指出，現存公司必須適當評估**對變革的回應**。第五個路標則是**吸引狀態**的概念。

路標一：固定成本增加

最單純的產業轉型是固定成本大量增加所觸發的，特別是產品開發成本。這種情況可能迫使產業中的企業合併，因爲只有最大的競爭者能負擔這些固定成本的變動。以相機底片產業爲例，在1960年代從黑白底片邁向彩色底片，便使產業中領導者的地位更爲鞏固。

對於這次變革，一個極有見地的分析指出，黑白底片已發展成熟，因爲底片品質已高於大多數購買者的需求，競爭對手無意再投資黑白底片的研發，然而彩色底片的品質改善卻可以獲得很大的報酬。由於彩色底片的研發成本持續增高，英國的Ilford和美國的Ansco等多家廠商都被迫退出市場。這波變革造成該產業只留下幾家較大的廠商，並由柯達和富士（Fuji）主導。

類似的動態，正如於1960年代晚期崛起，並在運算系統占有優勢的IBM，起因正是開發電腦和作業系統的成本激增。另一個例子則是從活塞引擎轉變爲更精密的噴射引擎，最後該領域形成奇異、普惠（Pratt & Whitney）和勞斯萊斯三大廠鼎立的局面。

路標二：解除管制

政府政策的重大改變，尤其是解除管制，常會引起許多重要的產業轉型。近三十年來，美國聯邦政府在航空、金融、銀行、有線電視、貨運及電信產業的法令都有重大改變，造成各產業競

3 啄序（pecking order）原本指鳥類藉由啄咬的動作來區分彼此位階的高低。啄序決定強弱次序，如同社會階級一樣。

爭版圖的劇烈變化。

關於這種轉型，我們的觀察如下。首先，價格管制的做法都是由某些購買者付錢（以犧牲某些購買者爲代價）來補貼另一些購買者。管制機票定價，是以州際旅客的費用補貼農村旅客；管制電話定價，也是以都市和商業客戶的費用補貼鄉村和郊區顧客；貸款帳戶和抵押貸款顧客，則是由一般銀行存款戶的金錢來資助。

出現價格競爭後，這些補貼措施隨即縮減，但解除管制後的企業會在差異化消失很久，才開始追逐利潤。這是由於公司的慣性和對競爭有固定的看法，以及不了解成本所致。

事實上，受到高度管制的公司並不知道自己眞正的成本——它們會發展複雜的系統來證明成本和價格的合理性，這個系統會隱藏眞正的成本，以致最後無人得知。曾爲受管制的公司或壟斷者，往往需要數年才能擺脫多餘的人事費用、從系統中移除其他成本，並阻止會計師任意將經常性的管理費用分攤到活動和產品上。同時，這些心理和會計上的偏差，也意味這些公司可能逐步去除眞正能獲利的產品線，而投資在沒有實質報酬的產品與活動上。

路標三：可預見的傾向

察看變革中正在發生的事，有助於了解你在預測未來時會存在可預見的傾向。例如，人們很少預測一種事業或經濟趨勢達到巓峰後衰退。當產品的銷售迅速成長，人們往往預測將會持續成長，直到成長速度逐漸下降到「正常」水準。這種預測對經常購買的產品或許有效，但對於平面電視、傳真機、電動割草機這類耐久財則不然，因爲耐久財的銷售在上市初期會迅速成長。當有興趣的消費者都已購買，銷售量便會驟跌，之後，銷售會隨著人口成長和替代性需求而變動。

預測這種巔峰的存在不難，儘管在成長率趨緩之前，無法確定確切的時間點。這種情況的邏輯違反許多人的直覺——耐久財愈快被採用，市場就會愈快飽和。許多經理人發覺這種預測令人不安。有位客戶曾對我說：「教授，如果你不能解決預測中的悲觀想法，我得找其他顧問來解決。」

在面臨變革浪潮時產生的另一種傾向，就是預測市場領導者將會奮力爭取市場主導權，讓中小企業難以生存。這種標準預測幾乎被應用在所有情況中，儘管有時正確，也常有出人意料的情況。

例如，電腦和電信產業將「聚合」的預測已宣告多年，其中最具影響的預測是NEC會長小林宏治在1977年提出的「電腦與通訊技術」（Computers and communications, C&C）願景。小林宏治認爲，IBM收購一家通訊交換器製造廠與AT&T收購一家電腦製造廠，都充分指出這條前進的道路。

他想像電話系統有電腦技術的支援——電話能因此具有口語翻譯功能。他預測這種聚合現象也會促使積體電路科技同步進展（大規模整合、超大規模的整合，甚至更大）。小林宏治把這個願景牢記在心，努力讓NEC朝著更優異運算能力的方向推進，試圖製造出更快速小巧的超級電腦。而美國政府解除對AT&T的管制，在某種程度上是爲了讓它與IBM競爭預做準備。

然而，NEC、AT&T、IBM及其他主要公司遭遇的問題，在於聚合的方式並未按照「預想中」那樣發生。AT&T和IBM像兩個正準備搏鬥的相撲選手，沒想到腳下的地板突然被接連而來的變革浪潮——微處理器、軟體、電腦產業的解構和網際網路——所摧毀，雙雙跌入深淵。這種共同的命運並非人們當初所預料的。

依循同樣的思維，1998年有許多專家也預測會有主宰全球通訊的巨型跨國企業出現，這些公司將以複雜的智慧型網路提供全球性的資料傳輸，前兆就是AT&T和英國電信合資組成康瑟通訊服務（Concert Communications Services）。結果，就像優比速快遞（UPS）不必爲所有卡車快遞路線鋪設道路一樣，當然也沒有理由出現一家擁有全球網路的公司。

第三個常見的傾向就是，過渡時期顧問和其他分析師提供的標準建議，都是參考那些目前規模最大、最有利可圖或公司股價上漲最快的競爭對手的策略，或是他們會更直接預測，未來的贏家將會是目前看起來可能最高的贏家。

• 航空管制解除時，顧問建議航空業採用達美航空（Delta）以美國喬治亞州亞特蘭大爲總部的軸輻式策略。不幸的是，之前達美航空的獲利是來自從亞特蘭大飛往鄉村城鎮的短途航線價格補貼，這些補貼制度隨著管制解除也消失了。

• 當世界通訊（WorldCom）的股價持續飆高，顧問往往力勸客戶仿效該公司在城市周圍建構光纖環狀網路（在丹佛周圍就有二十一條）。一個報告曾指出：「當網路數量達到10%的時候，世界通訊的每單位網路成本就已勝過AT&T。」後來隨著電信公司紛紛開始重振與降價，世界通訊就一敗塗地。

• 在1999年，顧問給網路創業者的標準建議是仿效雅虎（Yahoo!）或美國線上（AOL）等網站建立「入口」網站，做爲網路的指引，吸引使用者湧入。儘管這些公司都是當時的明星，隨著網際網路的大幅擴展，它們最初獲取和引導網路資訊流量的策略也過時了。

路標四：現存公司對變革的回應

這個路標指出，了解現存公司對變革回應的重要性。一般而言，我們認爲，那些會威脅、破壞企業累積多年的複雜技術和寶貴地位的產業結構變遷，會遭到現存公司的抵制。第十四章將更詳細討論這些慣性模式。

路標五：吸引狀態

我發現使用「吸引狀態」這個概念有助於了解變革。產業中的吸引狀態，說明產業「應該」如何依照技術和需求結構來運作。在此我用「應該」二字，是爲了強調要朝著效率的方向演化，也就是盡可能有效率地滿足購買者的需要和需求。對於產業中吸引狀態具備清晰觀點，將有助於更從容不迫地掌握變革。

1995到2000年，電信產業正處於一片混亂，思科系統的「網際網路協定無處不在」的策略願景，描述的正是吸引狀態。在這個可能成為事實的願景中，所有數據都以網際網路協定封包的形式，在乙太網路、無線網路、電信公司非同步傳輸模式（ATM）網路，或海底電纜中移動。此外，所有資訊都會被編碼到網際網路協定封包中，無論是語音、簡訊、圖片、檔案或視訊會議

還有一些公司預測未來將由電信公司提供「智慧型」網路和「加值服務」，這代表電信公司將提供特殊協定、硬體及軟體支援視訊會議等服務。相對的，在「網際網路協定無處不在」這個吸引狀態中，網路的「智慧」是由終端設備提供，網路本身只是一個標準化的資料傳輸管道。

吸引狀態提供產業未來演變的方向感。沒有人能保證這種狀態一定會出現，但它確實展現如重力般的牽引力。吸引狀態和其他企業所謂「願景」的關鍵差異，在於吸引狀態是以產業整體的效率為基礎，而不是以單一公司奪得市場大餅的企圖為基礎。「網際網路協定無處不在」的願景就是一種吸引狀態，因為它更具效率，也消除了專屬標準如大雜燴般的限制和無效能。

在分析吸引狀態時需額外考慮兩點：要分辨邁向吸引狀態的催化劑和障礙物。催化劑之中，有一種是我所謂的**示範效果**——就是對購買者知覺和行為的影響。例如，歌曲和電視影像對大多數人而言不過是資料的想法，直到Napster出現後，才被視為智慧財產，人們突然意識到一首三分鐘長度的歌曲只是個2.5 MB的檔案，可以被任意複製、移動，甚至用電子郵件寄送給他人。

至於障礙物的例子，可以思考電力產業的問題。有鑑於大氣對燃燒含碳化合物後產生的二氧化碳的承載力有限，電力產業

的吸引狀態顯然是發展核電。最簡單的方式，就是用現代化的第三代或第四代核能反應鍋爐取代燃油和燃煤鍋爐。美國電力產業朝向核電發展的主要障礙在於許可過程錯綜複雜，也充滿高度不確定性——每階段都有地方、州、聯邦當局，甚至法院介入。在法國，五年便可取得許可與建造一座完整的核能發電廠；但在美國，光更換一個鍋爐可能就需要十年以上的時間。

有趣的吸引狀態分析也可用來預測報業的未來。報紙、電視、網站和其他許多媒體之所以特別複雜，是因爲其間接的收入結構——廣告是大部分的收入來源。

該產業的領導者，平日發行量超過百萬份的《紐約時報》正面臨重大的挑戰。該公司在2008年仍有大量的訂戶和報攤銷售收入，合計達6.68億美元，足以支付新聞編輯部和行政費用。問題在於，實體印刷和配銷的成本是訂閱收入的兩到三倍，這一向由廣告收入來支付。到了2009年，廣告收入開始急劇下滑。

造成這種情況的力量有二。首先，報紙的讀者減少，因爲現今的讀者能隨意收聽全天候播放的廣播新聞、透過網路即可得知頭條新聞，無數專業部落格和文章也提供新聞評論與分析，讀者可跳過一般報紙，選擇較低成本或更優惠的價格來掌握新聞。其次，報紙廣告預算從1980年代中期便開始減少。

現今的廣告商對於鎖定客層的媒體——那些不受人口統計局限制，能精準辨識消費者特定興趣——更感興趣，這也正是Google的力量所在。搜尋引擎能夠運用使用者搜尋的內容，辨識出使用者的興趣。一般報紙在這波變革中都蒙受損失。

新聞媒體可從三個基本層面產生差異化：地區（全球、國家、區域、當地）、頻率（每小時、每天等），以及深度（頭條新聞、專題報導、深入的專家分析）。我相信新聞媒體的吸引狀態包含這三個基本面向的專業化，而非無所不包地試圖鎖定所有人。由於電子訊息獲取容易，報紙沒有理由繼續把地方、國家和世界新聞拼湊在一起，再加入氣象、運動、漫畫、猜謎、社論及個人建議。

我相信，隨著我們朝專業化的吸引狀態移動，這種每日大量出刊的傳統報紙將會逐漸消失。地方新聞和更專業新聞媒體將繼續存在，甚至蓬勃發展。對於《紐約時報》和《芝加哥論壇報》（*Chicago Tribune*）而言，策略的挑戰不是「改爲線上形式」或「增加廣告量」，而是將活動分門別類。

這種分門別類的吸引狀態，讓報導地方新聞、氣象和運動的日報可能保有市場，但必須以低於目前《紐約時報》的行政費用來經營。深度新聞分析和新聞調查適合以週刊形式發行，最後傳送給線上讀者（並在一個月後提供免費線上閱讀）。

相對的，國內和世界的熱門新聞最適合在線上發表，尤其是透過行動接收平台，有線新聞頻道也會是有趣的新聞補充方式。與全球的各大報紙和獨立的新聞工作者合作，將有助於降低成本（可以《紐約時報》的品牌做爲議價工具）。此外，商業、政治、藝術及科學方面的報導也適合利用線上閱讀的形式。

大規模的傳統報業在改爲線上模式時，除了依賴內部工作人員之外，更需要從多樣化來源的內容和不同的作者獲取資訊。成功的線上媒體往往提供使用者精選文章、故事、部落格及評論等連結。時至今日，廣告仍是線上媒體的最大收入來源；廣告愈能鎖定客層和顧客興趣，媒體就愈能向廣告主收費。

14

運用慣性與亂度

行駛中的超級油輪即使用力倒轉，仍會繼續航行一英里後才完全停住。物體這種抵抗其運動狀態被改變的性質即爲**慣性**。在商業領域，慣性是指組織不願意或無法適應環境變遷的現象，即便徹底執行應變計畫，仍需數年才能改變一家公司的基本運作。

如果組織只存在慣性的問題，只要外在環境維持不變，調整好的企業便能保持健全且有效的運作。然而，組織還有另一個運作力量，便是**亂度**。在科學中，亂度（熵）用來測量物理系統中混亂的程度，熱力學第二定律指出，亂度（熵）在隔絕的物理系統中通常會增加。同樣的，管理不善的企業很容易失去秩序並且無法專注。即使策略或競爭環境沒有改變，亂度也會促使領導者必須持續努力以維持組織的目標、形式和方法。

慣性與亂度對策略有幾個重大的意涵：

- 成功的策略往往歸功於對手的慣性和低效率。例如，網飛（Netflix）能超越如今已宣告破產的百視達（Blockbuster），正是因爲百視達不能或不願意放棄零售店的經營方式；微軟即便在行動電話作業系統很早就大幅領先競爭者，由於改善軟體的速度緩慢，才讓蘋果和Google兩大競爭對手有機可乘。了解對手的慣性就和了解自己的強項一樣重要。
- 組織最大的挑戰也許不是外部的威脅或機會，而是自身慣性與亂度的影響。在這種情況下，必須將組織的重建列為第一優先任務。改變一個複雜的組織是極大的策略挑戰，領導者必須診斷出慣性與亂度的因果，繼而制定可產生變革的合理指導方針，再設計協調一致的行動來改變組織的例行程序、文化、權力結構和影響力。

慣性

組織的慣性大致可分為三類：例行程序的慣性、文化的慣性，以及代理慣性。對期望降低組織慣性的領導者，或意圖攻擊回應力道疲弱的對手的公司而言，每一種慣性都有不同的意涵。

例行程序的慣性

不論多大規模的企業，其核心活動便是規律地進行採購、製造及行銷產品等標準程序。具自我意識的行動雖然較少受程序規律的引導，但仍有明確的路徑可循。即使是辛苦地開發重要的新客戶、製造新設備和制定計畫，依然照章行事。舉凡具備一定規模與歷史的組織，都會仰賴長期累積的知識和經驗，這些都會納入例行程序中。這些例行程序，也就是「完成事情的方式」，不僅會侷限人們只用熟悉的方式完成事情，也會過濾並僵化經理人對問題的看法。組織的標準例行程序和工作方法會保留舊有的資訊分類與處理方法。

倘若面臨突如其來的外在衝擊，如油價上漲三倍、微處理器的發明，以及電信管制解除等，因標準例行程序造成的慣性就會浮現。因爲這些衝擊改變了產業的競爭基礎，在原本的慣性和新管理體制的需求之間造成重大落差。

美國在1978年逐步解除航空管制，對那些工作程序存在慣性的航空公司造成極大衝擊。各航空公司的經營慣性和競爭概念，早已在數十年來的強大管制期間定型，解除管制雖然瞬間對行動的諸多限制鬆綁，但管制解除後的前幾年，航空業者仍遵循著經驗法則運作，並未因應新情勢採取措施。

航空管制解除兩年後，我受大陸航空（Continental Airlines）之託協助制定策略，包括採購新飛機的決策。當時該公司擁有龐大的DC-10機隊，考慮是否花4億美元添購新機加入營運。執行長菲爾德曼（Al Feldman）剛從邊疆航空（Frontier Airlines）執行長的職位跳槽而來，他向來是解除航空管制的大力支持者。

在航空管制的數十年間，美國政府設定飛機票價，並指定航空公司的飛航路線；業者的競爭多侷限在形象、餐飲和個人服務的範疇。衡量航空業的標準產出單位是有效座位里程數（ASM），也就是每個機位在飛機升至三萬二千英尺的高度，每飛行一英里所創造的價值。由於許多飛行成本是固定的，包括每架次的服務成本、損耗、清潔、餐飲，甚至機組人員的人事成本，因此，航空公司每一有效座位里程數的單位營運成本和航線長短成反比。

例如，從洛杉磯飛至鳳凰城全程爲三百六十七英里，有效座位里程數的單位成本可能爲0.22美元；從洛杉磯飛至底特律全程超過二千英里，有效座位里程數的單位營運成本卻只要0.09美元。美國國會希望增加飛往小城鎮的航班，因此在管制時期，民航委員會（CAB）設定的短程票價遠比成本還低，並強制航空公司必須飛這些短程航線。由於民航委員會設定的長程票價高於成本，各家航空公司都是以長程航線的利潤補貼短程航線的虧損。當然，民航委員會也強制每家航空公司必須同時飛長程和短程航線。

我和大陸航空的某個小團隊一起工作時，對這個產業的近期發展提出一個觀點。我的分析是解除管制後，票價與成本的關係會更密切，短程航線的票價和利潤會提高，但是長程航線則會下降。因爲解除管制後，航空公司要獲利只有兩種方法：採行低成本的營運結構，或是在短程航線尚未形成激烈競爭前就先搶奪這塊市場。

當時的航空產業普遍認爲，低價策略將吸引大量顧客，而商務旅客對票價較不敏感。我的想法卻截然不同，商務旅客當然希望班次頻繁、便利又舒適的旅程；但大多數情況下，商務旅客不是自行支付機票費用，而是由雇主支付，雇主可能更在意差旅的成本，而非搭乘時的舒適度。儘管商務旅客喜歡舒適，然而，公司願意爲舒適而支付高價嗎？我們都認爲，如果長程航線的票價下降，雇主是不會願意爲了讓員工舒適旅行而支付高價；我也預測即使客機的載客量上升，票價和利潤還是會下降。

這個觀點與剛剛解除管制的產業主流觀點背道而馳。長程航線向來都有賺錢的航線。聯合航空（United Airlines）執行長菲利斯（Dick Ferris）幾個月前向華爾街分析師表示，他的策略是取消所有短程航線，並「集中精力在眞正賺錢的長程航線」；他承諾聯合航空將斥資30億美元建立以芝加哥爲中心的全新長程機隊；布蘭尼夫國際航空（Braniff International）也以增闢全新的長程航線，做爲因應新情勢的方法。我希望我們的分析能讓大陸航空採取更明智的做法。

但我的想法不被大陸航空的執行委員會採納，最高管理階層的回應是：「你的分析大錯特錯。我們已經使用規劃模型做出預測，橫跨美國兩岸的長程票價一定會上漲，而不是下降。我們的問題在於：應該向誰購買新飛機？波音（Boeing）、空中巴士（Airbus），或麥道（McDonnell Douglas）？」

在這種時刻，任誰都無法確定自己的判斷。或許我的分析遺漏了什麼，究竟是怎樣的「規劃模型」會預測出長程航線票價上漲？因此，我花了一週的時間弄清楚這個模型和預測。這個預測果眞說：目前的長程票價已失衡，預測票價會上漲。

大陸航空的「規劃模型」其實是波音提供的「波音機隊規劃」（Boeing Fleet Planning）程式，這是用來協助航空公司制定購買設備的決策。只要輸入航線和設備資料，程式會計算出營運成本，並預測財務報告。大陸航空雖使用麥道的飛機，但這個機隊規劃程式知道所有主要飛機的操作特性。

坐在我身旁的財務部專員向我解釋這個程式的運作，使用者只需輸入飛行航線、預測每條航線的市場占有率，然後指定飛機設備，程式就會將資料與營運成本數據結合，計算每條航線的有效座位里程數的營運成本。它估計座位利用率爲55%（載客量因素），再加上12%的資本報酬率，即可預測機票價格──就是長途機票價格「一定上漲，而非下降」。

我深表懷疑，我說：「這就是預測出來的票價？這不過是成本加上利潤而已！」

「我們使用這項工具很多年了，它是非常值得信賴的。」這位專員冷冷地答道。

我感到很驚訝。「這些數字會怎麼使用？這些數字之後會送去哪裡？」我詢問。

他說：「會連同其他資料一併送到民航委員會，這是票價規劃的部分參考。」

大陸航空在管制時期使用這個系統來預測票價，藉此向民航委員會提出建議並協商機票價格，到了解除管制的新競爭時代卻依然沿用。這種預測全然沒有將競爭、供給、需求、載客量或市場力量納入考量，只是將成本加上利潤──它只「預測」了民航委員會將會如何設定票價。波音機隊規劃程式是一項很好的工具，除非管理者能保證機艙只坐滿一半乘客時，仍然可以獲得12%的報酬率，否則無法用來預測票價。

雖然航空管制已經解除，執行長也大聲疾呼公司要有全新的競爭精神、高階管理者要有衝勁，然而公司的規劃、定價和行銷，仍舊沿用管制時期的習慣做法。大陸航空嶄新的競爭精神，純粹只是激進的企圖心罷了。

之後，我又花一個月的時間，發現另一個管制時期的經驗法則。由於航空公司的資本是資產加上負債，民航委員藉由制定票價使航空公司資本報酬率能達到「合理」的12%，事實上是爲了確保航空公司一定可以支付負債的利息，而航空公司要做的就是不要偏離整體規範太遠。銀行也會把航空公司的債務視爲風險較低的信貸，這對航空公司購買新機的心態有極大的影響。

當航空公司斥資數十億美元從螺旋槳飛機進展到噴射引擎飛機，再從窄體飛機進展到廣體飛機，大幅提升了載客人數。在一般產業裡，除非市場需求激增，否則當所有競爭者同時更新服務設備、提高產能，只會造成價格下跌和大量虧損。

然而，當航空業處於產能過剩時期，民航委員會卻出手拉抬價格。在管制時期，更新設備對航空業者而言並非策略問題，整個產業只要有一個簡單規則就夠了：跟其他人同步採購新機。

解除管制意謂過去的經驗法則已過時，「飛長程航線、票價收入會超過總成本，跟他人同步採購新機」的思考，今後不再適用。從1979到1983年，美國主要航空業者依然按照舊法則運作。1981年，聯合航空、美國航空（American）和東方航空（Eastern）合計虧損2.4億美元，同期，以短程航線爲主的達美、邊疆、全美（USAir）等公司皆獲利。往後二十年，只有西南航空（Southwest）持續獲利。在1984到1985年，長程航線的機票價格下跌了27%；短程航線的機票價格卻上升40%，足以支付成本。我們這個小團隊的分析基本上是正確的。這並非難以理解的複雜知識，只是違反了多年來的經驗法則。

但是，分析結果正確未必能協助決策制定者。以大陸航空來說，一場大罷工轉移了管理階層對市場動態的注意力。票價沒有上漲，加上連連虧損，造成公司購買新飛機的計畫落空。接著，創辦德州航空（Texas Air）的羅倫佐（Frank Lorenzo）察覺到大陸航空的困境，便展開對大陸航空的惡意收購。大陸航空的最高管理階層不敢相信小型的德州航空竟能購併像自己這麼大型的航空公司。

直到1980年代晚期，美國企業的管理者才逐漸習慣這種以小併大的想法。挫敗、氣憤且意志消沉的大陸航空執行長費爾德曼，於1981年8月在辦公桌前舉槍自盡。

1982年，羅倫佐以反向購併[1]的方式併購了大陸航空，但一年後，合併德州航空與大陸航空後所成立的新公司申請破產，部分原因是採取飛機與舊工會合約分離的策略。1986年，擺脫破產陰影的大陸航空重新崛起，隨即併購邊疆航空、人民快捷航空（People Express）和紐約航空（New York Air）。羅倫佐也於1990年出脫大陸航空的股票。

◎

因過時或不當的例行程序所產生的慣性是可以修正的，最大問題在於最高管理階層的觀點。如果高階領導者相信嶄新的運作程序是必要的，變革的速度就會十分快速。進行變革的標準做法，包括從其他實行先進工作方法的公司聘請經理人、併購具備卓越方法的公司、聘請顧問，或重新設計公司的例行程序。無論使用上述哪一種方法，在新型態的資訊流模式下，免不了需撤換那些多年來仍使用老方法的人員，也必須重組事業單位。

文化的慣性

1984年，我因擔任AT&T的策略顧問、協助該公司發展電腦和通訊產品與策略，有機會近距離一窺當代企業文化慣性很強的AT&T[2]。AT&T當年開發的Unix作業系統，是今日開放原始碼Linux和蘋果Mac OS X作業系統的發展基礎，AT&T在電腦通訊方面理當有能力主導市場。受聘爲策略顧問，我和該公司致力於研究運算和通訊的新產品和策略。

我協助AT&T制定的策略，包括以AT&T的品牌開發關鍵的套裝軟體。此外，我們計畫這些套裝軟體和附加模組，可以透過電話撥接和AT&T的「通訊電腦」[3]來銷售；也打算開發一個針對個人電腦平台，支援圖形使用者介面的簡易版Unix系統。

因爲與AT&T發展密切的合作關係，一些高階經理人告訴我一個令他們難堪的祕密——AT&T不擅長產品開發。是的，這家公司擁有引以爲傲的貝爾實驗室、發明電晶體、Unix系統和C語言，

1 反向併購（reverse takeover）又稱借殼上市，是指市值較小的非上市公司藉由收購市值較大的上市公司股份，達到上市的目的。

2 當時，美國電信龍頭AT&T被法院判決違反反托拉斯法，強制將歷史悠久的電話系統事業拆成七家區域性電話公司和一家長途電話公司。當時的AT&T旗下有貝爾實驗室（Bell Labs）、西電（Western Electric）生產部門、消費性產品事業、電腦產品、網路系統與服務，以及長途電話服務。如今以AT&T為名的是個很不一樣的公司，業務包括長途電話服務、全國性的無線服務，以及多家區域性電話公司。貝爾實驗室和西電如今劃歸在阿爾卡特－朗訊（Alcatel-Lucent）公司旗下。商務通訊和網路服務也已從AT&T獨立出來，成立Avaya公司。

3 在1983年至1984年間，網際網路只提供學術使用。直到1986年才由美國國家科學基金會（National Science Foundation）開始發展成全國性的網路骨幹。

也是個深入探索自然根本的偉大公司，卻沒有能力開發消費性產品！以行動電話爲例，貝爾實驗室從1947年起就開始發展行動電話的基本構想。然而，1977年首次的市場測試，卻必須使用摩托羅拉的設備來進行。

另一個則是電傳視訊（videotex）的故事。1983年，AT&T與奈特瑞德（Knight Ridder）報業集團合資測試Viewtron這套電傳視訊系統。該系統能在家中的電視螢幕上，以文字提供新聞、氣象、航班時刻表、運動賽事得分及社區資訊，但貝爾實驗室竟然無法提供測試市場所需的簡易軟體。結果，運作這套系統的軟體是由奈特瑞德報業集團轉包的一家小型公司Infomart開發出來的。

在這方面，我個人得到的教訓與「通訊電腦」有關（透過數據機連接網路服務的個人電腦，約是網際網路被大眾普遍使用十年前的產品）。我亟欲向高階經理人證明透過電腦銷售軟體的潛力，並以電梯來比喻這種銷售模式：一樓是遊戲、二樓是工具程式、三樓是其他計算應用軟體。我們想說服AT&T的貝爾實驗室用一個簡單的個人電腦程式來展示這種介面，他們估計要花300萬美元和兩年的作業時間。我建議用一個更簡單的方法來進行，貝爾實驗室的代表卻對我說：「請不要干涉我們的設計。」在沮喪之餘，我只用三週就編寫完用來展示的簡單程式碼。

AT&T的問題不在於個人的能力，而是文化——也就是工作規範和心態。貝爾實驗室從事的是基礎研究，不是研發產品，他們對編寫展示用程式的反應，一如要求波音飛機的工程師去設計玩具飛機。AT&T在壟斷電信事業的數十年間，這種文化也蓬勃發展。如今管制解除，競爭變得激烈，電腦和資料通訊的大眾市場機會攀升，AT&T舊有的做事方式對行動形成巨大障礙。更糟的是，整個體系的龐大慣性是不容違反的。AT&T的多數高階經理人由於對科技不十分了解，也就無法體會這個問題；少數了解情況的人也改變不了貝爾實驗室這種美國研發權威、諾貝爾獎得主孕育中心的特性。

從1984到1985年，我在AT&T的策略工作完全白費。這個得來不易的教訓是：如果組織目前缺乏關鍵能力，還有根深蒂固的文化阻礙發展，即使有良好的產品與市場策略也無用武之地。我協助制定的種種巧妙目標完全無法實行。至少到了十年之後，AT&T才縮減規模，獲得足以執行競爭策略的設計靈活度。

西電和貝爾實驗室的一大部分在1996年脫離AT&T，成爲朗訊科技（Lucent Technologies）。華爾街鍾愛這家新公司，也促使朗訊科技的股價從每股8美元漲到80美元。但後來朗訊科技顯然無法獲利，2002年時股價暴跌至1美元以下。法國電信設備製造商阿爾卡特於2006年併購朗訊。自併購以來，由於朗訊的營運虧損，使得阿爾卡特－朗訊公司的市值已下跌七成。

◎

我們用「文化」一詞來表示社會行爲中一些穩定而強烈抵制改變的元素。最鮮明的例子如赤柬（Khmer Rouge）時期的統治者波布（Pol Pot），他屠殺了柬埔寨五分之一的人口，幾乎殺光所有知識份子、焚毀全部書籍、嚴禁宗教信仰、關閉銀行、廢除貨幣，以及沒收私有財產，卻依然無法改變柬埔寨的文化。組織的文化雖然不像國家、宗教或種族文化一樣難以改變，但如果認爲可以迅速或輕易改變組織文化，就會十分危險。

打破組織文化慣性的第一步是簡化，這有助於消弭複雜的常規、流程，以及部門間掩飾浪費和缺乏效率的因素。撤除過多的管理階層與終止不必要的業務，可以將它們出售、裁撤、分開或外包。務必解散協調委員會和無數的複雜方案，因爲簡化結構後才能開始看清楚一直躲藏在繁複管理階層和私利背後的過時單位、缺乏效率及不當行爲。

經過第一輪的簡化後，或許有必要拆解作業單位；先決條件是不同的單位基本上可獨立作業、不需要密切的協調合作。如此拆解可打破政治結盟、削減交叉補貼的現象，也讓領導者更能清楚監督許多較小單位的運作和績效。經過這一輪的拆解與簡化，再進行分類，有些單位應該裁撤，有些單位需要修復，還有一些單位將成爲新結構的核心。分類應根據績效與文化，畢竟，組織承擔不起一個有高績效、卻具備拙劣文化的單位對其他單位的影響。接著，判定爲「可修復」的單位也必須透過個別的變革與更新的策略來改善。

改變一個單位的文化是指改變單位成員的工作規範與工作相關的價值觀。這些規範是由小型社會群體中最高地位成員的行事所樹立、維持且每日執行。總體而言，改變這個群體的規範，勢必要以某位能傳達不同規範與價值觀的人，來取代原本這個地位最高的成員。如果已經設定了充滿挑戰性的目標，便能加速這個過程的進展。同時，這個挑戰的目的不是爲了獲取績效，而是在單位內建立起全新的工作習慣與作業程序。

一旦這些作業單位全都運作良好，或許就可以設立新的協調機制，並扭轉先前用來打破慣性的作爲。

代理慣性

在變革中缺乏競爭回應，未必是因爲不靈活的例行程序或僵化的組織文化，企業可能基於回應會破壞仍有價值的獲利來源，而「選擇」不回應或不反擊。這些獲利來自顧客本身的慣性，因而能長期維持，這就是代理慣性。

舉例來說，1980年美國的優惠利率高達20%，銀行如何因應當時放寬貨幣市場開戶的限制？小型和新興銀行爲了追求分行成長，很樂意提供高利率存款帳戶，但許多已有長期客戶的老銀行則不予回應。假定客戶都很敏銳，會快速搜尋並將存款轉換到提供最高利率的銀行，這些老銀行勢必得提供更高的存款利率，否則就會從市場上消失。很幸運的是，客戶並非如此敏銳。

當時我在費城儲蓄基金協會（Philadelphia Savings Fund Society, PSFS）擔任顧問，詢問過該協會的存款利率結構。有一位副總裁試圖找出高利存款帳戶的宣傳手冊，最後還是找不到，他說：「我們一般的存款戶是退休人員，沒那麼精明世故。他們的存款至少能爲自己帶來5%的利息！」言下之意是，他們可將那些存款戶的錢放款出去，賺取12%或更高的利息，而且只須支付5%的利息給存款戶。當然，有些存款戶會選擇離開，但大多數人不會，他們的慣性讓銀行得以賺取龐大利潤。這對其競爭對手的重要啓示是，他們可以偷偷挖走費城儲蓄基金協會的顧客，而不會引發任何競爭回應。

另一個則是電信業的例子。貝爾（Bell）電話公司的地區分公司各自擁有不同數量的企業客戶。隨著網際網路的出現，哪家分公司會率先提供數位用戶線路（DSL）服務？

T1專線是貝爾電話公司提供給企業客戶最主要的數據傳輸服務，傳輸速度是每秒1.5 mbps（每秒百萬位元），月租費爲4,000美元。到了1998年，DSL的速度約爲T1的三分之一，價格卻只要T1的三十分之一；換句話說，顧客可用三條DSL取代一條T1專線，花費只需原本的十分之一。貝爾電話公司不願放棄獲利頗豐的T1業務，紐約、芝加哥和舊金山分公司乾脆不提供DSL服務。結果，這些分公司每年被世界通訊、跨媒體通訊公司（Intermedia Communications），以及許多較小規模的區域型交換營運商奪走10%的企業數據傳輸業務，但T1業務的極高獲利仍可彌補這些損失[4]。

電信公司這種顯而易見的慣性，其實也是一種代理慣性。慣性的出現是因爲他們的顧客即便面臨極大的價差，還是對更換供應商反應遲鈍。這種代理慣性愚弄了許多企業和投資人。「新網路」營運商驚人的擴展速度展現出的競爭優勢，引發了投資狂潮，催動股票上漲。當貝爾電話公司終於在2000年展開回應，泡沫破滅了。眞正的競爭一旦展開，貝爾電話勢如破竹，最後沒有一家新興電信供應商得以倖存。

當組織體認到適應變革比固守舊有獲利來源更重要時，代理慣性便會消失。這可能發生得很突然，一如1999年後發生在電信業的情況。從沉睡的公司手中奪走業務的攻擊者，可能會突然發現自己毫無利潤可言。這種效應可能會擴大，因爲從原本營運商轉換來的顧客，對於更好的費率非常敏感，會選擇從現有供應商轉換到其他提供較佳價格與服務的供應商。

另一方面，如果攻擊者能成功地降低成本，並培養顧客的忠誠度，那麼，意圖振作、重返競爭態勢的公司，可能無法贏回失去的顧客。

亂度

在現實生活中不難看見亂度的作用。偉大的藝術作品會隨著時間逐漸受損，必須技巧嫻熟的工匠才能修復；開車行經郊區時很容易發現未妥善維護的房屋，庭院裡雜草叢生，門上油漆斑駁。同樣的，我們也可從龐雜、缺乏重心產品線，以低定價取悅業務部門、拉長出貨時程以討好工廠等情形，察覺出企業的管理

4 第一個提供企業客戶DSL服務的是美西電信（U.S. West），其前身為總部位於丹佛的蒙特貝爾（Mountain Bell）。美西電信出租的T1專線數量最少，並為快速成長的企業和當地市場提供服務，堪稱是提供DSL服務給企業客戶的創新者。

不善。公司利潤被那些高階經理人以紅利的形式中飽私囊，他們唯一的功勞就是憑運氣和資歷在內部競爭中勝過其他人。

亂度對管理階層和策略顧問來說，可是一大福音。儘管顧問積極建議許多高層次的理念，但他們的基本任務不過是消弭亂度，也就是清除每個組織庭院裡的垃圾和雜草。

丹頓公司

1997年，丹頓夫婦（Carl & Mariah Denton）聘請我檢視這個家族企業的整體績效和價值。丹頓公司（Denton's Inc.）是在全美四州設有連鎖商店的庭園與景觀用品供應商，該公司是由1930年代大蕭條時期倖存的幾家獨立零售商組成的，最初僅服務鄉村社區，幾年後才擴展到城市郊區。二十八家零售店分屬三個獨立品牌，但營運方式很相似。每家暢貨中心都設有園藝用品、工具零售店和寬廣的戶外空間，販售植物、樹木、土壤及景觀設計素材。其中二十家是直營店，其餘八家則開放加盟經營。

丹頓夫婦都熱愛園藝，他們家有如自家產品與服務的活廣告。空氣中瀰漫著濃郁的花香，還有人造小河在岩石間潺潺流過。我們坐在樹蔭下暢談這家公司，他們想把公司「整頓好」，以便傳承給子女經營。丹頓夫婦交給我一片光碟，內含五年來每家零售店和公司整體的財務報告。

檢視財務報表時，我開始層層分析該公司經營的複雜性。他們覺得困擾的主要是處理資本的標準，該公司在衡量每家零售店資本報酬率時有點混淆。1950年購入的分店，每英畝花費5千美元，但1989年購買的分店，每英畝則斥資9萬5千美元。計算這些分店的投資報酬後顯示，較早購買的分店與近期新買的分店相比，早期購入的分店看來獲利高很多。但這種衡量企業績效的方法，不過是將零售與房地產投資的獲利混淆了。

爲了讓每個分店有一個業績的比較標準，我設計出全新的獲利衡量指標——**營業獲利**（gain to operating, GTO）。這個指標可解決不同零售店間的各種差異。丹頓公司最佳的零售店營業獲利爲105萬美元，營業績效最差的零售店則是負97萬美元。也就是說，如果丹頓公司關閉績效最差的店，每年至少能產生97萬美元的利潤，遠勝於繼續經營。丹頓公司所有連鎖店的營業獲利爲32萬美元，與帳面上顯示的800萬美元淨利相去甚遠。

我爲丹頓夫婦準備了如下的圖表，這是按照各零售店的營業獲利加以排列的。零售店1表示營業獲利最高，28則表示營業獲利最低，直條圖則顯示所有零售店的累計營業獲利。左邊第一個直條代表所有連鎖店中表現最佳的零售店，營業獲利爲每年105萬美元；第二個直條代表零售店1的營業獲利加上零售店2的營業獲利，所以總累計營業獲利爲1.05＋0.63＝1.68（百萬美元）。收益排名第三的零售店獲利爲50萬美元，所以累計營業獲利爲零售店1、2 及 3 相加，即1.05＋0.63＋0.5＝2.18（百萬美元）。零售店4到零售店14的累計營業獲利都再加上250萬美元，累計高達468萬美元。

從零售店15開始，負的營業獲利開始將累計總數往下拉。事實上，從零售店15到零售店28的累計營業獲利達到負440萬美元，

丹頓公司調整後累計營業獲利（單位：百萬美元）

零售店的排名是按照獲利減少的順序

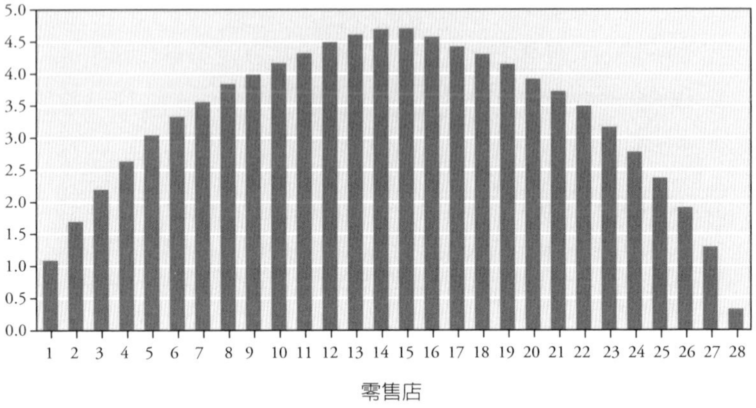

幾乎抵銷了之前十四家零售店所貢獻的獲利。由此圖可看出，零售店1的營業獲利甚至超過二十八家連鎖店的總營業獲利！

我稱這種圖爲**駝峰圖**。每當你將利潤或獲利分配到個別產品、零售點、區域、市場區隔或整體中的任何組成部分，即可製作出這種圖表。我在分析西電在解除管制前的產品組合時，繪製了我的第一張駝峰圖，之後我曾多次見到這種圖表的應用，我自己也曾用來規劃軍事基地的關閉、索尼（Sony）產品、電話公司顧客及其他不同的情況。如果各項間沒有交叉補貼，圖中的直條將會平穩上升到最大值；如果某些作業、產品或零售點虧損，需由獲利部分來補貼，圖中就會出現「駝峰」——直條將上升到最高點，隨著某些營業虧損拖垮整體利潤，直條便開始下降。

如果各業務是可以分開的，那麼持續而顯著的駝峰就代表管理不善，這就是觀察**亂度是否正在發揮影響力**的方法。在丹頓公司，交叉補貼的情形被績效衡量系統所掩飾，隨著時間被視爲理所當然。

例如，除了衡量空間和土地成本的指標扭曲了財務結果，丹頓公司還以「企業營業利潤」來衡量每家零售店的月績效和年度績效，員工績效獎金和紅利根本不納入計算。因爲每年的績效獎金是由總公司管理階層設定，他們認爲這些金額不應該直接計入每家零售店的費用，但多年來績效獎金和紅利已等同津貼性質，也以公司總利潤來支付，形同由獲利較高的零售店補貼獲利較少的零售店。

這張駝峰圖令丹頓夫婦大驚失色。「你該不會建議我們關閉半數的零售店吧？」丹頓太太說。

「當然不是。」我回應：「但關閉績效極差的零售店或許是合理的做法。如果關閉那些零售店，再整頓其他八家績效較差的零售店，總收入將能增加一倍。」

丹頓公司花了兩年時間改善績效較差的零售店，方法是由直接資料來驅動管理和最佳實務的傳承。主要關鍵在於釐清爲何某些零售店的績效優於其他零售店。每平方英尺的銷售額爲績效的主要驅動因素，受零售店的地理位置、與競爭對手家得寶（Home Depot）的距離遠近、苗圃設計和造景布置的強烈影響。

我們發現，績效良好的零售店突破了舊式格局，整體設計更像一座庭園，盆栽植物不僅有標籤，還有詳細解說、栽種和搭配其他植物的建議與構想。盆栽植物以吸引人的整體方式呈現，容易促成消費者的衝動購買。景觀設計的材料也不是隨意堆疊，而是精心設計的，再次協助顧客想像買回家後如何在自己家中使用這些材料。商店、園藝和景觀設計區的銷售活動是獨立的，因爲這些活動的銷售人員所需的專業知識大相逕庭。

到了第二年年底，丹頓公司的營業獲利已從10萬美元提升至500萬美元以上，帳面利潤也增加了一倍，有一半來自關閉五家績效最差的零售店，另一半則來自執行最佳實務傳承計畫。這種改善與創業洞見或創新無關，完全是管理得當使然——清除多年來因亂度累積的失序和浪費。

規劃並管理好庭院，永遠比清除雜草更刺激有趣，但若沒有持續清除雜草，維持庭院的景觀設計，庭院就會逐漸消失。

通用汽車

企業界中消除亂度最顯著的例子，當屬史隆（Alfred Sloan）在通用汽車早期建立起制度，過了一段時間卻逐漸脫序的例子，最能展現有力管理的價值。事實上，除非你了解人類的結構會逐漸腐化、失焦、模糊，否則便無法完全體認到管理者處理日常事務的價值。

1921年，福特（Henry Ford）以T型車爲主軸，建立起龐大的事業，並掌握美國汽車市場62%的市場占有率。福特的成功主要是T型車的價格低和一流的汽車製造工業水準。

當時的通用汽車規模比福特小，且歷經數次企業併購才組成。在1921年4月，該公司總裁杜邦（Pierre du Pont）要求當時的營運副總裁史隆進行公司「產品政策」的研究。通用汽車約有十條汽車產品線，市場占有率合計約12%。如下圖所示，通用汽車旗下的雪佛蘭（Chevrolet）、奧克蘭（Oakland）、奧斯摩比（Oldsmobile）、謝里登（Sheridan）、斯克普里斯－布思（Scripps-Booth）及別克（Buick）部門，全都推出1,800美元到2,200美元價位的車款，沒有任何車款能與定價495美元的福特T型車競爭，而且雪佛蘭、奧克蘭及奧斯摩比部門都處於嚴重虧損狀態。

兩個月後，史隆向執行委員會報告產品政策。史隆堅持「通用汽車產品線應該整合，從整體角度考量每條產品線中每一車款的關係。」更具體來說，史隆希望做到「低於特定價格以下的汽車，要採取品質競爭；高於特定價格以上的汽車，則採取價格競

1921年美國通用汽車旗下各品牌的零售價

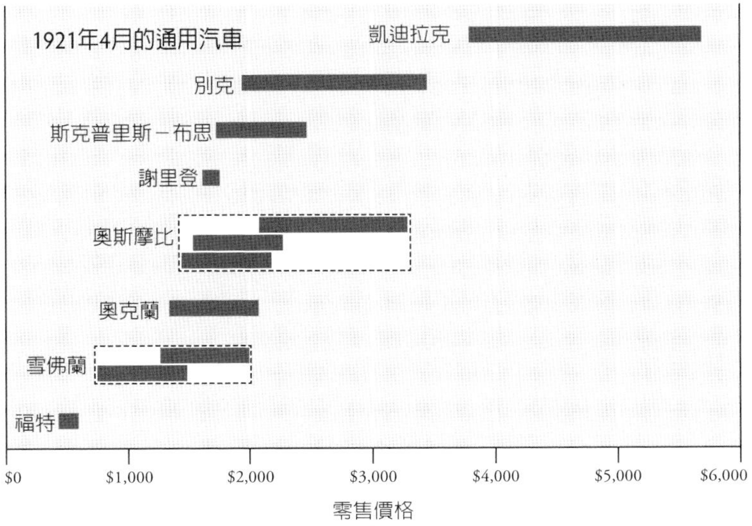

爭。」史隆的計畫不僅降低產品線中的汽車價位，也賦予每個車款獨特的價格範圍。這項新政策戲劇性地降低公司內部品牌間的競爭和產品的亂度。在史隆的概念下，雪佛蘭、別克和凱迪拉克這三個品牌呈現明顯的差異化，不會令人混淆。從下圖可看出這個邏輯和史隆規劃的秩序。

史隆1921年的產品政策

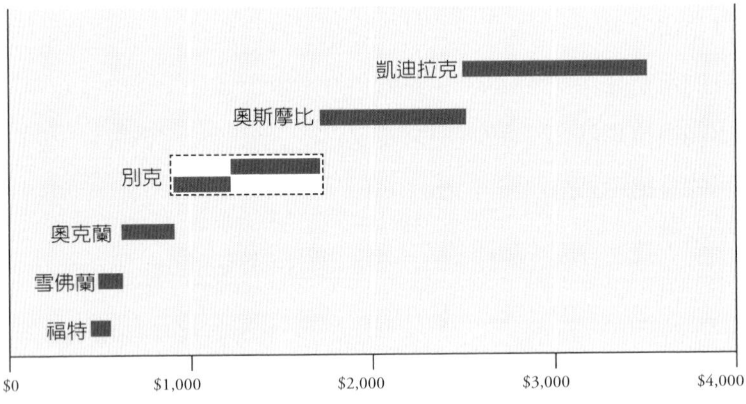

執行委員會採納了史隆的建議，出售謝里登汽車部門，並停產斯克普里斯－布思車款，史隆於1923年成為通用汽車總裁，奧克蘭車款在五年後更名為龐帝克（Pontiac）。到了1931年，通用汽車已成為全球最大的汽車製造商和領導企業之一。整個1940年代和1950年代，史隆的概念已成為美國文化的一部分。行經市郊社區時，從停在每家門前的汽車便能判斷住戶身分：一般人會駕駛雪佛蘭，領班和工頭駕駛龐帝克，經理人則駕駛別克汽車，執行長則駕駛凱迪拉克。

史隆的產品政策就是制度設計的典範。要讓這樣的政策發揮作用，不能光紙上談兵。企業領導者每季、每年、每十年，都必須努力維持計畫的連貫性，若未能持續關注，計畫就會逐漸失序、衰退；若欠缺積極的維護，產品之間的界線便會愈趨模糊並失去連貫性。

如果公司完全實施分權管理，注定會發生產品界線模糊，以價格範圍界定的品牌的情況，最初依品牌定價位的計畫也將被雜亂的新產品淹沒。例如，雪佛蘭部門的高階經理人知道，如果推出高價位車款必定能提高雪佛蘭部門的銷售量和獲利，這個舉動可能會搶走克萊斯勒（Chrysler）部門的生意，也會搶走龐帝克和奧斯摩比的業績；反過來說，龐帝克部門的高階經理人發現，推出低價位車款便能提高部門營收，若真朝這個方向前進，則可能搶走雪佛蘭的生意。

正如父母必須制止十四歲的青少年在派對上飲酒，公司管理階層的職責便是遏止這種失序的做法，堅持維護原有的規劃。如果規劃已經過時，管理階層的工作便是制定出新的協調方法，以免競爭力道耗費在企業內部，造成部門間彼此競爭，而非一致對外。

到了1980年代，史隆的布局已逐漸消退——這正是亂度發揮作用的鮮明例子。通用汽車旗下的品牌和部門不僅界線模糊，更積極投入「換牌工程」，將同樣的汽車包裝成不同的車款和品牌銷售。

通用汽車公司近年才開始致力減少產品重疊的現象。在2001年，奧斯摩比部門關閉，顯然承認該車款在風格和價格上已失去獨特性。隨後，奧斯摩比經銷商對通用汽車提出索償龐大金額的集體訴訟。

2008年時，通用汽車與競爭對手豐田汽車（Toyota）的產品陣容如下圖所示。由於通用汽車2008年的產品組合遠比1921年時更爲複雜，在此僅列出轎車和跑車，不討論多功能休旅車、箱型車、油電混合車及所有貨卡車。儘管2008年時奧斯摩比已不存在，我以它在2000年的車款價位爲基準，再根據這八年間通用汽車總體價格的上漲情況調整，預測奧斯摩比在2008年的價位。。

由此圖可明顯看出，價位在2萬到3萬美元區間內的大眾市場車款最多。事實上，光2.5萬美元價位，通用汽車就推出九種車款（兩款雪佛蘭、一款釷星、四款龐帝克及兩款別克）；相形之下，豐田汽車在這個價位只有兩種車款。

通用汽車的產品線喪失了協調性，造成企業內部品牌的相互競爭的情況日益嚴重。然而，企業領導者往往將競爭視爲吹走浪費與濫用的潔淨之風，事情並非如此簡單。如果爲了搶走競爭對手的業務，投資在廣告或產品開發上，或許能壯大企業獲利；如果投資是用來搶奪姊妹品牌或其他部門的生意，可能會使企業獲利縮減，不僅浪費資金，或許還會把兩個品牌的價格同時拉低。

通用汽車於2009年6月宣告破產，隨即獲得歐巴馬政府的資助紓困，美國財政部因而成爲該公司的大股東。在破產保護下，該公司拋棄釷星、龐帝克和悍馬（Hummer）等品牌。

豐田汽車與通用汽車的2008年車款

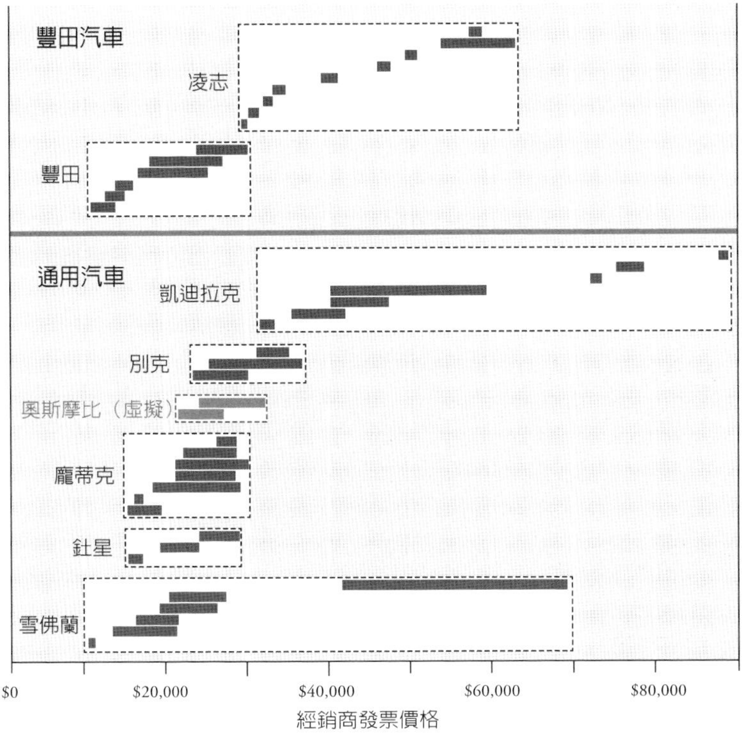

每個黑色直條代表一個車款，同一品牌集中在虛線框出的矩形裡。這張圖不包含多功能休旅車、油電混合車、箱型車及所有貨卡車。通用汽車的奧斯摩比部門於2001年關閉。圖中奧斯摩比的「虛擬」產品是2000年車款，這是假設它依2008年的價格持續調漲。雪佛蘭部門最高價位的車款為Corvette跑車。

要修復亂度對丹頓公司造成的影響雖艱鉅，但該公司的問題並沒有嚴重的慣性。一旦問題變得清晰可見，領導者和多數經理人都願意進行補救。相形之下，在2008年影響通用汽車的種種問題，肇因於經年累月的亂度作用，加上深植於組織中過時的作業程序、僵滯的文化及環環相扣的體系所造成的慣性。申請破產保護或許不足以修補這個棘手的情況。我預期往後十年，將會看到這家公司進一步分拆，並出售寶貴的品牌。

15

整合應用

輝達是一家3D繪圖晶片設計廠商，在短短幾年內迅速竄升，超越英特爾等大公司，主導了高效能的3D繪圖晶片市場。輝達於2007年入選《富比士》「年度最佳企業」，理由是「自執行長暨創辦人黃仁勳在1999年帶領該公司上市後，股票市值至今已翻漲二十一倍，甚至比同期的蘋果略勝一籌」。

輝達能從小蝦米變成大鯨魚幾乎全因具備好策略。輝達的成功，清楚展現好策略運作的核心要素：診斷、指導方針及協調一致的行動；也能瞥見好策略的組成架構：理性明智的預測、降低複雜度的指導方針、設計的力量、聚焦、運用優勢、駕馭變革浪潮，以及利用對手的慣性與亂度*。

＊本章將穿插數個諸如此類的評論與分析。藉由案例揭示策略的動機，凸顯初次閱讀時並不清晰的議題。

3D繪圖技術、猶他州立大學及矽圖公司

輝達擅長的3D繪圖領域，與戴上特殊眼鏡或圖像從頁面或電影螢幕跳出無關，而是指是一種使圖像顯示在電腦螢幕的處理過程。當你注視一個靜止圖像，或許不會察覺這是用3D繪圖技術創

造出來的，或許還以為是彩色圓點構成的靜止圖像。然而，一旦能即時操控虛擬攝影機，體驗便會大不相同。只需用滑鼠或控制桿控制虛擬攝影機的鏡頭，便能恣意探索3D場景，從不同的角度檢視，圍繞主體移動視角，從前後上下各種角度觀看，還能任意進入另一個空間。這是有可能實現的，因為電腦「知道」整個場景的三度空間結構。

現代3D繪圖技術的很多基礎元素，都是猶他州立大學教授蘇澤蘭（Ivan Sutherland）和伊凡斯（David Evans）在1960年代晚期研究的成果。當時的電腦科學課程仍停留在教授高深理論，猶他州立大學的課程卻已聚焦在呈現3D影像和建立飛行模擬器的實務挑戰。

這門課程孕育出許多優秀的電腦繪圖巨星，包括奧多比系統（Adobe Systems）創辦人華諾克（John Warnock）、雅達利（Atari）創辦人布希尼爾（Nolan Bushnell）、皮克斯的共同創辦人卡特穆爾（Edwin Catmull），以及矽圖公司（Silicon Graphics Inc., SGI）和網景（Netscape）的創辦人克拉克（Jim Clark）。

克拉克於1982年創辦矽圖公司時，仍在史丹佛大學任教。該公司自成立以來的目標，即是製造世界上最快速的高解析度圖像工作站。該公司對電腦繪圖產業的影響深遠，不僅提供最高效能的繪圖硬體，還開發出一種專用的圖形語言（GL），並成為業界標準。同時，矽圖公司的硬體和以圖形化語言軟體處理3D圖形問題的方式，成為業界的主流邏輯。

這種方法稱為**繪圖管線**，原理是將場景的圖像分解為數個三角形，分別處理每個三角形，再組合成最終的圖像。這項技術最著名的應用便是在電影《侏儸紀公園》（*Jurassic Park*）中的迅猛龍。1992年，矽圖公司終於實現硬體中的全部繪圖管線，也就是綑綁在「三角匯流排」上諸多處理器所構成的系統。這台名為「實境引擎」（Reality Engine）的機器有四英尺高，每台定價超過10萬美元。

遊戲玩家

1990年代初期，已有證據顯示晶片的速度會變得更快，足以在個人電腦呈現良好的3D圖形，問題是，人們會善用這種性能嗎？若能善加運用，又會運用在哪些方面？當時專家的看法認為，或許可用來進行虛擬旅行，房地產仲介可利用3D圖像提供潛在買家到虛擬房屋中身歷其境走一遭。結果，這種技術竟令人意外地應用在個人電腦的動作電玩遊戲上，把3D晶片帶進市場。

有一次我去拜訪友人，注意到他十幾歲的兒子保羅正在個人電腦上玩「迷霧之島」（Myst）的遊戲。電腦螢幕顯示一個場景的靜止畫面，保羅點擊橋梁的影像，光碟機經過幾秒後才顯示出站在橋梁上看見的景象。音樂雖持續播放，但一切靜止不動，每個新場景都需要好幾秒才能完全顯現。那是1994年的夏天，「迷霧之島」在當時是極受歡迎的電腦遊戲。

兩週後，我再度登門拜訪，這次保羅正在玩「毀滅戰士」（Doom）。螢幕畫面顯示一隻怪物從下降中的平台掉進房間，然後朝保羅噴射紅點，這些紅點遍布房間各處。保羅要使用滑鼠和鍵盤躍起，閃避這些紅點，操作和圖像變化之間完全沒有延遲，隨著他移動手腕輕點滑鼠，當他在這個三度空間活動，影像也持續變換。他穿過一扇門，沿著走廊奔跑，怪物緊追在後。保羅躲進一個嵌在牆壁中的櫥櫃，突然跳出來朝怪物開槍，然後再躲回去，閃避怪物的火力還擊。他重複三次這個動作，終於殺死怪物。視覺效果快速，整體效果更驚險刺激。

保羅的父親是一位電腦科學家，任職於楓丹白露的巴黎高等礦業學院（École des Mines de Paris），他對「毀滅戰士」遊戲的評論是：「這個產品真了不起。我沒想到有人能讓個人電腦上的3D顯像速度這麼快。坊間有些遊戲程式在個人電腦上呈現的3D圖形，一個場景必須等待好幾分鐘，甚至幾小時才能完整呈現，而不是在毫秒間快速呈現。」

「毀滅戰士」是卡馬克（John Carmack）與羅梅洛（John Romero）的創作，他們在1991年一起創辦id Software公司。「毀滅戰士」和「雷神之鎚」（Quake）是該公司的成名作，不僅重新定義了動作遊戲，開發出個人電腦適用的3D影像顯示新技術，更促成電腦遊戲產業的創新，將電腦遊戲的重心從遊戲機產業移轉到個人電腦平台。此外，id Software也是最先善用網際網路的業者。

id Software透過網路推廣「毀滅戰士」遊戲，提供玩家免費在線上試玩九個關卡。一旦玩家對遊戲入迷，便會購買註冊版繼續闖關。藉由蓬勃發展的網路免費散布，「毀滅戰士」一夕成名。

id Software公司在1996年新推出「雷神之鎚」遊戲後，又增加了連線的玩法。玩家在單機玩這款遊戲時，可透過網路與他人連線，共享這個遊戲。每位玩家都能自由移動，即時看見其他玩家角色的移動，並加以攻擊。繼「雷神之鎚」後，大多數的個人電腦動作遊戲都有線上連線功能。

連線的玩法突顯了3D圖形品質對玩家的重要性。如果你是企業高階主管，正在看繪圖晶片產業的研究報告或晶片銷售的統計數字，可能很難意識到這股日益成長的需求。另一方面，如果你是「雷神之鎚」的線上玩家，會很快發現劣質的圖形顯示系統，讓你對遊戲場景的觀察既不清楚又不即時——用玩家的行話來說，就是「延遲」（lag）——你在遊戲中的角色會一再被其他玩家打死。在這種情況下，玩家對圖形顯示系統的技術需求可說是生死賭注，而青少年玩線上遊戲的風行，也造成市場對高效能3D繪圖晶片的迫切需求。

第一個利用這種需求在個人電腦運用3D繪圖技術而大發利市的，是1994年成立的3dfx Interactive。這家公司是由曾在矽圖公司服務的三位工程師所創立，他們推出的第一款附加顯示卡品牌名爲「巫毒」（Voodoo），是利用該公司專屬的Glide繪圖語言。

Glide是矽圖公司的圖形化語言精簡版，不需要中央處理器的協助，即可在3dfx專用晶片上運作。第一個用Glide語言寫成的遊戲是「古墓奇兵」（Tomb Raider），搭配巫毒卡顯示遊戲主角蘿拉（Lara Croft）的即時3D影像，使這款遊戲成爲1996年美國電子娛樂展（Electronic Entertainment Expo）的熱門遊戲。

當一項產品讓購買者覺得與其他產品相較時佔有優勢，該產品就會迅速被市場採用。例如，1979年出現的第一套電子試算表軟體VisiCalc，便爲MBA學生、財務分析師及其他專業人士提供了優勢，VisiCalc隨即被迅速採用，並將個人電腦由業餘愛好者爲導向的利基市場推升至主流市場地位。同樣的，互動式線上3D遊戲也爲更高品質、更快速的3D繪圖技術創造優勢。

3dfx建立業界標準的構想，來自於摩爾（Geoffrey Moore）在1991年出版的《跨越鴻溝》（*Crossing the Chasm: Marketing and Selling Technology Products to Mainstream Customers*）一書。書中推廣「網路外部性」（network externalities）與「標準鎖定」（standards lock-in）等學術概念，影響世人深遠，對於那些企圖成爲（或發現）下一個微軟的人，就像《聖經》一般。如果當時有足夠多的遊戲設計師開始使用3dfx的Glide圖形化語言，它應該會成爲3D遊戲產業實際的標準，3dfx也會成爲「標準制定者」。

輝達的策略

輝達於1993年由黃仁勳、普利姆（Curtis Priem）和馬拉裘斯基（Chris Malachowsky）三人共同創立。黃仁勳曾在巨積（LSI

Logic）擔任工程經理，普利姆和馬拉裘斯基則曾分別在昇陽擔任科技長與硬體工程副總裁的職務。

當時整個產業都在談論即將來臨的多媒體革命。然而，音效卡卻尚未標準化，只能與特定軟體搭配，也沒有壓縮或顯示影像檔的標準方式。光碟機和許多3D繪圖晶片標準也尚未建立，微軟Window 95和網路瀏覽器的廣泛使用是好幾年後才發生的事。

輝達的銷售事業部執行副總裁費雪（Jeff Fisher）回憶道：「我們最初的夢想是成爲多媒體界的聲霸卡（Sound Blaster）。」該公司於1995年推出的第一項產品是NV1顯示卡，意圖建立新的多媒體標準。但這張3D顯示卡的音效功能沒有比先驅競爭者產品來得強，它古怪的3D圖形化方法也未能流行起來。從商業角度來看，NV1是個失敗之作。

眼看公司第一項產品失敗和3dfx公司的異軍突起，黃仁勳毅然決然重新制定公司策略。關鍵意見來自一個由公司內部人員與外部專家組成的臨時技術諮詢委員會[1]。

這個新策略改變了輝達的方向。輝達不再主攻多媒體，而致力於桌上型個人電腦的3D繪圖領域；改採矽圖公司研發的三角法，而非公司最初在電腦圖形上研發出的專利技術。唯一不變的是，輝達承諾成爲一家「不生產」晶片的公司，只專注設計並將生產外包。

半導體產業的進步是建立在縮小電晶體體積的基礎上，因爲

1　該委員會的外部專家包括：皮克斯的卡特穆爾、id Software的卡馬克、Mondo Media的凱（Doug Kay），以及史丹佛電腦繪圖實驗室（Stanford Computer Graphics Lab）的漢拉翰（Pat Hanrahan），還聘請了Crystal Dynamics遊戲研發公司的科克（David Kirk）擔任輝達的首席科學家。

電晶體愈小，表示每個晶片上可容納的電晶體愈多；再者，愈小的電晶體處理速度愈快、耗電量愈低。整個半導體產業都以創造更小型電晶體爲基礎，達成更高度的協調整合。單一晶片上可容納的電晶體大約每隔十八個月就增加一倍，這種進步的速度就是所謂的「摩爾定律」。

當時礙於技術，從光微影技術、光學設計、金屬鍍膜到測試，進展的步調必須協同一致，沒有任何一項能大幅超前摩爾定律所指出的進步速度。當時半導體產業稱這種集體進展的模式爲「規劃藍圖」（road map）。

輝達的最高管理階層與技術諮詢委員會共同勾勒出一個與眾不同的「規劃藍圖」，希望以比摩爾定律所預測更快的速度推動3D繪圖技術的發展。要達到這個目的有兩個重要因素：第一，從單個晶片中能置入愈來愈多的繪圖管線，他們預期晶片效能會有大躍進；第二，如英特爾等大多數的晶片製造商，沒有持續嘗試將最大可能數量的電晶體置入單顆晶片中，而是利用提高晶圓密度，使每個晶圓容納更多晶片，降低晶片成本。相反的，輝達計畫利用額外的密度來增加平行處理器以提高效能，正是採用猶他州立大學與矽圖公司研發的「三角匯流排」的結果。

從需求面來看，輝達的管理階層判斷，不管提供多少繪圖處理器，市場都消化得掉。或許市場不需要運作速度快一百倍的文字處理器或試算表軟體，但迫切需要處理速度更快、呈現更逼眞畫面的晶片。輝達的首席科學家科克表示：「3D圖形技術對計算能力的需求是無限的。由於個人電腦架構的限制，即使有更強大的中央處理器，系統的處理效能依然有限，浮點運算器每秒1兆次的圖像運算能力也極易耗盡。繪圖處理器將會是我們技術開發的核心並爲個人電腦運算能力加值。」

至於圖形化語言，輝達的管理階層判斷，若使用3dfx的Glide圖形語言只會弄巧成拙，加上與微軟的DirectX團隊接觸後，發現對方也想盡快將圖形處理技術推向極致，因此斷定微軟未被證實的新產品DirectX，會成爲高效能圖形語言的可行標準。

執行長黃仁勳相信，輝達可藉由打破這個產業的十八個月產品開發週期來建立優勢，理由是既然繪圖處理器的處理能力有可能比中央處理器快上三倍，那麼輝達每六個月便能大幅提升繪圖晶片的處理能力，不必花上十八個月。

在這個時刻，拙劣的策略家會利用速度、能力和成長等口號的快速開發週期概念加以包裝，讓公司掛牌上市賺取現金。然而，輝達團隊此時卻是規劃一套連貫的政策和行動，來落實指導方針。

執行指導方針的第一步是建立三個獨立的開發團隊。每個團隊都按照從開始到上市十八個月的週期進行開發。由於時程重疊，三個團隊每六個月便能推出一項新產品。

六個月的開發週期若延誤兩個月，情況會比十八個月的週期延誤兩個月更嚴重。因此，第二套政策是爲了實質降低開發流程的延誤和不確定性。

會產生重大的延誤可能是因爲設計錯誤。設計一款晶片後，公司會將設計交給製造商。約一個月後，工程師會收到晶片的首批樣本。如果在這些晶片上發現錯誤，就必須改變原始設計、製作新的光罩，重新開始[2]。為了消除可能延誤的因素，輝達大量投資在模擬和仿真技術，並根據這些方法組織晶片的設計流程。

這些工具正是輝達共同創辦人馬拉袞斯基的專長，他推動使用這些工具驗證晶片邏輯。即使邏輯設計正確，晶片的實體運作仍可能產生與電子流時間延滯和信號衰減等相關問題。為了防止這類問題發生，該公司還出資研究模擬晶片的電氣特性，這項工作更為艱鉅。

另一個可能造成延誤的因素與軟體驅動程式的設計有關。傳統上，驅動程式由主機板製造商編寫，主機板製造商只有在收到晶片製造商的工作晶片後才會開始編寫驅動程式。除了時間上的延誤，新的3D圖形處理法必須有更先進的驅動程式。此外，主機板製造商在決定是否將驅動程式的問題回饋給晶片製造商時，有各有的盤算。

例如，若輝達將晶片賣給兩家主機板製造商，每家廠商都會傾向將修復程式錯誤的經驗藏私，不願讓其他主機板製造商獲益。目前產業的做法是，相同晶片交由不同主機板，就會編寫出不同的驅動程式，使得即時更新驅動程式的工作變得複雜，也難以協助使用者更新過時的驅動程式。

為了解決這些問題，輝達自行掌控創造與管理晶片的驅動程式開發，制定統一驅動程式架構（UDA）。所有輝達的晶片都採用相同的驅動程式，可透過網路自行下載。該驅動程式軟體會藉由偵測晶片所支援的動作來判別適用的晶片，然後提供該晶片合適的指令。這個方法能大幅簡化使用者的作業，讓他們不必再爲驅動程式與晶片的配適問題而困擾，這也意謂驅動程式的建構與發行的所有權隸屬於輝達，脫離了主機板製造商的掌控。

爲了加速驅動程式的開發，輝達在仿眞設備做了重大投資。仿眞設備模擬這些新晶片的複雜硬體，使該公司得以在首批眞的晶片出現前四到六個月，便能開始開發驅動程式。

> 縮減產品開發週期的好處在於，這項產品在大部分時間是同類產品中最好的。相較於競爭者依據十八個月週期的研發模式，輝達的六個月週期意味它的產品有83%的時間中在市場中都是較好的產品。再者，大家對新產品問世的討論便是最佳宣傳，可節省昂貴的廣告費用。更進一步的好處是，工程師能快速獲取更多經驗，或許因此學習到更多將技術轉變爲產品的訣竅。

在實行這個新策略時，輝達將剩餘的現金投資在仿眞設備和設計一款新晶片。這款名爲RIVA 128的晶片於1997年8月問世，速度和解析度都獲得極高評價，但是許多人還是認爲對手3dfx巫毒卡的影像較流暢。這款晶片的成功，讓輝達公司得以繼續運作，也爲研究開發提供更多資金。

輝達於1998年推出新款晶片RIVA TNT後，公司開始步上軌道。這款晶片支援微軟的DirectX 6，也是第一款使用統一驅動程式

2 光罩即為生產晶片的模具。

架構的晶片。RIVA TNT和1999年春季推出的RIVA TNT2在各方面的表現都足以媲美，甚至超越同類型競爭產品。RIVA TNT2推出七個月後，輝達又發表了GeForce 256顯示晶片，將3D圖形產業推向新境界。GeForce 256晶片約有二千三百萬個電晶體，複雜度是英特爾奔騰二代（Pentium II）中央處理器的兩倍，其浮點運算能力是每秒500億次，相當於Gray T3D超級電腦的水準。

首席科學家科克告訴我：「在輝達，我們的技術路徑始終著重在開發繪圖管線。每一階段，我們都會在專業矽晶片上增加更多操作，效能也是中央處理器的十倍快……有了GeForce顯示晶片，我們可將所有矽圖公司的繪圖管線步驟全放到一個價值100美元的晶片上運作，而且處理速度比1992年時每台定價10萬美元的『實境引擎』更快。」

輝達在晶片效能上取得領導地位後，開始更聚焦在解決研發時程的延誤與驅動程式的問題，以及主機板製造商造成的額外成本。首先，管理階層嘗試與帝盟多媒體（Diamond Multimedia）商議新的合作協定，但遭到拒絕，因爲帝盟不希望看到自己的利潤空間被排擠。

於是，高階團隊轉而尋求與戴爾合作。他們向戴爾公司說明目前產業實務引起的障礙，使用這種統一驅動程式架構的經濟利益，並指出由廠商代工可使價格更低廉。戴爾給予正面回應，同意提供主機板搭載輝達的晶片，並交由香港天弘公司（Celestica Hong Kong Ltd.）製造。往後數年，輝達日益仰賴簽約的代工製造商製造與配銷主機板。代工廠商可自由決定主機板的品牌，但代工廠大多仍選擇輝達的品牌名稱。

接下來五年，輝達繼續以快速推出新產品的模式，在3D圖形處理技術上挑戰極限。1997年到2001年間，輝達在整合繪圖管線到單一晶片上，更是獲利非凡，晶片效能每年平均提升高達157%[3]。2002年到2007年間，每年的晶片效能平均提升62%，相較於一般半導體技術的進展，輝達已經算是發展地十分快速。

例如，同期的英特爾幾乎每年都以相同速率提升中央處理器的處理效能（每秒處理數百萬次運算），但差異在於，英特爾無法掌控硬體和軟體的瓶頸，導致效能升級較不明顯。另一方面，一如輝達領導階層的期望，繪圖晶片的效能會讓使用者感受到直接而即時的體驗，使產品愛好者繼續熱切地等待輝達每次推出的新版產品。

技術的變革往往會引發產業結構的變化。在這個案例中，晶片製造商與主機板製造商的關係就發生了變化。有趣的是，當時鮮少有人預料得到這種變化的重要性。在成熟的產業裡，標準的處理方法是在開發週期的早期階段，讓某些主機板製造商直接用輝達的仿眞設備進行作業，然而這會增強主機板製造商的議價能力，還可能把專屬知識洩漏給競爭對手。

對於帝盟多媒體，輝達的管理階層認爲從2D轉移到3D圖像顯示的變化，已削減帝盟多媒體大部分的傳統附

3　在此，效能是以「填充率」來衡量，即每秒像素輸出的數量。

加價值，但該公司不會立即銷聲匿跡。帝盟多媒體當初就應該與輝達公司達成協議，而非選擇試圖維持高利潤（約25%）。

標準的產業分析會認爲，像戴爾電腦這種強大的購買者，對輝達而言是不利的。但是，若沒有戴爾與惠普這樣強大的個人電腦製造商，帝盟或許還能掌控零售管道。正由於這些購買者的強大力量，讓輝達得以略過帝盟多媒體這個成熟的品牌。值得注意的是，一般而言，若你的產品是「模仿」他人的產品，最好選擇分散的零售購買者；然而，若你有更好的產品，像戴爾電腦這種強大的購買者，將有助於產品的推展。

競爭

輝達的3D繪圖晶片策略奏效，其他公司肯定會半途而廢或無力追趕。當時的情況確實如此，只要有一家企業非常成功，必定有競爭對手的回應被阻礙。這個障礙有時是因爲創新者的專利權或保護機制，但通常是競爭對手不願意或沒有能力複製創新者的政策。以輝達來說，它判定自己能快速地把繪圖管線裝置於晶片上，也斷定主要對手無法複製快速推出新產品週期的模式。

輝達的對手3dfx遵循華爾街的錯誤建議，及新任執行長的市場直覺，把目標設定在跟隨大眾市場的走向。3dfx沒有把握當時在愛用者心目中的領導地位，反而將公司的尖端技術工程師分派去從事較低技術需求的主機板、模仿「Intel Inside」的宣傳手法加強廣告，並收購主機板製造商STB系統（STB Systems）。因爲過度分散資源，3dfx試圖以開發下一代高效能晶片能力的目標來彌補缺失，但這項開發超出了公司的能力。2000年的最後幾個月，3dfx結束營業，並將專利、品牌和庫存出售給輝達，許多才華洋溢的工程師也因此進入輝達工作。

從歷史的表像看來，3dfx似乎因爲做了過多方向的改變才斷送前途；但更深層的原因是，輝達精心打造的快速上市週期，誘導3dfx做出不協調的競爭回應。正如漢尼拔在坎尼戰役用來對付羅馬的戰略（參閱第九章），輝達誘使對手不自量力地過度浪費資源。

輝達的另一個對手英特爾，也無法在高效能3D繪圖晶片市場與輝達競爭。儘管英特爾是全球最大的公司之一，更是推動科技發展的重要廠商，營運上卻缺乏彈性。產業分析師裴迪（Jon Peddie）表示：「英特爾採用開發中央處理器相同的方法與流程開發i740，這種做法在競爭非常激烈的3D繪圖晶片產業並不可行。英特爾的開發週期爲十八到二十四個月，而不是六至十二個月。該公司並未適應這種快速開發週期，也無意爲了一項副業重新規劃整個研發和生產流程。」

然而，英特爾將產品與主機板晶片相互結合，成功主導了標準2D繪圖業務。英特爾於2007年宣布進軍高效能3D繪圖晶片業務的計畫，但在2009年12月取消了這個專案。

至於矽圖公司，創辦人克拉克於1994年卸任，新任執行長麥克肯（Ed McCracken）將目標鎖定在向美國企業銷售大型工作站和伺服器，指示部屬「跳脫框架思考，發想如何提升50%的成長率」。他們企圖透過併購數家工作站製造公司來實現企業成長的目標。

矽圖公司與被併購公司面臨的挑戰是：以「微特爾」爲基礎的工作站效能持續增強，已超越那些使用專屬處理器和作業系統的產品，而被併購公司的策略完全無法應付這個挑戰。儘管矽圖公司曾培育許多3D繪圖晶片的優秀構想與人才，但它從未進入以個人電腦爲基礎的3D繪圖領域。該公司曾經擁有超過70億美元的股票市值，最後還是在2006年宣告破產。

麥克肯的「提升50%的成長率」策略是很典型的壞策略；一如許多公司都把廢話當作策略奉行。首先，他只是設立一個目標，而不是設計方法來處理公司面臨的挑戰。其次，成長是成功策略的結果，因此策劃成長只是異想天開、不切實際的企圖。在這個案例中，矽圖公司策劃的成長是透過併購數家公司來實現的，而這些被併購的工作站製造公司的策略也精疲力盡了。

至今仍威脅輝達的競爭對手是冶天科技（ATI Technologies）。起初，冶天科技似乎被輝達的六個月上市週期遠遠拋在後面，自冶天科技在2000年收購由前矽圖公司工程師創辦的ArtX公司後，

由於新血的注入，氣勢全然不同。冶天科技也邁向六個月的開發週期，開始推出媲美輝達產品效能的晶片。2006年，英特爾的勁敵——中央處理器製造商超微（Advanced Micro Devices, AMD）精心策劃併購了冶天科技。

> 與ArtX擦肩而過，是輝達策略上的一大失誤。在這個產業裡，人力資本一向極爲匱乏。若非ArtX是一家人才濟濟的公司，收購也不具意義。但是，即使輝達不需要額外的專業知識與技術，併購ArtX也能阻止它變成對手的競爭力。

輝達的下一步？

輝達選擇的領域是當今世界上進展最快速、競爭最激烈的，該公司從1998年至2008年的成功策略，並不能確保長久成功。尤其是輝達藉以崛起的這波變革，到了2009年已逐漸消退。矽圖公司的繪圖管線已達極致，大多數遊戲玩家也不再殷切期盼下一款繪圖晶片推出。DirectX變得太過複雜，極少遊戲公司能掌握其所有特性。

策略上，輝達目前採取雙管齊下的夾擊行動。第一個行動是主動開放存取繪圖晶片運算能力的使用權。每個繪圖處理器包含數百個獨立的浮點處理器。支援這個概念的新硬體設備名爲

Telsa，能使桌上型電腦具備超級運算功能。2010年11月，中國的研究人員發表全球速度最快的超級電腦，採用的正是輝達的Telsa繪圖晶片。

第二個夾擊行動爲Tegra，這是一個在晶片上的完整系統。這個戰術稱作「低端破壞」，目標是藉由建立更簡單、更有效率的平台，打倒「英特爾－超微－微軟」的霸權。這款晶片是針對智慧型手機、小筆電（netbook）和遊戲機製造商。在產品說明會中，輝達展現一部以Tegra爲基礎的輕巧設備，只靠一顆充電電池的電力，便能連續播放十小時的高畫質電影。

這個夾擊行動提供兩條成功的路徑，也爲競爭對手製造阻礙，但是這兩條路徑都困難重重，充滿了不確定性。

第 3 篇

策略家的思維

制定策略時，領導者有必要兼顧他人的觀點，以競爭對手或顧客的角度來看待情勢。這類的建議經常被提出，也常獲得採納，但是這類建議往往忽略了觀點轉移中可能最有助益的部分：檢視你自己的思維。

我們的意圖無法完全掌控我們的思維；在你不由自主地思索不願面對的風險、疾病和死亡議題時，最能敏銳意識到這一點。人們的思維多半不是蓄意，而是自然發生。結果，領導者往往只產生了構想和策略，而沒有留意制定與檢驗的內在過程。

本篇提供數種能幫助你制定更好策略的思考方法。第十六章「策略科學」，將探索策略和科學假設之間的相似之處。這兩者都必須經由邏輯與實證檢驗才能確定是否具有效度。第十七章「善用思考力」，具體說明幾項特定技巧，有助於擴展策略思考的範圍，使你的想法有更深入的批判。第十八章「保持理智」，目的在於讓你更敏銳地體認到在面對重要議題時要做出獨立判斷。本章以環球電訊（Global Crossing）的潰敗，和2008年的金融與經濟危機爲例，說明許多領導者和分析師往往受大眾影響，放棄了自己的判斷。

16

策略科學

好策略是建立在哪種做法可行、哪種不可行和其原因的實用知識上。對企業而言，一般可取得的實用知識固然重要，但因爲人人皆能取得，無法成爲致勝關鍵。最珍貴的實用知識是只有你的組織能取得並利用的專屬知識。

組織只有在選擇的競爭領域積極探索，才能創造出大量的專屬實用知識，這就是**科學經驗主義**（scientific empiricism）的過程。好策略奠基於這類得之不易的知識上，任何新策略都是產生專屬知識的機會。以科學的說法，新策略就是一種假設，實行新策略則是一種試驗。隨著試驗結果的顯現，優秀領導者便能學到何者可行、何者不可行，並依此調整策略。

策略是一種假設

站在規模如機棚般雄偉的休斯電子（Hughes Electronics）製造基地裡，我對這巨大的通信衛星感到驚嘆不已，它像寶石般耀眼，每個部分都經過精準設計。這個一萬八千磅重的設備，宛如現代化的大教堂，是尖端技術與現代文明知識的具體表現。包含軌道力學、太陽能、三軸定向和精密運算，以及接受與放大信號、電磁波光束覆蓋整個陸地的技術，全部融合成一個和諧的運作體系，無人修護下能在距地球表面二萬二千五百英里上方的固定軌道運行數十年。

當時，我協助休斯電子的經理人發展業務策略，包含通訊衛星、間諜衛星、導彈系統及其他各種航太活動。我的客戶是一群工程師，他們因執行、組織和指揮技術工作上的出色能力而被晉升至管理職。

我先讓他們看各種競爭策略的範例，一個月後再對通訊衛星業務進行短期的研究。今天，我們要深入探究爲不同業務單位制定策略的問題。在試圖取得進展時，眾人的挫折感卻愈來愈大。會議中，經驗豐富的工程部經理貝瑞代表發言，他說：「算了吧！策略根本沒有意義，它背後完全沒有明確的理論支持。我們需要知道的是，如果這麼做和那樣做會有什麼不同的結果，然後就能推論出最佳策略。實事上，我們都很擅長規劃，如果不能精密地規劃，怎麼建造出這麼大型的航太系統，策略似乎太空泛了。」

貝瑞的抨擊切中要害。我也擔任過工程師，知道工程師不會設計出一座負載量不確定的橋梁。工程師常常都是在一開始就面臨複雜的狀況，然後抽絲剝繭，再精心設計出可靠的方案。我知道，他們在設計過程中必須小心謹慎，考量上千種可能，才能讓系統發揮作用；我也明白，從工程領域轉換到商業領域有多麼令人抓狂，因爲管理者可以憑直覺選擇行動，甚至到一年後還無人知道那是否是個好選擇。

我絞盡腦汁思索如何回應，最後用商業策略與科學過程之間的關聯來回答：

科學知識從何而來？你們都知道這個過程。優秀的科學家把事物或現象推至知識的邊緣後，便能超越且形成一個假設——猜想事物在未知領域如何運作。如果科學家避開知識的邊緣，只在眾所皆知的確定知識領域內工作，生活會很舒適，卻無法獲得名聲與榮耀。

同樣的，好的商業策略也要處理介於已知與未知之間的邊緣地帶。與他人的競爭會將我們推向知識的邊緣，唯有如此，才能發現領先對手的機會。這是完全無法迴避的，你會眞實感受那令人不安的不確定感，這就是機會的徵兆。

在科學上，首先會對照已知的法則和經驗來檢驗一個新的推測。新假設和基本原理，或過去的實驗結果是否相互矛盾？如果這個假設通過檢驗，科學家就必須在眞實世界中檢驗，以了解這個假設是否成立。

同理，我們也用已知原理和商業知識檢驗新策略的洞察力。如果能經得起考驗，就要在實務中檢驗這個策略並觀察結果。

假定我們仍在邊緣努力，便要求創造出一個保證奏效的策略，這就如同向科學家要求一個保證能成立的假設，根本是愚蠢的請求。制定一個好策略與建立一個好的科學假設，有相同的邏輯架構，主要差異在於大多數的科學知識是廣泛共享的，而在制定策略的過程中，你憑藉的是有別於其他人的業務與產業知識。

好策略是一個可行的假設。它不是古怪荒謬的理論，是根據知識或經驗的判斷。沒有人比在座各位更了解自己的業務了。

這個概念打破了僵局。經過討論後，這群人開始以策略是一種假設——根據專業知識或經驗所做的猜想——的概念來進行討論。稍後，貝瑞開始提出自己的判斷：「我認爲在我的業務方面，我們可以……」

當工程師使用一個簡潔的演繹系統解決問題時，他們稱爲「轉動曲柄」，意謂過程或許艱辛，但是最終本質和品質全靠這機器（選定的演繹系統），而不是轉動曲柄的基本技能。後來回想，我才意識到這群人曾以爲策略只是轉動曲柄，並預期我會給他們一部能產生預測和行動的「邏輯機器」，好讓他們推論出商業計畫

啓蒙運動與科學

如果不需要新觀察或構想，演繹便已足夠。實施一個策略後，有時結果很好，有時候似乎沒有新機會，也沒有新風險，那麼，對這個策略問題的邏輯答案便是「繼續保持，多做一些同樣的事」。但在不斷變動的世界，這個答案鮮少是正確的。在持續變動的世界裡，好策略必須具備**開創性**要件；換句話說，好策略必須將某些構想或洞見具體變成**資源的新組合**，以因應新的風險或機會。

把策略視爲「轉動曲柄」的問題，在於無論多努力轉動曲

柄，演繹和運算系統都無法產生有趣的新構想，即使在最基本的純數學演繹系統中，陳述並證明一個有趣的新定理也是極具創意的活動。

如果把策略視爲演繹問題——假定所有值得知道的事情皆爲已知事實——就只需要演算。演繹正如演算一般，是應用一套固定的邏輯法則到已知事實上。例如，「已知」牛頓的萬有引力定律，便可推斷（演算）火星繞太陽運行的週期；或者「已知」油輪、管線及煉油廠的成本和容量，便可計算出整合性的石油公司應提煉多少石油才能達到收益最佳化。如果值得知道的都是已知事實，那麼採取因應行動便會像轉動曲柄一樣簡單了。

正是這種認爲一切重要知識都是已知的，或可透過專業諮詢取得的假設，扼殺了創新，也抑制傳統社會的變革，阻礙組織的進步，使其相信現行做法是最好的。想要產生策略，必須拋開純演繹的舒適和安全，運用歸納、類比、判斷及洞察大膽嘗試。

現在我們明白，要了解西方世界存在千年之久的理性思維並不容易。羅馬帝國衰亡後，認爲「所有重要知識都已揭露」的假設無所不在，阻絕了進一步探究的精神。人們的精力被導向信仰、藝術、戰爭和自律。到了17世紀，發生了值得注意的事情：論證和辯論開始在西歐盛行。人們尋找科學、政治及哲學的「第一原則」，決意擺脫權力、宗教與習俗的權威。1630至1789年這段期間即是著名的「啓蒙運動時期」。啓蒙運動的領導者包括笛卡兒、霍布斯、休謨、傑佛遜、萊布尼茲、洛克、牛頓、潘恩、亞當斯密和伏爾泰等，他們在理性探索上的成就超越二千年前的柏拉圖和亞里斯多德時代的高點。

伽利略（Galileo Galilei）到羅馬宗教法庭接受異端罪行的審判，觸發了啓蒙運動。伽利略生於義大利比薩，在威尼斯一所大學擔任數學教授。在1609年，他得知荷蘭人發明天文望遠鏡的消息。不久之後，他徹底理解這種光學裝置的原理並親手磨製鏡頭，自製出優於荷蘭人的天文望遠鏡。他觀察夜空，在幾週內便有驚人的發現——他率先看見並描述月球的山丘、銀河系個別的恆星、金星的相變及木星的四大衛星。

當時有兩種對立的天體運行理論：托勒密派（有時也稱亞里斯多德派）主張**地心說**，認為地球是宇宙的中心且靜止不動，宇宙繞地球運行；哥白尼派則主張**日心說**，認為太陽才是宇宙的中心，恆星是固定不動的，而地球和其他行星繞著太陽運行。當時，大部分的天文學家傾向哥白尼派的說法，因為這個體系提供了更準確的預測。儘管日心說的模型違背聖經教義，但羅馬教廷只當這些天文學家的理論是一套演算程序，而不是一種世界觀。

隨著伽利略的發現盛傳開來，天文學和哥白尼理論成為歐洲人茶餘飯後的話題。伽利略認為金星的相變和運轉，顯示它也是繞著太陽運行，而非繞行地球。此外，他仔細測量木星的衛星公轉週期，因而推論地球也是繞太陽運行。伽利略於1616年寫下「給大公爵夫人克莉絲緹娜的信」（Letter to the Grand Duchess

Christina），大肆抨擊托勒密派的地心說。當時天主教的宗教法庭裁定，伽利略的觀點應禁止，但並未採取具體行動。伽利略於1630年再度就這個主題發表論述，這次宗教法庭宣判將他終身監禁，下令他不准相信哥白尼的理論或撰寫相關論述。

伽利略的故事迅速傳遍歐洲。對教會與政府不滿、企圖打破思想桎梏的人們更振臂高呼伽利略的名字。他於1642年病逝家中；當時，英國啓蒙運動的傑出哲學家洛克（John Locke）年僅十歲；不到一年後，牛頓便在英格蘭出生。牛頓發明微積分，更精確地說明行星繞太陽運行是遵循一定的自然法則。洛克將這個自然法則的概念延伸至社會，提出「人皆生而自由平等，不受世上任何上級權力的約束，也不受他人意志和立法權威的支配，只遵循自然法則。」

洛克「天賦人權」的思想更直接影響一個世紀後，美國的傑佛遜（Thomas Jefferson）所草擬的「美國獨立宣言」：「我們相信這些眞理不言而喻，凡是人皆生而平等，造物者賦予他們若干不可剝奪之權利，包括生命權、自由權與追求幸福的權利。」

人類的思想從權威的枷鎖解放後，人們從何得知，該相信什麼？啓蒙運動的答案是「科學經驗主義」——相信我們的感覺，以及經觀察回饋感覺的資料。科學家透過實驗或分析眞實世界的資料來檢驗一個觀點，因爲錯誤觀點被消去，留存下來的便是眞理——這就是「反證」的概念，也是科學思維的核心。一個構想如果無法透過所觀察到事實來證實，它就是不科學的。其他如自我認知和精神洞察雖然也是知識，但並不科學。

科學上所謂的「假設」是一個新構想或新理論，對已發生事情提出可以驗證的解釋（當然，愈優秀的科學家會提出愈好的假設）。新理論必然無法用既有知識推論出來，否則就不算是新理論！新理論是以深刻的洞察力或有創意的判斷出現。這種科學方法的核心是一個假設的「價值」，由現實世界的經驗數據所決定，而非由提出者的知名度、社會地位或財富來衡量，這就是啓蒙運動引發的劇烈革命。

和科學假設一樣，策略是根據經驗來預測這個世界的運作。策略的最終價值取決於策略是否奏效，而非一群哲學家或編輯委員會的接受度。制定好策略的工作必定是以經驗爲根據，而且必須是務實的；尤其在商業領域，無論對世界上需要的產品或服務、人類行爲、組織的經營管理等抱持多麼偉大的想法，若無法實際「發揮作用」，便無法長期存在。

在科學中，人們尋求對廣泛類別事件和現象的解釋；在商業領域中，人們尋求了解並預期更具體的情勢，但缺乏普遍性不會使商業不科學。科學是一種方法，不是結果；優秀的商業人才會密切關注資料並觀察什麼才是有效可行的。

異常現象

異常現象是一種不符合公認知識的事實。對某些人來說，異常現象如同完美肌膚上的一個惱人斑點；對其他人來說，異常現象凸顯了一個學習事物的機會，掌握這個機會或許能學到極具價值的事物。在科學中，異常現象代表未開拓的領域，需要採取行動去探索。

當我還是研究生時，生活預算很緊，房間僅有的裝飾是一張放大的仙女座大星雲圖。這個圖狀似扁平的螺旋體，右邊向上傾斜約三十度，有著明亮的球狀核心。仙女座大星雲是由許多緩緩轉動的恆星、氣體和塵埃組成的星系，包括數十億顆恆星，目前可見的宇宙約有一億二千五百萬個星系。

從遠處觀看，我們所處的銀河系看起來很像仙女座大星雲。在銀河系，太陽位於獵戶座旋臂上，距離銀河中心大約三分之一的位置。太陽與其行星以每秒一百三十七英里的速率繞銀河系中心運行一周，大約需要二億四千萬年。距離銀河中心更遠的恆星完成運行一周的時間比太陽系所需時間更長，繞行速度也更快。

然而，從我還在研究所的時代至今，科學界便已發現我們所處的銀河系和仙女座大星雲等星系有一個重大的異常現象。因爲大多數星系的主體位在恆星密集且明亮的中心位置，而根據萬有引力推論：距離核心較遠的恆星不只需要更長時間才能完成運行一周，也因爲它們在更長的軌道上行進，速度應該較爲緩慢。

更確切地說，恆星繞核心運行的速率，應該與它和星系中心的距離的平方根成反比。如果一個恆星距星系中心的距離只有太陽距離銀河系中心的一半，則這個恆星的公轉速度應該比太陽快四倍。但在1980年代早期，許多科學家對星系的深測結果顯示，螺旋軌道上的所有恆星幾乎以相同速度運行，無論距離星系中心有多遠！星系的「旋轉曲線」其實是扁平的，這的確是很大的異常現象，我們對宇宙的某些基本概念似乎是錯的。

星系運轉的謎團大大地推動了現代天文學的研究。目前科學家主要研究兩大假設。較受大家偏好的假設，是我們拍攝到的發光星球物質只占整個宇宙的10%，其餘皆爲「暗物質」── 不僅本身不發光，也不與光相互作用。試想，星系中若存在看不見的暗物質，便可以解釋這個天文異象的謎團。但是，假設暗物質存在，當然又會引發許多關於暗物質的問題。

另一個較不流行的理論是，目前被普遍接受牛頓和愛因斯坦關於萬有引力的理論是錯誤的。如此一來，星系結構的異常現象引導出驚人的天文學研究新方向 ── 宇宙是由看不見的暗物質構成，不然就是萬有引力理論錯了。

這樣的異常現象是透過比對凸顯出來的。若只觀察仙女座大星雲，除了讚嘆宇宙的奧祕之外，看不出任何問題。一如福爾摩斯對華生所說的：「你只是看到，卻什麼也觀察不出來。」異常現象並不存在自然中，只有目光敏銳的觀察者，才能從比較事實和自身期望中做比較，並披露出異常現象來。

咖啡業的異常現象

舒茲（Howard Schultz）於1983年察覺到一個異常現象，因而開創出迷人的新事業。當時，舒茲只是在西雅圖一家小型連鎖深烘焙咖啡豆專賣店擔任行銷暨零售業務經理。他有一次到義大利出差，發現了義大利濃縮咖啡體驗。他回憶初訪米蘭咖啡館的情景：

我走進一家小咖啡館，一名高瘦的男子愉悦地跟我打招呼：「早安！」同時用手壓下機器上的一根金屬桿，蒸氣嘶嘶地冒出。吧檯前有三名男子併肩站著，這位咖啡調理師遞上一小杯濃縮咖啡給其中一位男子。接下來他又手調一杯卡布奇諾，用一層完美的白色泡沫裝飾在最上面。他的一舉一動十分優雅，看起來好像同時在研磨咖啡豆、拉桿汲取濃縮咖啡和熱牛奶，還一邊愉快地跟顧客聊天。整個場景看起來十分輕鬆愉快……。

就在這一天，我發現了義大利咖啡館的儀式和浪漫，咖啡館是那麼受歡迎並充滿活力。每家咖啡館都有自己的特色，但相同之處在於，顧客之間、顧客與充滿表演天賦的咖啡調理師間相處融洽。當時全義大利有二十萬家咖啡館，單在和費城一樣大的米蘭，便有一千五百家。

舒茲以零售業者的眼光，注意到咖啡館的顧客翻桌率高，且咖啡消費金額也相當高。

對舒茲來說，米蘭咖啡館的體驗是一種異常現象。在西雅圖，重烘焙的阿拉比卡咖啡豆是利基市場，受到一小群品味獨具的消費者歡迎，人數也在成長中。但大多數西雅圖（甚至全美）的人都習慣飲用便宜的淡咖啡，連有錢人也一樣。在米蘭，昂貴的高品質咖啡不是利基市場產品，而是大眾市場產品。

此外，還有另一個異常現象：在美國，速食代表廉價食物和塑膠包裝；在米蘭，舒茲看到的「速食咖啡」不僅價格昂貴，咖啡館也成爲生氣蓬勃的社交場所，與美國大街上的小餐館或咖啡店大相逕庭。美國人（尤其是居住在美國西北部的美國人）的生活起碼跟義大利人一樣優渥，爲什麼他們就該喝「劣質」咖啡，無法享受在融洽的社交場合飲用拿鐵咖啡的樂趣？

於是，舒茲形成一個策略假設——把義大利咖啡館的體驗複製到美國，大眾就會喜歡上重烘焙咖啡。回到西雅圖，他向任職的星巴克咖啡公司（Starbucks Coffee Company）兩位經營者說明他的構想。他們聽了之後雖不表認同，但仍給他一個小空間嘗試濃縮咖啡。他們認爲星巴克的強項和目標在採購、烘焙與零售上等阿拉比卡咖啡豆，而不是經營咖啡館。此外，開咖啡簡餐館並不是什麼新穎的構想，只是很小的市場，也常依時代的變遷，主要消費者不外乎波西米亞人、嬉皮、披頭族和X世代夜貓族等。

咖啡的發展

當舒茲向星巴克經營者提出開設咖啡館提案時，這個構想早就存在很長一段時間。阿拉伯人六百年前就開始沖泡咖啡，第一家咖啡館於1652年在英國牛津開張，當時牛頓年僅十歲。哥白尼理論的革命和宗教改革或許促成了啓蒙運動，但咖啡卻成爲人們每日必喝的飲品。

在英格蘭，咖啡屋發展出與小酒館截然不同的獨特文化。只要花1便士就能在咖啡屋坐上一整天，而且只歡迎穿著體面的人上門；這裡沒有爛醉狂歡或孤僻的自我反思景象，只有文人雅士熱烈的談話與辯論。咖啡屋內有許多書籍和報紙，許多人還以自己常光顧的咖啡屋充當通訊地址。

牛頓常光顧的是希臘（Grecian）咖啡屋，他曾在店裡的桌上公開解剖海豚；德萊敦（John Dryden）常在威爾（Will's）咖啡館高談闊論；亞當斯密在蘇格蘭思想家常造訪的大英咖啡屋（British Coffee House）完成《國富論》（*The Wealth of Nations*）；愛迪生（Joseph Addison）和詩人波普（Alexander Pope）、斯威夫特（Jonathan Swift）則常在巴頓咖啡屋（Buttons）大發議論。

在英國，茶最終取代咖啡成爲首選的日常飲料。倫敦的咖啡屋逐漸消失，轉變爲私人俱樂部、餐廳或經營其他生意。例如，愛德華勞依茲（Edward Lloyds）咖啡館變成勞依茲保險集團（Lloyd's of London）；位於權景街（Change Alley）的強納森（Jonathan's）咖啡館則成爲倫敦證券交易所，這裡的股票交易員至今仍被稱爲「服務生」（waiters）。

咖啡在美國的發展完全不同。波士頓茶黨（Boston Tea Party）、美國獨立革命和1812年英美戰爭中斷了茶葉貿易，咖啡因而興起。美國人發現咖啡是茶的廉價替代品，可以拿來大量飲用。到了1820年，由喝茶轉向喝咖啡的過渡期結束，美國成爲全球最大的咖啡市場。

20世紀初期，在剛果發現羅巴斯塔咖啡樹，可以當成原生衣索比亞咖啡樹（阿拉比卡咖啡豆）的替代品。羅巴斯塔咖啡樹生長快速、對抗病蟲害能力強、更容易收成，且含有更高的咖啡因，缺點是較苦澀、不甘醇濃郁，但與阿拉比卡咖啡豆混合後即可去除澀味，添加糖和奶精後更是根本嚐不出來。這種新穎的廉價咖啡豆促成美國大眾飲用咖啡的習慣。即溶咖啡更拉大美國人與歐洲祖先飲用咖啡習慣的差距。

當美國人在開發羅巴斯塔咖啡和即溶咖啡粉時，義大利人貝瑟拉（Luigi Bezzera）於1901年發明了加壓式咖啡機，以高壓蒸氣沖煮咖啡。這種蒸氣與咖啡的互動產生一種濃稠近乎蜜糖色的飲料，原理是縮短沖泡時間，可避免萃取出苦澀的咖啡油，並降低咖啡因含量。一小杯義式濃縮咖啡上會漂浮一層咖啡脂泡沫，它能鎖住咖啡的香氣和風味，但會在一分鐘內迅速淡去。這種飲料因爲需要高壓蒸氣和昂貴的設備，加上相當費工，不易在家製作。因此，義大利濃縮咖啡館在當地旋即成爲快速提神和社交互動的熱門場所。

驗證假設

舒茲面臨的最大難題，在於實現他的願景必須徹底改變顧客的口味和習慣。他在米蘭觀察到的不僅是一種不同的商業模式，更是數百年來社會歷史發展的分歧結果。在美國，咖啡的崛起是要取代茶，成爲每日用餐和休息時間飲用的飲料。在南歐，咖啡是酒的替代品，在氣氛活絡的「吧檯」小杯飲用的濃烈飲料。不論舒茲當時是否知曉，他的企圖不只是開設一家咖啡館，更是想改變美國人的口味與習慣。

舒茲面臨的第二個難題，在於不論是咖啡、義式濃縮咖啡、咖啡吧或義式濃縮咖啡館似乎都不是新概念。數百萬美國人也到過義大利旅行，體驗過義式濃縮咖啡，這些商業知識不是特有的。要想從新事業中獲利，創業家需要掌握他人所不知道的知識，或是能掌控稀少並具價值的資源。

舒茲面臨的情勢其巧妙與棘手之處在於，舒茲專有的資訊只是他心中的一線希望、一種心情和感覺。其他人雖然也有相同的資訊和經驗，卻沒有這種洞察力或感覺。他個人的洞察力對他雖是祝福也是詛咒。如果其他人輕易認同這個構想，紛紛效仿，舒茲就變得無關緊要；如果這個構想無法輕易獲得他人贊同，又很難說服別人支持他的計畫。幸運的是，驗證他的假設無須龐大的資金，畢竟開設一家義式濃縮咖啡吧只需要幾十萬美元的成本，不像某些風險事業動輒斥資數億或數十億美元。

一段時間過後，舒茲離開星巴克，開設自己的咖啡館Il Giornale。這家新咖啡館完全仿照義式濃縮咖啡吧，因爲他「不想要任何會稀釋義式濃縮咖啡整體感和義大利咖啡體驗的東西」。七百平方英尺的空間打造了義式咖啡館的裝潢，而且沒有椅子——就像米蘭的咖啡吧一樣，顧客要站著喝咖啡。義式濃縮咖啡盛裝在小瓷杯裡給顧客。背景音樂播放的是歌劇，服務員穿著正式襯衫並繫上領結，菜單上更加註義大利文。

如果舒茲一直停留在最初的概念，Il Giornale仍舊只是一家小型義式濃縮咖啡吧。但如同優秀的科學家會仔細研究實驗的結果，舒茲和他的團隊也十分留意顧客的反應。Il Giornale從設立之初便是活生生的實驗。

商業中最重要的資源之一便是寶貴的**特有資訊**，也就是知道別人所不知道的資訊。但舒茲的資訊不神祕，也不是非法取得，而是從每日營運中產生。所有敏銳的生意人比世上任何人都還要了解自己的顧客、產品和生產技術。因此，當舒茲開始經營自己的事業，他也開始累積自己特有的資訊。

隨著資訊累積愈來愈多，舒茲開始改變策略。他刪除義大利文菜單，不再播放歌劇；他知道咖啡調理師是咖啡店的靈魂，但取消了穿背心和戴領結的規定。他脫離米蘭咖啡吧的經營模式，在咖啡館裡擺放座椅，讓顧客坐著享用。逐漸地，舒茲發覺美國人希望能外帶咖啡，於是引進紙杯。美國人希望拿鐵咖啡中加入脫脂牛奶，經過一番掙扎，舒茲也接受咖啡中加入脫脂牛奶的建議。用國際企業的術語來說，他逐漸將義式濃縮咖啡「本土化」。

舒茲的公司於1987年買下星巴克的零售業務，改採星巴克做爲公司名稱。這家新公司結合星巴克原有的重烘焙阿拉比卡咖啡豆零售事業，和新式義式濃縮咖啡吧的營運方式。到了1990年，這家公司已有獲利；1992年，星巴克的股票上市，當時該公司已擁有一百二十五家連鎖咖啡店和二千名員工。

星巴克到了2001年已成爲美國的象徵，在全球共有四千七百家分店，年營收高達26億美元。大部分的收入來自咖啡飲品，即該公司所謂的「手工調製」飲料；其餘則來自銷售咖啡豆、咖啡館內的其他食品，與其他食品服務公司的授權協議。在幾年前，「咖啡」一杯只有75美分，還是用保麗龍杯盛裝；如今，都市中處處有星巴克咖啡店點綴其中，也常見年輕上班族啜飲3美元一杯的外帶拿鐵咖啡。

舒茲當初只是想在西雅圖設立義式濃縮咖啡吧，他驗證這個假設，也發現確實有市場潛力。但隨著這個驗證過程產生的額外資訊，舒茲逐步調整假設並重新檢驗。在反覆調整數百次之後，原始的假設已被無數的新假設取代，每個新假設都涵蓋某方面的成長，也促進業務發展。這個學習過程──假設、資料、異常、新假設、資料等──便是**科學歸納法**，也是每家成功企業的關鍵要素。

獲得專屬資訊

星巴克的成功要素之一，是許多人願意支付較高的價格，在有如城市綠洲般的咖啡店購買「手工調製」的飲料。但是你永遠必須考慮競爭議題──爲何星巴克能維持多年的競爭優勢？2001年春天，我爲了尋找這個問題的答案，前往巴黎去找桑多斯（Joe Santos）談論此事。

桑多斯在法國的歐洲工商管理學院擔任策略教授，在此之前，他曾擔任大型義式咖啡公司Segafredo Zanetti執行長，該公司是歐洲餐廳和義式濃縮咖啡吧的重要供應商。

我問桑多斯：「義式濃縮咖啡是你的專長，也是許多大型歐洲公司的專長。爲何是星巴克，而不是某個歐洲大型烘焙咖啡豆供應商發現這個機會？我想你應該知道1980年代晚期發生的事吧？」

桑多斯表示，這個問題很難回答，因爲整個歐洲咖啡產業都無法理解星巴克的運作：

我們意識到星巴克的崛起，但你必須理解關於規模的議題。Segafredo每週供貨給超過五萬家咖啡館和餐廳。這個供應量很大，相形之下，星巴克的供應量很小。況且，美國的大規模咖啡供應商，如卡夫（Kraft）、莎拉李（Sara Lee）和寶僑等全都專注在大眾市場[1]。

從歐洲人的觀點很難了解星巴克的定位。在歐洲，咖啡供應商與餐廳是兩種不同的事業。儘管我們知道星巴克是一家咖啡公司，它也是咖啡零售業者。就像麥當勞（McDonald's）是零售商，我們從不會把它和「牛肉」公司混爲一談！然而，星巴克雖名爲「咖啡公司」，美國人似乎認爲星巴克的咖啡很特別。

歐洲人認爲星巴克供應的是「美式咖啡」，美國人認爲星巴克是義式濃縮咖啡吧。但在一家純正的義式濃縮咖啡吧裡，顧客都是站在吧檯邊、人手一杯用小瓷杯盛裝的純正特濃咖啡。只有早餐時段才供應拿鐵咖啡，或是特別爲孩童調製的。義式咖啡吧不提供外帶，店內也不設置桌椅。歐洲店裡供應的咖啡不是餐廳品牌，是由某家咖啡大廠商供應的，例如，Segafredo。此外，義式濃縮咖啡吧通常是小型家族事業，不屬於任何大型連鎖企業。

相形之下，星巴克的顧客坐在店裡飲用咖啡或外帶，喝的是紙杯裝的咖啡，又長又複雜的咖啡飲料選單上，有很多是歐洲人從未聽過或不想要的。供應的咖啡全是星巴克自有品牌，每家分店都是由星巴克經營，而且幾乎所有咖啡飲料都含牛奶。事實上許多歐洲人認爲星巴克更像一家牛奶公司，而不是咖啡公司，因爲絕大多數的飲料都只是咖啡調味乳。

星巴克不僅把咖啡和餐廳結合，還有美式作風的連鎖經營和上市融資，擴展速度比任何歐洲公司快上許多。等到我們開始了解星巴克，它的根基已經相當穩固了。但是你要知道，在全球的咖啡市場中，星巴克仍是一個小型競爭者。

桑多斯的評論暗示，歐洲企業難以理解星巴克，主要是因爲它採取垂直整合的經營方式——自行烘焙咖啡豆、經營品牌，在直營咖啡館供應自有品牌咖啡。星巴克進行垂直整合不是蓄意混淆競爭對手，而是爲了能相互調整其多項業務，以獲取每個營運要素所產生的資訊。

垂直整合未必總是好的構想。當公司能向外部供應商購買完美的產品和服務時，特意掌握一整套新業務營運的技術，其間所產生的麻煩和費用通常是不必要的浪費。然而，當商業策略的核心需要多項要素的相互調整，特別是能獲得不同業務間相互作用的重要資訊時，擁有並掌控這些業務組合就顯得十分重要。

1 卡夫的主要品牌為麥斯威爾（Maxwell House）。莎拉李旗下的MJB、席爾兄弟（Hills bros.）、蔡斯與桑邦（Chase & Sanborn）是在1998年向雀巢（Nestlé）和陛朗（Café Pilão）併購的。佛吉斯（Folgers）曾是寶僑旗下的主要品牌，但於2008年賣給斯馬克（Smucker）。寶僑於2007年開始生產和行銷Dunkin' Donuts品牌咖啡。

17

善用思考力

那年我二十五歲，老實說，我有點緊張。因爲舉凡哈佛大學商學院博士生都必須根據實際訪談撰寫商業個案，於是在1967年夏天，我被指派到洛杉磯訪談並撰寫一個策略研究個案。我拿著紙筆坐在一位高階經理人面前，實在不知從何著手，沒人教過我如何和高階經理人訪談策略問題。

范斯提爾鋼鐵公司（Fansteel Inc.）高等結構部門的總經理富萊契（Fred Fletcher）完全沒有顯露出他注意到我很年輕或沒有經驗，他只詢問我要從何開始。我得擠出一些話才行，於是我說：「就先談談您的目標吧。請問，高等結構部門的目標爲何？」

富萊契告訴我，這個部門負責整合最近併購六家公司的業務，每家公司都擅長以特定高科技材料（如鈦、鈮、鎢、纖維環氧複合材料，以及特種陶瓷）製造產品。他構想是爲這些偏重工藝技巧的公司注入更多科學基礎，扮演總承包商的角色，類似航太產業主要承包商的合作關係。

我很訝異這些高科技行業是由許多扮演中間商的小型工廠組成。富萊契解釋，在航太產業的支持下，它們在洛杉磯地區日漸成長。大學裡不會教你實際的製造議題，職業學校也不會。大型企業雖然有設計技能，但幾乎不知如何實際使用這些新奇的材料加工製造。基本上，每項業務分別由擅長特定材料的專業公司經營，像是利用鎢製造高精密鑄件、用陶瓷製造防彈衣，或鍍鈮油箱。

我詢問他聯合銷售這些技術的經驗、市場競爭的相關議題，這個部門的競爭強項和弱點，以及他所面臨最困難的管理議題。

我一共提出六、七個問題，寫滿十五頁筆記，整個採訪歷時約三小時。結束時，富萊契起身與我握手，對我說：「我原本不期待什麼，但這是一年來我收獲最多的談話。」

數週後，我仍對他的話百思不解。這場訪談根本稱不上是眞正的對談，我不過是提出幾個明顯的策略問題，並寫下他的回答，怎麼可能會是他今年最寶貴的對談？我想，或許富萊契只是很高興與老闆、下屬或客戶以外的人說話，而這個人恰好只問簡單的問題，並且樂於聆聽。

列清單

直到十五年後，我才眞正理解富萊契的話。那天早上，我在賓州匹茲堡的共和鋼鐵（Republic Steel）向保險部門董事會做簡報，該公司與英國的霍格羅賓遜（Hogg Robinson）保險集團是合資企業。中午我們一起在公司的高階主管專用餐廳用餐，話題從匹茲堡的輝煌時代，一直聊到美國鋼鐵大王卡內基（Andrew Carnegie），他曾是美國首富，也是美國鋼鐵的創辦人。這時我的雇主說：「既然你是顧問，肯定會喜歡這個故事。」

故事發生在1890年匹茲堡舉辦的一場雞尾酒會，舉凡商場上呼風喚雨的人士都在場，包括卡內基。卡內基在大廳一隅抽雪茄。有人介紹卡內基和當時知名的組織管理專家泰勒（Frederick Taylor）認識。

卡內基懷疑地瞇著眼睛說：「年輕人，如果你能說出值得一聽的管理建議，我就給你一張1萬美元的支票。」

1萬美元在1890年可是一大筆錢，周圍的人都好奇地轉過來聽泰勒要說什麼。

泰勒說：「卡內基先生，我建議您列一張清單，寫出您可以做的十件最重要的事，然後從第一件事開始做。」

故事的結局是，一星期後泰勒收到一張1萬美元的支票。

我對這個故事的直接反應是困惑，這是在開玩笑嗎？卡內基怎麼可能爲這種建議支付1萬美元？列清單根本是幼兒程度的管理學，隨便拿一本關於自助、自我管理、管理辦公室或組織的基礎管理書籍，都會提出「列清單」的建議。這對一位經驗豐富的生意人怎麼可能實用？這個建議實在太過簡單了。是的，每個人都會列購物清單，但產業鉅子卡內基眞的可能從列十件重要的事情中獲益嗎？

那晚我領悟到故事背後更深層的含義。卡內基並不是從清單本身獲得好處，而是從實際列清單的過程中獲益。人們往往認爲設好目標，就會像導彈一樣自動追逐目標，這種想法並不正確。人類的心智有限，認知能力更有限；注意力就如同手電筒的光束，照亮一處便會讓其他地方顯得黯淡；當我們關注某一議題，便看不見其他。人們常忘記要打電話給某人，也可能忘記在回家途中順道買牛奶，因爲你正在專心開車。更重要的是，人的注意會被眼前立即發生的事件吸引，而忘記更重要的目標。例如，專業人士因爲汲汲營營於事業，可能會忽略婚姻和子女，等到傷害已經造成，才意識到應該優先關注的是什麼。專心競標收購企業的執行長，可能忘記企業併購背後的更重要動機。

遵從泰勒給卡內基的建議，可能促使某些人列出需要支付的帳單或需要見的人。人們只能揣測卡內基的清單內容，但從這1萬美元的報酬來看，列出這份清單對卡內基來說意義非凡。

認眞說來，泰勒的建議不只是列出十大重要事項，也不僅是一些待辦事項，更不是以後會變重要的事，而是要我們思考「重要事項」與「可做事項」之間的**交集**。卡內基支付1萬美元給泰勒，是因爲泰勒「列清單」的建議迫使他省思自己的初衷，然後規劃實現的方法。

我頓時明瞭富萊契十五年前對我說的話。當我問他該部門的目標、競爭強項和弱點，以及他所面臨的管理難題，他必須深思並將這些問題列爲優先事項。這場訪談讓他想起更寬廣的情勢，與必須先執行才能讓部門繼續成長的工作事項。我們的談話讓他想起他的「清單」和各項必須優先處理的事。

列清單是克服我們認知侷限的基本工具，清單本身就能避免人們的疏忽，迫使我們思索更緊急和重要的議題。列出「**現在**必須立即處理的事項」，而非「**擔憂**的事項」清單，更迫使我們將擔憂轉化爲行動力。

現今，我們能取得各式各樣協助分析與建構策略的工具和概念。每項工具設想的挑戰會有些微差異。某些工具是用來辨識優勢；某些工具則是用來理解產業結構，或是辨識重要趨勢、設立模仿障礙。然而，無論何種情況都有一個共同的基本挑戰：我們在做事時免除不了自己的認知限制和成見，也就是自身的短視。人的短視是所有策略情境中最常見的障礙。

具備「策略性」就是不像別人那麼短視，你必須察覺並考慮其他人（工作夥伴或競爭對手）不關注的事物。較不短視並不意味你能預見未來，你必須從分析現實中的事實做起，而不是依遙遠未來的模糊輪廓行動。無論是深入了解產業結構與趨勢、預期競爭對手的行動和反應、明白自身的能力及資源，或延伸思考更多層面，並抵制自己的成見，具備「策略性」就是要超越平常較不愼思熟慮的自己。

爲TiVo做判斷

上午八點，十七位經理人已在教室內坐定。這是2005年某個多雨的秋日，也是三天課程中的第二天。每天上午我會與這群經理人一起探討策略，最資深的高階經理人坐在前排中間，這是好現象。因爲當資深經理人坐在後排或靠邊邊的座位，通常表示他會提早離席或是心不在焉。

這天我們研討TiVo的個案，比昨天討論的個案情況複雜許多。一開始，我開玩笑說，昨晚看見大家開派對玩到很晚，擔心沒有人做好功課，便隨口問：「大家都完成作業嗎？」

眾人一致點頭示意或說：「完成了。」

我指定的作業是用一段話描述你對TiVo的策略建議，大家已把作業整齊疊放在講桌上，我指著這疊作業說：「想必大家都已經找到解決TiVo問題的快簡方案了！」

這時眾人都笑了，因爲他們都了解TiVo面臨的處境十分棘手，牽涉的議題包括科技、競爭、智慧財產權、製造效能、標準、與有線電視和衛星電視供應商議價、隱私議題，以及電視的行銷功能。

我快速瀏覽過他們的建議，原本打算比較他們在討論前後的觀點，藉此衡量討論的成效，但是簡短審視這些建議內容後，我很訝異一個具同質性的群體竟能產生如此多樣的判斷。這群人昨天已經展現超乎尋常的開放與坦誠，不像大多數經理人的自我保護意識很強，我決定與他們一起思考與判斷。

我說：「開始討論TiVo的處境前，我想先問大家一個與這份作業無關的問題。各位是如何想出這個作業問題的解決方案？」

沒有人料到會有這個問題，全場一片靜默。眾人在椅子上動來動去、不時四下張望是否有人會開口回答。這時我看著最資深的高階經理人，他說，他已經「研讀這個案例，也寫上了注解」。

我說：「在研讀這個案例時，你有什麼想法？」

某位同事開玩笑的說：「他正在想要喝啤酒！」

我們都笑了。我接著說：「除了需要喝罐啤酒，你還想到什麼嗎？」

「我眞的不太記得了。我當時主要是在想這是項很棒的產品，也是眞正的創新，但這家公司卻因爲包裝盒的製造成本而虧損。」

我說：「很好。你開始聚焦在製造議題了。」

「是的。我認爲他們需要停止製造單位的支出……」

我說：「很好，我們先不談建議的細節，我想停留在你如何產生這個洞察力的階段。」

他低頭看著講義，講義右側的確有一些注解。我想知道，我們能否眞正討論他的想法從何而來。我稱他的建議爲「洞察力」，是在暗示他不需要再補充說明他的分析實力。

「其實是經驗，至少是我的經驗。我看到這些巨額虧損，好像是由製造過程造成的……。噢，不對。坦白說，我首先想到的是，大多數顧客是把錢花在購買他們根本不需要的巨大硬碟上。如果你只想錄製兩集節目，根本不需要儲存一整季的節目，於是我便想到，爲何不生產較小的硬碟，讓重度使用者付費升級硬體？」

「所以，你最初的想法是……出於直覺……依硬碟容量做差別定價？」

「對，正是如此。」

「好極了，非常有趣。你還有想到其他解決方案嗎？」

「沒有……，你只要求寫一段話啊！」

我對他的答覆非常滿意，真誠又有趣。當然，我只要求寫一個建議，並不表示他就該因此受限只考慮一種方法，但現在還不是點破的時候。

我轉向另一位手舉了一半的人，她說：「我只是考量這家公司的處境，然後就得出建議，這是我在思索這個問題時，自然冒出來的。我發現，如果其他公司主導有線電視這個區隔市場，即便TiVo擁有衛星電視的區隔市場，還是會失敗。」

「妳是如何想到這一點的？」我問。

「呃，我真的不記得。」

我說：「好構想就是這樣來的。有很多填鴨式工具宣稱是策略工作的好幫手，但好構想不是呆板的制式工具能產生出來的。概念性工具或許有助於掌握方向，但好構想基本上是靈光乍現的，這便是所謂的『洞察力』。」

她很喜歡這個回饋，但試著保持謙遜的模樣。

我問：「妳還有其他靈光乍現的解決方案嗎？或是只有這個？」

她說：「我不記得還有別的想法⋯⋯，就只有這個。」

「很好，對自己誠實很重要。」我說。我從在座最資深的人開始問起，是要給資歷較淺的人一個誠實面對問題的機會。

這時另一位同學想提供他的見解。他說：「在研讀TiVo個案時，我的直覺反應是，這家公司過於汲汲營營與電視產業結盟，但是這種結盟卻無法自然形成。TiVo協助觀眾主控觀看節目的時間、跳過廣告，將觀眾對電視的忠誠度分散到不同頻道。它提供消費者便利，卻對電視業者不利。TiVo的問題在於它是電視產業的圈外人，雖不像Napster是非法的，但同樣受消費者喜愛、受業者憎恨。」

我不得不再度提醒大家，我們的目標是搞清楚這些觀點是怎麼形成的。「是什麼導致你產生這個觀點？」我問。

他說：「我不知道，我猜想當時我正在思索美國聯邦通訊委員會（FCC）主席鮑威爾（Michael Powell）的評論，他說TiVo是『上帝恩賜的機器』，雖然面臨這麼多商業上的麻煩，還是有許多人喜愛它。」

他的一段式建議只是重述了這個問題，並未提出建議。這是另一個議題，我稍後會談到。

進行一輪後，我發現只有一個人不僅提出簡短的考量或檢討，還提出勉強能化爲行動方針的內容。多數人首先會界定一個問題範圍，像是製造、有線電視公司及軟體競爭等，然後針對特定範圍提出建議。沒有人採用兩階段法重新思考第一次發現的關鍵問題範圍，也沒有人針對這個問題研究一個以上的解決方案。

我在教室前頭，面對同學坐下來，試著與他們談論今天所學的內容：

你們在準備這堂課時，每個人閱讀的資料都一樣，但每個人注意的議題不一樣。有些人關注製造，有些人則著重軟體，有些人把重心放在與有線電視供應商的關係等等。但是，談到要提出一個行動方案的建議，幾乎人人都會選擇腦海中第一個浮現的想法。

這是可預料到的，多數人在大部分時候都會抓住第一個浮現在腦海中的解決方案來解決問題。在多數情況下，這是合理的，也是度過人生難關的有效方式。因爲我們實在沒時間、精力或心智餘裕，針對我們面臨的每個議題完成充分且完整的分析。

我的評論讓在座者感到不自在，一位同學鼓起勇氣，半舉起手說：「根據《決斷2秒間》（*Blink*）這本書的說法，第一個判斷可能是最佳判斷。作者葛拉威爾（Malcolm Gladwell）說，人們往往在不自覺下做出複雜的判斷，如果試著分析每件事可能會導致更糟糕的決策。」

這個觀點相當好，葛拉威爾所撰寫的《決斷2秒間》是很有意思、值得一讀的書。他主張，每個人都有能力快速處理特定種類的複雜資訊，並做出判斷，卻不知道自己是如何辦到的。我們都知道這是眞實存在的，特別是在做與他人、社會場景，及配對型態相關的決策時，我們會依所見事物的特徵聯想到其他事物，這些都是在眨眼間做出的判斷。葛拉威爾提出有利的理由，要我們信任這些在眨眼間做出的判斷，尤其是那些經驗豐富的人所做的判斷。

我們的直覺通常能做出絕佳的判斷，卻讓我們誤以爲直覺永遠是對的。你應該有能力辨識哪些情況需要更深入的反省。例如，究竟是競爭者或自然條件引導我們掉入陷阱？我們可以對較不謹愼的對手設局嗎？

我解釋《決斷2秒間》的判斷對於跟人有關和特定類型的情況或許適用。不幸的是，有大量研究顯示，多數人不擅長做出多種類型的判斷，無論是眨眼間或花費一整個月的時間。特別在事件的可能性、自己與他人的相對能力，以及因果關係的判斷上，尤其可能出問題。

預估事件的可能性時，即使是經驗豐富的專業人士也會表現出可以預見的傾向。例如，人們往往較重視生動的例子，而不太重視廣泛的統計證據[1]。我的每一個MBA學生都預測自己的成績會在全班前半段，即使他們已經得知自己的成績。在自然數據推論中，人們往往只看見隨機分布模型，只看到原因而不是關聯性，並且忽視與一般理論相牴觸的資訊。

我反問那位提起《決斷2秒間》的同學說：「你希望美國總統在眨眼間就做出參戰的決定嗎？如果執行長沒有仔細考慮成本和效益便決定進行企業合併，你認爲這樣恰當嗎？」這些都是稍誇張的問題，他頻頻點頭，同意有些議題很重要、也很複雜，不能單憑直覺推斷。

我接著說：「所以，在制定策略的過程中，這種速戰速決的做法可能會讓自己陷入麻煩中。從策略的定義來看，策略往往涉及非常困難又至關重要的議題，應該更深思熟慮地考量，而不是靠直覺來解決，這是你們都『知道』的，也正因爲你們都知道，現在我們面臨一個令人困惑的疑問：爲什麼像你們這樣經驗豐富的高階經理人在擬定策略時，仍會選擇速戰速決？

1 精采的描述容易讓我們不考慮統計上的事實，這種思考謬誤就是「忽視基率」。

片刻之後，有位同學說：「因爲時間不夠。」

我說：「這永遠是個大問題。」我表示贊同，目光繼續掃視在座的人。

這時突然有人脫口說：「這是主觀判斷，這種事情沒有所謂的『標準答案』，關於哪個方案最可行，取決於個人的判斷。有太多變數……」

這是相當敏銳的觀察。我們都知道形成決策的基本方法：列出所有方案，釐清每個方案的相關成本或價值，然後選擇最佳方案。但像TiVo的情況太複雜、結構也有問題，不適合用這麼簡單的「決策」分析。因此，最有經驗的高階經理人其實可以很快察覺到，標準的決策分析不能用在策略情境上。處理策略問題，最終還是要做出好的判斷，所以他們就做出主觀判斷。

我說：「沒錯，這只是一種判斷問題。我們最終做出的建議，是根據已知事實做出的最佳判斷。但是我們爲什麼不重新檢視那個判斷，提出替代性觀點呢？還有，我們爲什麼不仔細評估不同的構想？爲什麼用靈光乍現的直覺想法迅速做出判斷？」

我無意探索這個問題的答案。我起身在教室前面來回踱步，我告訴他們，我對這個現象多年來的觀察與個人想法：

面臨如此複雜的情境，多數人會感到不舒服。你愈認眞看待，便愈會覺得這是一個嚴峻的挑戰，必須做出連貫一致的回應。然而，這樣的領悟卻讓你更難受。結構性問題、不確定因素、需要考慮的事和未知變數都太多了，沒有清楚的行動選項，也無法確認行動與結果之間是否有明確關聯。你甚至不確定問題在哪裡。

就像置身洶湧湍急水域的泳者，很難認清方向。在亟欲脫困的重大壓力下，浮現的第一個想法總讓人愉悅寬心。謝天謝地，終於有個東西可以抓住了！獲得方向感會讓人輕鬆不少。

然而，問題在於，若將眼光放得更遠一些，可能會有更好的構想。放棄一個現有判斷既痛苦又令人不安，我們往往接受能使一切儘早落幕的辦法。爲了尋找新的想法，勢必要摒棄獲得方向的舒適感，再度置身混亂湍急的水域，找尋新的穩定來源。此外，人們會擔心會落得兩手空空，質疑自己的構想不但不合常理，也很痛苦。

因此，當我們有了一個構想，會傾向盡最大努力爲這個構法辯護，而不是質疑它。這似乎是人性，就連經驗豐富的高階經理人也不能避免。簡單地說，我們的心智會迴避質疑和放棄最初判斷的痛苦，我們卻沒有意識到自己正在閃躲。

我希望他們眞能了解我的意思，補充道：「但是，你們不必做無意識閃避的俘虜。你們可以『選擇』自己要怎麼解決一個問題，你們可以掌握自己的思維。」我希望他們了解，這才是問題的核心。掌握這種技巧，比所謂的策略概念、工具、矩陣或分析架構更重要，就是這種能力讓你得以思索自己的想法、評斷自己的判斷。

做出判斷的一些技巧

不論是哪個領域，領導者在制定策略時都必須充分了解細節，並在該領域中累積一定的經驗。這種實務經驗是無可取代的，透過從各種情況中看清「可行方法」和「可能結果」的關聯累積而來。

就像醫生不必知道阿斯匹靈的作用機轉，就能開這種藥來治療病患的頭痛和發燒；古羅馬人不需要了解機率論，便能做人壽保險生意。在日常生活中，我們也依一般模式和類推的方法來做事。當然，在某些情況，儘管我們的知識夠完備，也需要關於該情況的因果關係理論——也就是了解造成該情況的原因。

在策略工作中，只有必要知識還不夠。許多人雖有淵博的知識或豐富的經驗，卻不擅長制定策略。要引導正確的策略思維，你必須培養三個技能或習慣。第一，必須備妥各種對抗短視的工具，引導自己將注意力擺在需要關注的事項上。第二，必須發展質疑自己判斷的能力；如果你的推論禁不起自己的批判，便不必期待你的策略能迎戰現實中的競爭。第三，必須養成記錄自己如何形成判斷的習慣，才有可能改善判斷能力。

我發現以下這些技巧有助於擺脫思考的慣性，也能幫助我們檢查策略的連貫性，並在批判的同時改善自己的判斷能力。當然，還有許多其他方法也能引導自己的策略思考。在我描述這些技巧時，你會發覺，有些是你曾經使用過或看過的。為了不讓你對這些技巧印象模糊，列清單或許是有用的做法。

策略的核心要素

核心清單提醒我們，好策略至少包含三個要素：**診斷**情況、選擇整體的**指導方針**，以及規劃**協調一致的行動**。策略核心的概念構成了策略的基本邏輯。策略必須根據情勢診斷出方向，才能發揮效用。若缺乏診斷，便無法判斷所選定的整體指導方針是否正確，更不可能判斷他人的指導方針了。策略還必須將整體指導方針落實協調一致的行動中，資源與力量也要著力在情勢的關鍵點上（詳見第五章）。

一般人對充滿挑戰的處境產生初步觀點時，還算不上一個完備的策略。這種靈光乍現的洞察往往只觸及策略核心的某一個要素：可能是行動，如同前例中有位同學想把較小型的硬碟置入TiVo機器中；也可能是整體指導方針，例如，有位同學想把焦點轉移至有線電視的區隔市場；也可能是診斷，還有一位同學發現TiVo深受消費者喜愛，但和Napster一樣，是業界的苦惱根源。

局部的觀點沒有什麼不對，畢竟我們無法眞正掌控觀點產生的過程，而且當這個觀點有用時，我們應該感到欣慰。然而，策略核心的概念是在提醒我們，策略不僅是局部性的觀點，更具內在協調性，從情勢診斷得知事實，到整體指導方針，再落實到行動中。策略核心的概念提醒我們，要擴大思考範疇，這三個要素都要考慮到。

在制定策略時，有人偏好以行動爲起點，但是我通常不喜歡從行動開始，而是先分析問題。我比較擅長從問題結構或診斷情勢著手，然後完成指導方針和行動要素。在大多數的諮詢業務開始時，客戶都想要我先評價特定行動方案或提出行動建議。我總會退一步，在提出建議前試著先取得較周詳的情勢診斷。

先診斷問題，再解決問題

許多人在嘗試制定策略時缺乏良好的診斷，因此有必要掌握一些心智工具幫助我們回歸診斷情勢和事實，再進入指導方針階段。這個過程並不深奧，只是認清可以做和應該做的事項。

人們常把行動想成策略，以為策略便是組織要做的事，但是策略其實還包括將克服某些困難的方法具體化。辨明這些困難和障礙，將使你更能看清現行策略和可能策略的全貌。更重要的是，你會意識到，某些因素的變化可能徹底改變有效策略的組合。為了正確理解這種觀點的轉變，你必須將注意力從**正在做的事**轉移至**為何要做這件事**上，從選定的指導方針轉移至這些選項所要解決的問題上。

如果把「先診斷問題，再解決問題」應用在TiVo的處境，就是要辨識TiVo企圖克服的難題為何。TiVo試圖讓消費者能錄下電視節目隨後再觀看，並且略過廣告時間。這個問題的其他解決方法，包括錄影機、隨選視訊服務，以及DVD租售服務，尤其是一整季完全沒有廣告的電視節目。

如果把問題界定為內容整合者對機上盒的掌控，我們診斷問題的觀點又略有不同。諸如Comcast、時代華納（Time Warner）、DirecTV及EchoStar等公司會把機上盒與有線電視服務搭配在一起銷售。這些機上盒至少提供一般頻道、付費頻道、隨選視訊或其他互動式服務；若消費者支付更高費用，通常還會提供不同複雜度的數位影片錄影（DVR）服務。若要讓一般消費者也覺得TiVo的方案經濟實用，勢必要提供一般頻道和付費頻道，還要能透過有線電纜或衛星下載電視節目時間表。

TiVo唯有和有線電視或衛星電視公司簽訂協議才做得到。然而，這些公司有能力將機上盒和租用服務合約搭售，再加上有線電視公司具市場壟斷地位，得以榨取TiVo的大部分利潤。

使用搭配銷售限制競爭的壟斷手法，已是反托拉斯的陳年舊事，諸如IBM、區域性電信公司和微軟都曾做過。只要位居壟斷地位的有線電視公司繼續做搭配銷售，外部的公司要增加電視體驗的價值便極為困難。從這個觀點來診斷，TiVo應減少行銷費用，多將資金投入在訴諸法律改變該產業結構上。在這種攻擊行動中，TiVo會贏得許多更重要、更大型的盟友。

創造與摧毀

克服輕率解決問題的原則很簡單：只要尋求別的觀點和策略即可。大多數時候，當人們被要求多想一些替代方案時，往往只針對最初的想法再增加一兩個膚淺的想法。人們似乎有意或無意地抗拒同時發展幾個健全的策略。大多數人往往略加調整最初的想法，增補一個草包方案，或是提出像「放棄」或「再深入研究」這類適用於任何情況的選項，而不是針對眼前的特殊情況做出合宜反應。

要制定新的替代方案，必須重新思索情勢的相關事實，新的替代方案應能解決任何現有方案的弱點。要創造更高品質的新方案，必須先盡力「摧毀」既存方案，揭發其缺點和內在矛盾，我稱這個原則爲**創造**與**摧毀**。

試圖摧毀自己的構想既不容易也不愉快，必須有堅強的意志才能撕裂自己的觀點。我自己是倚賴外部的協助——向我心中的虛擬專家小組求助。這些專家的判斷力都是我極爲重視的。我與他們進行心靈對談，藉此批評自己的想法，並激發新想法。我在提供建議前，總會先這樣做。

虛擬專家小組的技巧之所以有效，是因爲我們都認同與理解人格健全的人。比起抽象的理論或架構，仔細思索熟悉情況的專家在面對同樣問題時的可能做法，或許能得到更多的批評和建議。

我的虛擬專家小組包括我認識或共事過的高階經理人、曾教導和訓練過我的師長、歷年來的同事，以及某些在著作或自傳中清楚表達觀點的人。當我面對問題或產生出第一個構想時，我總會請教我的虛擬專家小組：「這種情況的解決方案究竟哪裡有問題？換做是你，會怎麼處理？」

1971年，史考特（Bruce Scott）教授是我的博士論文口試委員會主席，他就是我的虛擬專家小組成員之一。在我的想像中，他總是斜倚著椅背而坐，請我解釋爲何人們該採納我的方法，要我告訴他這個行動會造成什麼結果⋯⋯，以及是否有更好的方法。還有較近期的錢德勒（Alfred D. Chandler Jr.）教授，雖然他已在

2007年過世，卻一直活在我的虛擬專家小組中。錢德勒教授對急功近利、焦點狹隘的策略非常不以爲然，他會談到宏大的歷史趨勢，以及運用規模經濟與範疇經濟的力量建立永續企業。

像TiVo這類科技方面的策略建議，我可能會請教堤斯（David Teece）和賈伯斯。堤斯是我在加州大學洛杉磯分校的同事兼多年好友，他精通策略、經濟學、法律及商業。我不曾與他討論過TiVo的個案，但能想像他皺起眉頭說：「TiVo未能全面主導數位錄影科技，自然會有其他公司提供類似的軟體和硬體。有線電視和衛星電視公司的地位更強大，並掌控關鍵的互補性資產。它們或許應該授權軟體，而不是打造硬體設備。TiVo努力想從廣告獲利，即便眞的有利可圖，有線電視和衛星電視公司也會分食這塊大餅。」

賈伯斯是蘋果的共同創辦人、NeXT的創辦人、皮克斯動畫工作室被迪士尼收購前的執行長，更是全球最知名的矽谷創業家。自從指導麥金塔電腦的開發以來，賈伯斯的基本經營原則已蔚爲傳奇：1.想像「瘋狂般偉大」的產品；2.組成一支囊括全球最優秀工程師和設計師的精良團隊；3.將創新注入使用者介面，製造出令人驚豔又容易使用的產品；4.透過創新的廣告告訴世人，蘋果的產品既酷又新潮。

賈伯斯擅長批判。他自負又聰明，總是直接切入議題核心。1997年，我們挑選蘋果公司做爲加州大學洛杉磯分校安德森管理學院MBA策略課程的個案。我和其他幾位教授與賈伯斯會晤，討論蘋果的未來前景。賈伯斯說：「我知道史丹佛，但不熟悉加州大學洛杉磯分校的安德森管理學院。」

我的同事、系主任麥克唐諾（Jack McDonough）以學校的觀點回答：「我們喜歡把自己定位爲一所培養創業家的管理學院。」

賈伯斯說：「有意思。有哪一位我認得的矽谷創業家是從你們學院出來的？」

麥克唐諾扮了個鬼臉，誠實回答：「沒有。」

賈伯斯決斷地說：「噢，那麼你們已經失敗了。」就從那天開始，他便成爲我虛擬專家小組的成員之一。

賈伯斯會如何看待TiVo的情況？你從一個人身上學習的，不會是一個概念性架構或理論，而是與這個人的人格特質融爲一體的觀點。我認爲，賈伯斯不會喜歡TiVo的業務，因爲它無法掌控夠多變數，提供消費者眞正「酷」的收視體驗。

即便網羅全世界最優秀的設計小組製造出更棒的TiVo，大部分的功能還是得仰賴TiVo與有線電視或衛星電視供應商的互動。如TiVo和DirecTV或Comcast垂直整合，或許眞能開發出有趣的東西，不光是電影，還有隨選音樂；不僅有一個機上盒，更是一個整合的無線網路傳輸系統。正如同賈伯斯推出的iPod與iPhone，他會想把機上盒、使用者經驗和產品完美地結合。

傾聽堤斯和賈伯斯的假想建議後，我想起許多好策略通常是「特定解決方案」，也就是強調聚焦，絕不妥協。好策略專注在回應情境的一個面向，不會試圖迎合所有人的需求。賈伯斯可能會提議，TiVo應和某個重要平台合併，提供比目前這種數位影音錄影功能更整合的產品。此外，堤斯也可能觀察到TiVo從事太多互相矛盾的業務，被迫必須與其他平台競爭。

向他人學習不僅是聆聽、觀察或閱讀他人的著作，建立自己的虛擬專家小組時，你可以更進一步依據他們的教導塑造虛擬人物的性格。這個技巧之所以能奏效，是因爲人們有一些內在想法能相互理解，尤其這些想法在辨識和回憶人的性格上更是專業。

反覆練習判斷

水手必須判斷風向和風力，滑雪選手必須判斷雪層結構；在商場、政壇，和軍事策略領域，大多數重要的判斷都是針對人的判斷，特別是預測人們的行動和反應。練習判斷要從認識自己、自己的能力和傾向開始，再擴展到其他人。接下來更複雜的任務是，判斷每個小群體對資訊或挑戰將如何做出回應，通常屬於經理人、辯護律師和軍隊領導人負責的範圍。最後，對大群體和市場做判斷，則是行銷和廣告專家、企業管理階層及政治家的職責領域。

好判斷不僅難以界定，更難以獲得。優良的判斷力部分來自天生，與協調的個性和善解人意有關。但是，我仍深信反覆練習可以增進判斷力。要使這種練習有效，首先務必**記錄**自己的判斷。

爲了了解預先記錄的必要性，可試著想像一個MBA學生已經研讀並準備好課堂上要討論的商業個案。他在閱讀和思考該個案時，許多議題在腦海中浮現。她必須針對個案情況，努力想出各種解決方案，也一定會對其中幾個方案有偏好，但她沒有記錄自己的判斷。在接下來一小時的課堂討論中，她想到的每個議題可能都被別人提及，而她考慮過的行動方案也都被提出來討論。隨著這些議題和行動方案逐一受到檢驗與評估，她心想：「我有想到這個，也考量過那個。」當班上終於把討論範圍縮小到合理的解釋和有效的行動方案時，她或許會想：「是的，這些我都考慮到了。」

這位同學原本可以預先記錄立場，並據此立場評估自己的判斷，她卻錯失了這個機會。記錄自己的判斷，是爲了分析哪些議題是關鍵、哪些不是，然後決定要選擇採取何種行動方案。透過記錄自己的判斷，尤其是對情勢的診斷，可以提高你發現自己與他人判斷差異的機率，因而較有可能從中學到一點東西。

這個原則可以應用在所有會議中。你預估會議中會討論哪些議題？誰會採取什麼立場？你可以預先記錄自己對這些議題的判斷，如此一來，你每天都有機會學習、改進，並調整自己的判斷。

18

保持理智

當周遭的人都失去理智，如果你能保持鎮定自若……

—〈如果〉（If），吉卜林（Rudyard Kipling）

好策略來自客觀審慎的情勢評估，運用獨特洞察力發展出縝密的計畫；壞策略則出自盲從或人云亦云，而非眞知灼見。

保持獨立客觀、合理存疑的態度並不容易。對此，我當然無法提供任何妙方。以下兩個眞實故事或許能讓你了解，如何警覺地避免盲目從眾。第一個是環球電訊（Global Crossing）的教訓，告訴我們評估基本面的重要。股市錯估了環球電訊的價值，即便沒有內部資訊，也能輕易看出；第二個故事跟2008年的金融危機有關，社會從眾行爲及偏誤的內部觀點，在此事件中都扮演了關鍵角色。

環球電訊帶來的啓示

經過十年的嘗試，第一條大西洋海底電纜終於在1866年架設成功，這要歸功於美國菲爾德（Cyrus Field）的創業熱情，以及英國的布萊特（Charles Bright）與布雷特兄弟（the Brett brothers）。

大西洋兩岸都以盛大遊行和歡樂的慶祝活動迎接這項盛事。在這之前，大西洋兩岸的訊息傳遞得靠船隻在海上行駛兩、三週才能送達。兩週的時間，戰爭可能勝負已定，帝國也可能已經滅亡。有了菲爾德的海底電纜，一切變得大不相同：在英國按一個按鍵，另一端的美國發出「喀嚓」一聲，訊息便立即在兩地間傳遞。一條纖細的銅線，從此連結了大西洋兩端。

九十年後的1956年，第一條橫跨大西洋的電話電纜鋪設完成，斥資2.5億美元，供應三十條語音電路。往後的四十年間，又陸續鋪設十幾條更新、更精密的電話電纜。每個電纜專案都由幾家國營的電信公司聯合執行，每完成一個專案，電纜容量便由聯盟成員瓜分。電纜公司與國營電信公司彼此互不競爭，所有費率統一由管制單位或國際協議制定，也只有國營的電信業者可處理國際電信業務。

1997年，兩位AT&T的前任經理人卡特（William Carter）與道森（Wallace Dawson）正在爲首宗民營的「大西洋穿越電纜專案」（Atlantic Crossing）籌募資金。爲了這項投資事業，他們以個人的專業與AT&T簽訂建造並維護電纜的統包合約。卡特與道森曾與奇異融資（GE Capital）商談籌措資金，但另一家規模小、總部設在洛杉磯的太平洋資本集團（Pacific Capital Group）動作更快，於是溫尼克（Gary Winnick）與太平洋資本的三位合夥人談成這筆交易：以7,500萬美元的資本額、6.6億美元的融資興建，並負責初期營運。環球電訊這家新企業就此誕生，由溫尼克出任董事長。

大西洋穿越專案第一期工程鋪設總長8,886英里的光纖，連接美國、英國與德國。這條新電纜的容量是大西洋海底電纜總容量的兩倍以上。電訊產業以STM-1來計算容量[1]，1個STM-1的資料傳輸率高達2,016條語音電路。大西洋穿越專案第一期工程最初容量爲256個STM-1，一般預期這種先進技術很快便能使傳輸量倍增至512個STM-1，相當於每秒80 GB或者100萬條語音電路。

海底電纜的成本取決於纜線長度與海洋深度，而非數據容量。大西洋穿越專案第一期工程斥資7.5億美元，每個STM-1的成本約爲150萬美元。這項工程歷時十五個月完成，於1998年夏季開始運作。

環球電訊當時將STM-1以每個800萬美元出售[2]。近年，電話公司聯合專案的收費已經高達1,800萬到2,000萬美元。1998年底，大西洋穿越專案的第一期工程便售出了35%的容量，銷售金額達9.5億美元，扣掉7.5億美元的建造成本後仍有獲利。營運六個月後，環球電訊股價一路上揚，市值迅速攀升到190億美元；又過了六個月，市值已翻漲至380億美元，遠比福特汽車高。

市場之所以如此看好環球電訊，主要因爲網路流量的成長快速。一般認爲，網路流量每年將躍升一倍，使得投資專家們同聲表示「尚看不到成長的盡頭」。高科技業投資大師吉爾德（George Gilder）在環球電訊1998年的年度報告上寫道：

隨著國際網路用戶的成長迅速超越美國，海底電纜的通訊流

1 STM-1（Synchronous Transport Module）中譯為「同步傳輸模組第一位階」，所代表的傳輸量相當於155.52 Mbps，即每秒傳輸155.52百萬位元。

2 從技術的角度來說，環球電訊銷售的是二十五年的容量使用權。

量成長速度會比陸地還快上好幾倍。相信我，在未來五年，網路流量的成長速度將會使海底電纜傳輸的壅塞情形令人無法忍受。因此，做爲關鍵供應商的環球電訊具有所向披靡的有利地位。

爲此，環球電訊積極規劃大西洋穿越專案的第二期工程（AC-2），預計再斥資7.5億美元建置。這次的傳輸容量增加至2,048個STM-1，每單位成本則降爲第一期工程的四分之一。單位成本之所以能有如此驚人的降幅，全拜先進的光纖多頻分工技術所賜——每條光纖基本容量更大，且能傳輸更多不同波長（不同顏色）的光。然而，這些技術並非環球電訊的專利，任何電纜建商都能使用。

事實上，當時有個新的國營電信聯盟正打算鋪設一條容量爲4,096個STM-1的電纜，同時，民營的環大西洋（360atlantic）方案也計畫在四年內跟進。另一方面，當時有工程師指出，只要改變第一期工程兩端的電子元件，電纜容量就能增加一倍，達到1,000個STM-1；工程師還預測，第一期工程的四光纖電纜在2001年以前容量可達到20,480個STM-1。

1998年時我對環球電訊產生高度興趣，當時的我正在檢視電信產業投資激增的現象。我納悶，爲何環球電訊這樣的後起之秀會得到股市的高度評價？爲了找出答案，我決定拜訪英國劍橋

Analysys公司的常務董事克里夫利（David Cleevely），他是聲譽卓著的電訊產業觀察家。

克里夫利告訴我：「關鍵在於理解寬管線（fat pipe）的巨大優勢。」他所謂的「寬管線」，指的是傳輸容量極高的光纖通道。他在辦公室的白板上畫出兩個一大一小的圓圈，並在圓圈下方分別寫上「3億英鎊」，然後繼續說道：「鋪設光纖電纜的成本主要來自於路權和鋪設工程。目前的技術讓我們得以鋪設巨大容量的管線，成本並不比鋪設窄管線高。其中，規模經濟的考量是關鍵要素，寬管線才因此勝出。」

規模經濟一向在策略思考中扮演核心角色。邏輯似乎很簡單——一旦採用這種寬管線，平均單位成本自然較低。在返回倫敦的路途中，我不停思考有關寬管線、規模經濟和撥打電話的問題。利用大西洋海底電纜傳輸一通電話或1 MB數據資料的「成本」到底是什麼？

成本的概念十分棘手。事實上，成本來自於人們的選擇，而非產品本身。選擇再製造一單位產量的成本，有時稱爲**邊際成本**或**變動成本**；選擇以一年期固定利率製造每單位產量的成本，稱之爲**平均成本**；選擇興建工廠，並以固定利率生產的單位成本，即是**長期平均成本**；處理緊急或特殊訂單的成本沒有特定名稱，但它確實存在。也就是說，沒有單一而純粹的產品「成本」，成本取決於決策——也就是你決定要以什麼來做比較。

若決定每多傳輸一通電話的成本只需要電力，成本幾乎是零；若決定爲期一年、每天多傳輸一通電話的成本仍幾近零；決定啓動一條電纜且爲期一年、每天傳輸數千通電話的成本，就必須算進維修和管理費用，但不包括設備的資本成本。我開始意會到，無論寬管線或窄管線，那些不斷被移來移去的「成本」幾乎都是零。此外，原本壟斷的產業如今有了競爭者出現，業者將無法從降低成本來維持價格，更沒有什麼能阻止價下降至成本水準。

現代商業策略課程的入門主題都跟產業結構與利潤的關聯有關，這個主題通常稱爲「五力」，源自波特1980年出版書籍中首創的產業結構分析。簡單說，一個垂死的產業具備了以下的特徵：產品無差異性；企業的成本相同且能取得相同的技術；購買者對價格敏感、能獲取許多訊息，一旦注意到更划算的交易，就會立即轉換供應商。

1999年年初，我請加州大學洛杉磯分校的一班MBA學生分析環球電訊進入跨大西洋電纜事業的決策。這些學生逐步檢視該產業的各個面向：

- 一條STM-1容量的跨大西洋電纜已近乎人類所能創造的完美商品。【不利條件】
- 營運商的容量幾無二致。不利條件
- 環球電訊將競爭導入該行業，還有三家私人企業已宣布進軍此市場。【不利條件】
- 這項技術不是環球電訊專有的。不利條件
- 科技的進步讓增加容量的成本變得更低廉：產能過剩已是必然結果。【不利條件】

• 跨大西洋海底電纜的資本成本是名符其實的「沉沒成本」。如果價格無法抵償資本成本，老舊電纜勢必得繼續運作。

【完全不利條件】

很難想像有比跨大西洋海底電纜還糟的產業結構。有位學生說：「但是，網際網路的規模每年都在加倍中。」

我說：「這是事實，但是傳輸容量的成長速度更快，而傳輸容量成本下降的速度更是驚人。以你們所做的分析來看，答案很明顯，肯定會造成產能過剩、價格下跌至接近成本，而成本又幾近於零，最終沒有人能獲利。」

「股市不是這麼說的。」另一位學生不表贊同，隨即端出1999年的股市行情分析表，堅定地表示：「我不在乎產業分析師怎麼說，反正市場說這是有史以來最大的獲利機會之一。」

◎

人們一向將股票價格視爲預期未來利潤的指標，1970年代起，相關的論述更加盛行，到了1999年可以說達到了頂峰。從下面的例子可以看出，這樣的邏輯如何形塑了一般人的看法。

1998年，雷曼兄弟提出了一份評估報告指出，美國在1998年的陸地光纖系統總容量是1998年使用量的七十倍，代表產能遠大於短期需求。若在其他產業，產能過剩的持有者將會互相競爭以賺取微薄的收入，導致價格下跌。光纖產業的產能眞的過剩嗎？雷曼兄弟的分析師如此寫道：

爲了充分利用這種潛在的產能，每個用户的頻寬需求、用户數量和每月使用量都必須提高。如果美國所有的電話線都升級至T1的水準（每秒傳輸1.5 MB），網絡容量就會提高二十四倍（以持續使用的程度）。因此，爲了增加到七十倍，就需要更快的速度、更多的使用量。

優秀的分析師顯然意識到產能嚴重過剩，卻仍在說反話。在報告的下一段，雷曼兄弟提出近乎精神分裂的推論，表達其對股市走向的極度信任：

我們相信電子商務將呈指數成長，這有助於帶動更大的頻寬需求，以因應網路和數據服務。個人電腦產業權威對這天的來臨很樂觀——「人手一台個人電腦，並不斷從網路下載各式資訊」。此外，家電設備很可能都將內建晶片與網路連結，以提高這些設備的實用性，同時將訊息傳送給使用者和製造商。

在1999年底舉辦的一場研討會中，我在午餐時間和一群策略顧問談起這個問題，但他們都對價格競爭的部分避而不談。一位波士頓諮詢集團（Boston Consulting Group）的顧問認爲：「像奎斯特通訊（Qwest）和環球電訊等新公司，有好幾年的時間可與國營的高價舊線路爭奪市占率。」在輕鬆的談話中，談的盡是奎斯特、世界通訊、環球電訊及其他新興電訊公司在股市的出眾表現。這些公司的巨額市值被當成穩健、甚至聰明商業策略的絕佳保證。

當時，許多顧問都只是拿不同方法來比較這些公司的股價表現。如果「無所不知」的股市眞能做出好分析，爲何還要費心再做商業策略邏輯評估？倘若世界通訊的股價上漲得比Sprint和MCI還快，可見光纖管線的投資肯定比只做寬頻網路更有利可圖——這可是股市大神說的。

2001年春天，我正在撰寫一篇環球電訊的個案，對溫尼克面臨的局勢特別感興趣。他在大西洋穿越專案第一期工程獲得巨額利潤，但這項投資就像是房地產交易：他斥資7.5億美元建造一棟「建築物」，再以超過20億美元出售這棟「各戶擁有獨立產權的大樓」。更驚人的是，公司市值最後竟達到300億美元。

我不禁納悶，精明世故的顧客爲什麼願意花這些錢？一個新的STM-1成本低於150萬美元，爲何要支付800萬美元購買一個STM-1？投資人眞以爲環球電訊可以一再複製這樣的做法嗎？我很想問問溫尼克，當股價被異常高估，他會怎麼做？

接下來，撰寫個案工作有如跟時間賽跑。我跟溫尼克約好的最後一次訪談被迫取消，因爲該公司於2001年12月宣告破產。如今，在電信通訊業泡沫化多年後，報紙和商業雜誌將那段時期簡化成一長串惡棍執行長的名單，溫尼克也名列其中。事實上，這類分析和1999年過度推崇、讚揚這些公司的看法一樣愚蠢。發生在環球電訊的情況，正是其他新興電信商的縮影：眾所期盼的數兆美元收益未曾實現。

問題出在電信公司鋪設了過多的光纖容量，但多少才算過多？所有大西洋電纜方案加起來，總容量在2001年達到16,384個STM-1，足以讓3,500萬人全年無休的連續使用即時視訊。光纖容量的激增，導致次級市場迅速發展。那些持有龐大的未使用容量的原始顧客（大多是國營的電信營運商），為了賺取利潤，便將這些未使用容量轉售或出租，激烈的價格競爭旋即成為常態。

1999年底，STM-1的價格已從650萬美元下跌至200萬美元，到了2002年初，32萬5千美元就能買到一個跨大西洋的STM-1，這個價格只有環球電訊原本定價的4%！

當初專家預期的高獲利究竟哪裡去了？從以下兩件事可以找到答案。第一，情況發展與吉爾德的預測相反，海底電纜的網路流量成長速度比陸地上的流量緩慢許多。大多數的網路流量都是區域性，而非國際性的。加上網路用戶對快速反應時間的要求，迫使許多熱門網站在各大城市設置伺服器，間接降低了對於洲際頻寬的需求。

第二，儘管網路流量成長快速，卻未能創造高額利潤。電訊產業一向靠處理「企業數據資料」收取高價，卻漠視以下明顯事實：網路流量快速成長主要是因為價格幾近於零的結果，至於網路流量暴增則是來自瀏覽個人網頁、觀看色情網站和音樂（與視訊）盜版。相信「大企業將驅動網路流量的成長」，以及「消費者會為了使用網路而支付高額費用」的想法，都是荒謬無稽的。事實上，成本和價格的下跌速度遠比網路流量的成長更快，抱持美夢的投資人最後都沒有好下場。

事實上，任何人做過五力分析的人，都可預見價格勢將暴跌。這個分析之所以被忽略，就在於股市承諾了更美好的遠景；顧問、投資人、分析師和策略家都被這些新網路經營者所畫的美好願景誘騙。有人對我說：「沒錯，這些產品看起都很完美。新事物正在出現，市場對此投以信任票表示支持。」大家也因此喪失了判斷力。

◎

幾個世紀以來，數學家相信，諸如幾何、算數或代數的陳述非眞即假。1931年，維也納的數學家哥德爾（Kurt Gödel）證明這種直覺是錯誤的。他指出，複雜的邏輯系統是「不完備」的，也就是說，一些陳述和主張在邏輯系統中無法被判定眞假。爲了做出正確判斷，就必須留意系統以外的外部知識。

我相信，同樣的想法也適用於人類的系統。具體來說，當高階經理人和專家只根據近期股市的信號來投資與管理，資訊流從企業投資決策到交易員，再到股價，然後回到企業決策，形成一個封閉循環。股市準確度的「公理」穩固了循環的中心。

光纖產業就是一個封閉的循環，因爲分析師以安裝容量的增加來衡量「成長」，在這個封閉系統內，如「跨大西洋電纜是否爲產能過剩的商品業務？」這類問題就是哥德爾所謂「不可判定的命題」。想要解答這個問題，勢必要留意封閉系統外的事實，並對此做出獨立判斷。

當政治領導人根據民調制定公共政策時，也會產生類似的封閉循環。「龐大的政府機構致力於促使高槓桿效應的抵押貸款快速成長，這是明智的嗎？」在大眾意見與選舉活動的邏輯範圍內，這個問題是不可判定的，唯有仔細檢視過去和其他國家的經驗才能回答。

當學校的課程是根據學生成績來規劃，而學生是根據過去的排名申請學校，也會形成類似的封閉循環。例如，在現代商學院裡，「是否應該規定研究所學生閱讀某一本書？」已成爲不可判定的問題。想要打破這種循環的邏輯，必須著眼於更加根深柢固的知識和原理，而非目前盛行的輿論。

從衆行爲與內部觀點

2008年的金融風暴肇因於史上最大的信貸泡沫化。過程中，借貸標準越趨寬鬆，促使某些資產價格上漲（通常是房地產或股票），這些上漲的資產價值接著又成爲新一輪借款的抵押品。除了房地產，也擴及到各種交易，像是融資收購、大型企業合併、產業整合和特定的對沖基金等。

縱使沒有寬鬆的信貸也可能造成資產泡沫化。1990年代晚期，網路公司的股價持續上漲，吸引更多投資人購買股票，促使價格上漲得更快。由於融資金額較小，2000年網路公司股價崩盤時，對整體經濟只有輕微影響。2008年的這場災難其實起於少數過度負債的借款者，衝擊在公司之間、個人之間、部門之間，以及不同國家之間傳佈開來，使得個人損失演變成一場集體的共業。

當投資銀行貝爾斯登（Bear Stearns）於2008年倒閉時，財務槓桿高達32比1，也就是每32美元負債對1美元資產（事實上，貝爾斯登的財務槓桿已接近50比1，但該公司奉行的政策是，每逢月底會減少使用財務槓桿），該公司的某些對沖基金則是85比1。雷曼兄弟、花旗集團（Citigroup）、美林證券（Merrill Lynch）及華爾街其他公司的財務槓桿，與貝爾斯登也相去不遠。

2006年底，第一波違約的房貸屋主已從一次房貸拿走90%的款項，再以二胎貸款支付10%的房貸頭期款，這些屋主甚至用房屋抵押貸款購買新家具和其他消費用品。到了2007年，華爾街和眾多屋主都陷入過度負債的狀態。

如同曾經發生在別的時期、其他國家的信貸危機，只要做爲抵押借款的資產價值能繼續上揚，一切便能安然度過。由於這些借款是以股票、房屋和公司資產做爲抵押，膨脹的資產價值會使決策者、企業、屋主及銀行都覺得儘管債台高築，仍然是有保障的。

在卡通《嗶嗶鳥與胡狼》（*Road Runner And Wile E. Coyote*）中，有一段情節是胡狼拚命跑出懸崖，雙腳仍飛快擺動著，直到牠往下一看，驚覺自己踩空，才開始往下掉。以信貸泡沫化來說，當資產價格開始下跌時，便像是這一刻的到來；只要資產稍微通縮，便會刺激信貸泡沫化。當資產價格逐漸向下，使用高財務槓桿購買膨脹資產的投資人突然意識到險境，便紛紛急於在血本無歸前拋售股權，使價格下跌得更快。這種價格暴跌的恐慌又感染了更多過度負債的資產持有人，也急著變賣。

這個過程就是所謂的「平倉」（unwinding）或「去槓桿化」（deleveraging）。當許多人同時要脫手一項投資時，這種拋售的壓力會造成資產價格的跌幅更劇烈。這時，突然恢復清醒的銀行家，也開始平倉，縮減經濟結構中的可用信貸金額，引發更多的違約和賤賣資產。

這種從債務到資產拋售，到資產價格下跌，再回到更多違約、更多資產拋售的反應，就是所謂的「債務通縮」（debt deflation）。這是費雪（Irving Fisher）在大蕭條時期率先提出的名詞和相關理論。寬鬆的信貸推升了這波熱潮，後果便是加速經濟的崩潰。

由下圖可以看出，美國家庭債務與所得呈現持續上升的趨勢。這裡的家庭債務包括房貸、汽車貸款和消費信貸。1984年，平均每戶家庭負債是稅後所得的60%；2007年，已增加到稅後所得的130%。

1980和1990年代，媒體報導側重在政府負債與總體經濟的關聯性，然而，這次的債務爆發並非源於政府的大舉借貸，家庭和金融機構的貸款才釀禍的主因。家庭負債從1984年開始急遽上升，到了1988年，家庭負債已超過所有政府負債，且持續快速成長，直到2008年經濟衰退才趨緩。

有人把這一切歸咎於愚蠢的民眾、貪婪的房貸經紀人，然

美國家庭負債與可支配所得的比例

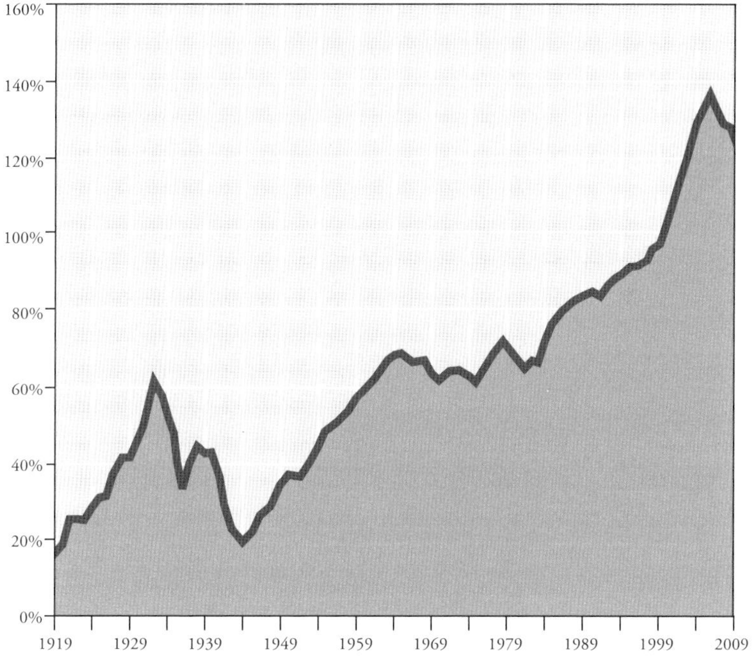

資料來源：Federal Reserve Flow of Funds, BEA, Faskler & Parker, Blake & Gordon

而，這場危機其實是美國華府和華爾街決策下的產物。華府理當監督國家經濟的整體穩定與健全性，特別是金融業；華爾街應該是定價和包裝風險的專家。悲哀的是，華府和華爾街都嚴重失職。怎麼會發生這種事？他們究竟在想什麼？

這場大災難如同賓州洪災、興登堡號焚船事件、卡崔娜颶風餘波[3]、墨西哥灣漏油事件等許多的人爲災難，都是人類行爲與判

3 颶風引起的紐奧良水災，原本應該可被天然溼地阻止，但這些溼地近幾年「持續開發」，未能產生防護作用；加上用來阻擋颶風的堤防系統設計和建造不當使然。

斷的五個錯誤交織而成的結果。

1. **系統的設計延展過度，難以掌控**。這些設計者建立的系統，超出了自己理解或分析的能力。在這十年間被設計出來的諸多新金融工具，導致了2008年的金融危機，卻沒有人能清楚理解或預測。

2. **一帆風順的謬論**。人們總是認爲，最近沒有發生地震和風暴便表示沒有風險。金融產業一向是用過去的價格波動來衡量風險，這樣的謬誤也行之有年。存在重大設計缺陷的系統，像是興登堡號飛船、紐奧良的防洪大堤，或是以「房價永遠不會下跌」爲前提設計的各類證券，在系統崩潰前未必會顯露缺陷。系統崩潰幾乎是必然的，但發生之前不一定會有重大的波動警訊。更重要的是，這種崩潰並非肇因於完全無法預見或幾乎不可能發生的事件——金融界通常稱這些事件爲「黑天鵝」（black swans）或「尾端風險」（tail-risks）。眞正的原因在於，這個系統有嚴重的設計缺陷，因而造成無可避免的崩潰結果。

3. **許多組織和個人容易受到引誘而甘冒風險**。美國聯邦政府一向願意資助無法償還債務的大型企業，像是在1975年拯救紐約市、1984年資助伊利諾州大陸國民銀行（Continental Illinois），以及1998年出資幫助美國長期資本管理公司（Long-Term Capital Management）度過難關……，諸如此類的紓困做法只會誤導人們不計後果地追求風險。此外，金融服務業中最高階經理人的薪酬安排，以及中間商費用結構存在許多不合理，而且只會上漲、絕不下跌，種種作爲只會更加鼓勵他們不顧一切去冒險，從而提高了經濟風險。

4. **社會從衆行為**。在我們不明白某件事時觀察別人的行爲，並假設其中某些人知道我們所不知的，這似乎是合理的。然而，如果每個人都這麼做，那麼這種相互校正的過程可能導致群體中的成員都採取同樣的行動，或相信「他人」正在關注基本面。

5. **內部觀點**。這個名詞是由諾貝爾經濟學獎得主康納曼（Daniel Kahneman）和洛瓦羅（Dan Lovallo）共同提出的。指的是人們往往忽視相關的數據和資料，反而堅信「現在這個情況不一樣」。

在此特別要關注社會從眾行爲和內部觀點——尤其在思考2008年金融危機時。優秀領導者的特質，就是能以正確的觀點看待情況、冷靜做出判斷，才能有助於減輕社會從眾行爲和內部觀點所造成的偏差。

內部觀點指的是，人們往往視自己、所屬群體、專案、公司、民族或國家，是與眾不同的。舉例來說，外部觀點統計顯示，開車時邊用手機講電話會使意外事故的發生機率提高五倍，大約與酒駕相當。這種情況下的內部觀點則爲「我是優良駕駛人，那些統計數字不適用在我身上。」同樣的，我們知道，儘管多數的新餐廳都是以失敗收場，但每一位準備創業的人都認爲自己的新餐廳會有不一樣的結果。

2008年的金融風暴，投資人普遍抱持並明顯表露出這種內部觀點，幾乎成爲個人奉行不悖的眞理。這些信念儘管無法證實是否正確，卻被當作論述、政策與行動的基礎，其中，尤以「其他國家和其他時代的經濟史與現代美國關係不大」的信念扮演最關鍵的角色。其次，社會普遍相信美國聯準會管理利率的專長，能消弭重大經濟波動的風險，以及美國「深度發展且流動性良好」的金融市場必能承受和吸收衝擊；同時，也深信華爾街推出的新工具一定具有良好的管理、定價與抑制風險的效能。

這些信念阻礙了一個簡單的認知：發生在他人身上，以及曾經發生過好幾次的情況，會再度發生。結果，導致房地產價格飆漲，過度寬鬆的信貸波及各個層面。

這種情況的外部觀點並不複雜。事實上，國際間有許多前例一再揭示：緊接著信貸熱潮而來的經濟問題既頻繁又危險，尤其是與房地產有關的信貸熱潮。事實上，過去五十年間，在經濟合作暨發展組織（OECD）的會員國中，已有二十一個經濟體發生過二十八次嚴重房價漲跌的景氣循環，以及二十八次信貸緊縮。如同賓州大學華頓商學院赫林（Richard Herring）與沃切特（Susan Wachter）兩位教授的觀察，「即使沒有銀行業危機，也可能會有房地產景氣循環；即使沒有房地產景氣循環，也可能出現銀行業危機。不論在先進國家或新興經濟體，情況都是一樣。」

回顧美國歷史可以發現，由於根深柢固的政治與文化因素，使得寬鬆信貸與房地產榮景的危險組合一再出現。近兩個世紀以來，美國聯邦政府一直積極鼓勵人民移居到鄉間，鼓勵開設農場，現在又鼓勵人們買房子。這項計畫主要的號召對象是一般勞動階級和移民，這些人大都沒有足夠金錢購買房地產，連頭期款都無法支付。於是，銀行業便不斷推出各種金融「創新商品」，提供擴充信用貸款給這些有購屋需求的人。當景氣變差，房貸大量湧現違約拖欠情形，甚至一度危及整體經濟。

1819年美國發生第一次經濟蕭條，便是政府以寬鬆信貸銷售大片公有土地的結果。這些土地主要集中在田納西、密西西比和阿拉巴馬州。當時，墾荒者受到農產品價高的吸引（尤其是棉花），紛紛向高融資的州立銀行貸款購買土地和設備。不久，農作物產量大增，加上歐洲農業從戰爭的摧殘後逐漸復甦，使得農產品價格在1819年崩盤。

1818年時，棉花每磅價格爲31美分，隔年便只剩一半價錢，到了1831年更跌至每磅8美分。土地價格也持續下跌，引發大規模的貸款違約。這場危機又因爲美國第二銀行（Second Bank of the United States）急於收回貸款，要求債務人以鑄幣（黃金或以黃金儲備爲後盾的貨幣）支付，而更加惡化。危機逐漸蔓延至各城市，費城的房地產價格因此下跌了75%，數千人因債務而身陷囹圄。

十八年後的1837年，再度發生經濟大恐慌，源自聯邦政府出售三千萬英畝的公有土地。這一大片不動產位於美國中西部，當時，融資給這些土地的資金來自眾多新設立的州立銀行和地方銀行，其中絕大部分用的是私有銀行券，而銀行券的信譽因發行銀行而有所不同。

印第安納和伊利諾等州開始預期這些新土地的未來稅收，並用這些期望收入融資開發計畫，尤其是開發運河。當人們對這些紙幣形式的銀行券信心動搖，終至瓦解，全國約有半數銀行倒閉，土地瞬間變得一文不值，這次的經濟大衰退長達六年。

南北戰爭結束後，美國開始修築跨州鐵路。爲了開發西部，聯邦政府贈予大片土地給修築連接東西岸鐵路的企業。例如，北太平洋（Northern Pacific）鐵路公司獲贈的土地便是沿著芝加哥到太平洋，總面積相當於新英格蘭地區。這些企業開始發行債券，並透過北美和歐洲地區的證券經紀人、自營商和業務員等網絡，以低於面額的價格出售。

後來，北太平洋鐵路公司竟然把好幾大塊政府授權的土地賣給拓荒者和貧窮的移民，以吸引人口移居至西部，而這些新居民對於鐵路的需求終會使這些巨額投資得到報償。1870年，在歐洲發行的鐵路債券就已超過10億美元。北太平洋鐵路公司的代理商，積極在北歐遊說那些已經習慣嚴寒氣候的人移來此地。隨著愈來愈多人在這些土地上定居，北太平洋鐵路公司提供更多的信用貸款，爲他們購買土地、種子和牲畜，以打造新的家園與城鎮。

當這個巨大信貸泡沫化，衝擊力道極具毀滅性。1873年9月，紐約證券交易所關閉十天，接著引發銀行破產和企業倒閉的連鎖反應。總計約有一萬八千家企業破產，包含美國四分之一的鐵路公司，失業率高達14%，勞工運動就此興起。

二十年後，1893年的經濟大恐慌肇因於鐵路債券發行失敗和農場破產。由於農產品價格大跌，許多融資設立的新農場宣告破產。事實上，農產品價格暴跌並非市場波動的結果，而是農業生產力持續上升與大量西部土地耕作的必然結果。失業率攀升超過

12%，美國經濟到了1900年還無法復甦。

同一時期，土地暴漲暴跌的現象也發生在19世紀末的澳洲墨爾本。當地政府從1880年開始借貸投資鐵路、港口、供水系統和城市交通。儘管沒有土地短缺的問題，墨爾本早在1886年就已是全球最大城市之一，然而一股投機熱潮卻將墨爾本地價推升至遠較倫敦和紐約還高的水準。坎農（Michael Cannon）在《土地熱潮》（*The Land Boomers*）一書中寫道：

> 1880年代的土地狂熱成因有二：第一是過多的建屋互助會，這些樂觀的官員相信殖民地的每個家庭會同時建造房子，無論時局好壞都能支付分期付款，還能支持一大群利用他們的錢賺取高息的投資人；第二種狂熱成因則是一種根深柢固的信念，堅信土地投資絕不可能虧損—這種信念迄今仍普遍存在。

1891年的崩潰極具毀滅性。墨爾本的土地幾乎變成非流動性資產，無論價格多低都沒有買家；還有股價崩盤，墨爾本市的電車公司（Tramway）股價大跌90%。許多銀行和企業相繼倒閉，經濟陷入大衰退。喧囂的工會運動於焉展開，墨爾本的成長與人們的信心就此停滯至少一個世代。

在美國，19世紀信貸危機擴大的主因是開發西部土地和鐵路擴展的不當決策。在20世紀的大多數時間，引發信貸危機的焦點則轉移到房屋所有權。在住房供應方面，政府持續推動房屋自有率的增長。原本，傑佛遜主義的理想是「以農立國」，人人擁有可賴以維生的工具自給自足，如今，這個願景已演變成雖然擁有房子的人變多了，但每人每年工作一百天來繳納稅款，再工作一百二十五天來繳房屋貸款。

1922年，胡佛總統提出「擁有自己的家」（Own Your Own Home）計畫，爲推動購屋揭開序幕，隨後羅斯福總統更設立聯邦房屋管理局（Federal Housing Administration）和聯邦國民抵押協會（Fannie Mae，簡稱「房利美」）積極響應。杜魯門總統通過的「退伍軍人權利法案」（GI Bill），更加速人們購屋。

柯林頓總統開始強調少數族群的房屋所有權，1995年時並承諾，在2000年以前將房屋所有權比例從65%提高到67.5%，亦即增加數百萬戶自有房屋。柯林頓的「全國自有住宅策略」（National Homeownership Strategy）目的在「削減交易成本……降低頭期款要求……（並且）提升全國房地產市場中替代性融資產品的可行性。」

在美國住宅及都市發展部長西斯內羅斯（Henry Cisneros）的領導下，政府降低抵押貸款的標準條件，原本必須有五年的穩定收入，如今改成三年；原本必須與借款人面談，如今只要文書作業；原本借款人必須親赴分行辦公室，如今只需一通電話。小布希總統上台後更奮力推動，加碼推出「增加550萬個黑人與拉丁美洲裔美國人自有房屋」計畫。

儘管有大量證據顯示，寬鬆信貸促成的房地產榮景往往都要付出慘痛代價，政策制定人士、經濟學家和金融業領導者卻仍以各式各樣的內部觀點主張捍衛現狀。例如，儘管在2007年底便已浮現抵押貸款的危機，美國財政部長鮑爾森（Henry Paulson）仍繼續向中國吹捧美國「深度發展且流動性良好」的金融市場，並極力宣揚這個制度的好處：

隨著我們對風險重新評估和定價，美國經濟也面臨來自房地產市場和資本市場的挑戰。當我們度過這段時期，深度發展且流動性良好的美國資本市場在維持穩定上扮演極重要的角色，正如同資本市場提供融資，讓美國69%的家庭擁有自用住宅。中國同樣也需要進一步開放金融部門發展資本市場，以持續提供經濟成長所需資本的取得管道。

華爾街大亨、經濟學家和政治領導人的社會從眾行爲強化了鮑爾森的信心。在讚揚美國金融市場的同時，這群人也順勢略過了一連串使金融市場持續緊張忙碌的巨大易爆氣囊，包括寬鬆信貸、過度融資、難以定價的衍生性證券、以長期資產抵押融資向風險交易對手隔夜借款，以及高階管理者帶來隱藏風險卻獲得巨額獎金的不合理現象。

此外，還有大眾對美國聯準會能力的盲目信任。事實上，許多專家不理會日益升高的槓桿比例，正是因爲他們相信美國聯準會的貨幣政策已經降低了經濟中的整體風險。以下是現任聯準會主席柏南克（Ben Bernanke）在2004年擔任聯準會理事時，對東方經濟協會（Eastern Economic Association）發表的演說：

過去二十年經濟情勢最顯著的特點之一是，總體經濟的波動大幅下降……實際產出（以標準差來衡量）的季成長變化自1980

年代中期已下降一半，每季通貨膨脹的波動也減少大約三分之二。多位研究這個主題的專家，將這種產出和通貨膨脹變化的顯著下降稱爲經濟的「大平穩」（Great Moderation）現象。

柏南克在2004年發表演說時，美國聯準會的短期目標利率是相當低的2.25%，抵押貸款持續飆升，房價則加速跌轉爲藍燈。爲何警鐘沒響？原來，政府的通貨膨脹指數並沒有納入房價——只包含房屋租金，然而房屋擁有者預期會有更龐大的資本利得，租金並未提高。

此外，進口的低價成衣、電子產品、家具和其他商品如洪水般湧入，尤其是來自中國的產品，使美國消費物價能維持在較低水準；加上來自中美洲和墨西哥的貧困移民人數迅速增加，私營單位的勞工薪資又被壓低。對聯準會來說，這是一個美好的新世界，他們可持續以低利率使經濟活躍，又不至於造成消費物價和薪資上漲。

除了相信聯準會已掌控情勢外，政策制定人士和金融領導者對於當時盛行的財務工程和衍生性證券（基於其他證券而產生的證券）的價值也非常信賴。儘管有人警告，這些新金融工具都是全新且未經檢驗的，但市場主流仍堅信經濟正在成長，加上金融業方興未艾的主導形勢，因此這些新金融商品「必定」有所助益。以下是當時美國聯準會主席葛林斯潘（Alan Greenspan）在2005年發表的演說：

在選擇權定價和其他複雜金融商品的概念性進展……已顯著

降低規避風險的成本，並擴大規避風險的機會，這在幾十年前是不容易做到的⋯⋯。在2000年股市泡沫化之後，不像先前幾段時期隨即出現巨大的金融衝擊，這次沒有重要的金融機構違約，且經濟維持得比許多人預期得更好。

稍後，當時的紐約聯邦銀行總裁、現任美國財政部長蓋斯納（Timothy Geithner）也在2006年高唱同樣的讚美詩：

我們正處於另一波金融創新的浪潮之中。目前正在進行的變化是有史以來最大的，風險轉移和風險管理工具快速增長、非銀行金融機構在全球資本市場中扮演的角色日益重要，以及全國金融體系更大的整合。

這些發展爲金融體系提供了實質的效益，能更有效率的衡量並管理風險。如今，透過國內外更多樣化的金融中介機構，風險被分散得更廣。

《舊約》聖經中指示：「驕傲在敗壞以先，狂心在跌倒之前。」回顧過去，我們可以聽出柏南克、葛林斯潘和蓋斯納聲明中的傲慢。他們在沒有充分證據的情況下，便宣稱這些新工具的好處，只因爲有許多高明的交換契約和新證券，只因爲這些工具尚未徹底失敗。事實上，這些都不足以保證失敗不會發生，唯有長時間歷經房地產市場的漲跌、經濟循環、利率高高低低、通貨膨脹等情況，乃至這些情況不同組合的測試後，才能證明這些傑出金融人才所言甚是啊。

◎

社會從眾行為迫使我們相信一切都正常（或不正常），因為每個人都這麼說。內部觀點則迫使我們忽視發生在其他時代、其他地點的教訓，一味相信自己的公司、國家、新的風險投資或時代是與眾不同的。我們必須擺脫這些成見。只要用心留意那些駁斥這類眾人齊聲叫好的意見，並借鏡歷史上曾有的教訓，你一定能保持理智，擺脫這些偏見。

致謝

這些年來，我虧欠每個教導過我和曾與我共事的人許多。不過，人數實在多到無法一一提出，在此僅特別針對幾位讀過這本書部分手稿，並且不吝賜教的人士，表達我深切的謝意。

輝達的資深副總裁維沃立（Dan Vivoli），爲我開啓輝達公司之門。他閱讀有關輝達的章節至少兩次，每次都提供很有助益的看法。洛爾國際公司董事長雷斯尼克也慷慨撥冗，提供他的眞知灼見。

麥肯錫顧問公司（McKinsey & Company）的韋伯（Allen Webb）閱讀過本書數章，並提供許多實用的見解。此外，也要感謝當時還在麥肯錫任職的戴維森（Lang Davison）。前任美國製罐公司業務副總裁巴托（Sid Barteau）協助我深入了解近期製罐產業的動態，並對我撰寫皇冠製罐公司的論述角度提供意見。很感謝綠色通訊挑戰（Green Comm Challenge）現任執行董事長里奧（Francesco de Leo）的耐心傾聽。美國國防部基本評估辦公室主任馬歇爾閱讀本書數章，並且不吝評論。美國軍事策略與預算評估中心資深分析師華茲（Barry Watts）一直仔細閱讀這部作品，並提出絕妙犀利的見解。

澳洲雪梨大學的洛瓦羅教授閱讀了好幾章，並花費數個長夜和我探討這些主題，我由衷感謝他的熱忱和對這個出版計畫的興趣。史丹佛大學的歐萊利（Charles O'Reilly）教授協助我釐清好幾個有關領導力與願景的看法。我在加州大學洛杉磯分校的同事——里普曼（Steve Lippman）、德菲格雷多（John De Figueiredo）、帕斯楚（Steve Postrel）、福克斯（Craig Fox）和馬默分別閱讀了好幾章，並給了我非常有幫助的評論。

我要感謝庫寧家族讓我擔任商業與社會學科系的常設講座教授（Harry and Elsa Kunin Chair）。這份固定收入來自他們的捐款，讓我無須為了尋求研究補助四處奔波，得以發展我的研究興趣。我還要感謝加州大學洛杉磯分校安德森管理學院院長歐莉安（Judy Olian），鼓勵我完成此書。

我的版權代理人，印克維爾管理公司（InkWell Management）的卡萊爾（Michael Carlisle），很有技巧地說服我將手稿進行必要的修改，使這本著作適合更多人閱讀。編輯瑪哈尼（John Mahaney）極有耐心地指導一切必要的後續作業，使本書更具可讀性。我誠摯地感謝他們兩位。

如果沒有妻子凱特（Kate）的愛與支持，我不可能完成這本書。凱特曾擔任策略教師和研究人員，她反覆閱讀這本書的每一章節，總是充滿耐心並提出一針見血的批評，同時也會在她特別鍾愛的段落畫上小小的笑臉。☺

魯梅特Richard Rumelt
於UCLA Anderson
richard.rumelt@anderson.ucla.edu

國家圖書館出版品預行編目資料

好策略壞策略／魯梅特(Richard P. Rumelt)著；
陳盈如譯. -- 第一版. -- 臺北市：遠見天下文化,
2013.03
面；　公分. --（財經企管；CB498）
譯自：Good strategy, bad strategy : the difference and why it matters
ISBN 978-986-320-154-0（精裝）
1. 策略管理
494.1　　102004414

好策略壞策略

作　　者／魯梅特（Richard P. Rumelt）
譯　　者／陳盈如
總 編 輯／吳佩穎
責任編輯／鄭佳美、蘇淑君（特約）、王慧雲（特約）
封面設計／張議文
版型設計／綠貝殼資訊有限公司

出版者／遠見天下文化出版股份有限公司
創辦人／高希均、王力行
遠見・天下文化 事業群榮譽董事長／高希均
遠見・天下文化 事業群董事長／王力行
天下文化社長／林天來
國際事務開發部兼版權中心總監／潘欣
法律顧問／理律法律事務所陳長文律師　　著作權顧問／魏啟翔律師
地　址／台北市104松江路93巷1號2樓
讀者服務專線／(02) 2662-0012
傳　真／(02)2662-0007；(02)2662-0009
電子郵件信箱／cwpc@cwgv.com.tw
直接郵撥帳號／1326703-6號　遠見天下文化出版股份有限公司

電腦排版／綠貝殼資訊有限公司
製版廠／東豪印刷事業有限公司
印刷廠／中原造像股份有限公司
裝訂廠／中原造像股份有限公司
登記證／局版台業字第2517號
總經銷／大和書報圖書股份有限公司　電話／(02) 8990-2588
出版日期／2013年3月28日第一版第1次印行
　　　　　2023年12月28日第二版第6次印行

定價／450元
原著書名／**Good Strategy Bad Strategy: The Difference and Why It Matters by Richard P. Rumelt**

EAN ：4713510945766　（英文版ISBN-13: 978-0-307-88623-1）
書號：BCB498A

天下文化官網　bookzone.cwgv.com.tw

天下文化
BELIEVE IN READING